Artificial Reef Evaluation with Application to Natural Marine Habitats

人工鱼礁评估及其在自然海洋生境中的应用

[美]William Seaman, Jr.　编著

秦传新　陈丕茂　徐海龙　袁华荣　等　译

海洋出版社

2015年·北京

图书在版编目(CIP)数据

人工鱼礁评估及其在自然海洋生境中的应用／(美)西门(Seaman, W.)编；秦传新等译.
—北京：海洋出版社，2015.12

书名原文：Artificial Reef Evaluation – With Application to Natural Marine Habitats

ISBN 978-7-5027-9318-0

Ⅰ.①人…　Ⅱ.①西…②秦…　Ⅲ.①鱼礁-人工方式-研究　Ⅳ.①S953.1

中国版本图书馆CIP数据核字(2015)第293532号

图字：01-2013-5883

© 2000 by CRC Press LLC. All Rights Reserved.

Authorized translation from English language edition published by CRC Press, part of Taylor & Francis Group LLC.

Copies of this book sold without a Taylor & Francis sticker on the cover are unauthorized and illegal.

China Ocean Press is authorized to publish and distribute exclusively the Chinese (Simplified Characters) language edition. This edition is authorized for sale throughout Mainland of China. No part of the publication may be reproduced or distributed by any means, or stored in a database or retrieval system, without the prior written permission of the publisher.

本书原版由Taylor & Francis出版集团旗下，CRC出版公司出版 并经其授权翻译出版。版权所有，侵权必究。本书封面贴有Taylor & Francis公司防伪标签，无标签者不得销售。本书中文简体翻译版授权由海洋出版社独家出版并仅限在中国大陆地区销售。未经出版者书面许可，不得以任何方式复制或发行本书的任何部分。

责任编辑：钱晓彬

责任印制：赵麟苏

海洋出版社　出版发行

http://www.oceanpress.com.cn

北京市海淀区大慧寺路8号　邮编：100081

北京画中画印刷有限公司印刷

2015年12月第1版　2015年12月北京第1次印刷

开本：787 mm×1092 mm　1/16　印张：17

字数：355千字　定价：120.00元

发行部：62132549　邮购部：68038093

总编室：62114335　编辑部：62100038

海洋版图书印、装错误可随时退换

译者序

20 世纪 50 年代以来，建设人工鱼礁成为发达海洋国家保护海洋生境、养护渔业资源、提高水产品质量和数量的一项重要举措。近年来，面对资源衰退、环境污染、食品安全等问题日益凸显，人工鱼礁建设和研究愈来愈受到沿海国家重视。

20 世纪 70 年代末，我国开展人工鱼礁试验和建设，取得了初步研究和建设成效。21 世纪初，我国掀起了沿海大规模建设人工鱼礁保护海洋资源环境的热潮，各级政府高度重视，企业积极响应，目前渤海、黄海、东海和南海的人工鱼礁建设已形成一定规模，并逐步形成资源保护型、资源增殖型和休闲娱乐型等各具特色的建设模式，促进了近海生态修复、渔业资源增殖、休闲渔业发展和渔民转产与增收。

在长期的人工鱼礁建设实践中，我国科技工作者取得了一系列人工鱼礁研究成果，为人工鱼礁事业的发展发挥了积极的推动作用，但相对于国外发达海洋国家，我国在人工鱼礁基础理论和应用技术研究方面较显薄弱，亦未形成系统的人工鱼礁建设效果评估理论体系。

2006 年 2 月，国务院颁发《中国水生生物资源养护行动纲要》(国发〔2006〕9 号)，要求"积极推进以海洋牧场建设为主要形式的区域性综合开发，建立海洋牧场示范区，以人工鱼礁为载体，底播增殖为手段，增殖放流为补充，积极发展增养殖业，并带动休闲渔业及其他产业发展，增加渔民就业机会，提高渔民收入，繁荣渔区经济"；2013 年 3 月，国务院出台《国务院关于促进海洋渔业持续健康发展的若干意见》(国发〔2013〕11 号)，提出要"发展海洋牧场，加强人工鱼礁投放"。我国已把建设人工鱼礁纳入发展海洋渔业、建设海洋强国战略。引入国外先进技术和经验，应用评估我国人工鱼礁建设的成效与不足，对指导今后我国人工鱼礁科学建设，意义重大。

《人工鱼礁评估及其在自然海洋生境中的应用》主要描述了人工鱼礁评估方案设计、人工鱼礁选址评价、鱼礁生产力评价、渔业资源评价、社会经济评价以及综合评价等方法，并进行了相关评估方法的实例分析。本书适合从事人工鱼礁研究、建设和管理者参考。

人工鱼礁评估研究是涉及海洋生物、海洋生态、海洋物理、海洋化学、海洋地质、社会经济等学科的典型交叉学科，本书内容广泛，涉及术语和专业词汇较多，翻译难度较大，由于时间所限，译稿中难免存在纰漏，恳请读者批评指正并不吝赐教。

本书的翻译和校对工作由中国水产科学研究院南海水产研究所和天津农学院水产学院合作完成。秦传新、陈丕茂、徐海龙、袁华荣等组织和参与了本书的翻译和校对工作，李国迎、周文礼、舒黎明、余景、张安凯、周艳波、佟飞、冯雪等参与了本书的部分翻译工作。衷心感谢海洋出版社钱晓彬编辑的大力支持，使得本书顺利出版。

译　者

于中国水产科学研究院南海水产研究所

2015 年 11 月 20 日

前　言

人工鱼礁代表了一种流行且易于实现的改变水生生态系统的技术。在过去的20年里，在有人居住的各大洲的海岸水域内以及热带海洋岛屿周围的人工鱼礁建设显著增多。在此类情况下，我们会问："人工鱼礁或鱼礁系统能够满足其设计和建造目的吗?"如果要负责任地应用这种技术，那么我们必须要解释这个核心问题。

人们对人工鱼礁日益增长的兴趣来自各个不同的部门，如商业、娱乐、保护和管理部门。他们的建设目标不尽相同，包括渔业资源开发、海底生境修复以及生物多样性保护等。本书将面对这种不断增长的全球性需求，即对人工鱼礁生境性能评价方法及其应用的评述、汇编和示范的需要。

本书编者旨在扩展领域的研究范围。希望通过可靠的数据，来加强未来的鱼礁规划和相关开发，并对于人工鱼礁建设时间或时机的决策提供依据。此外，随着全球信息交流的不断增加，采用统一的研究方法，可以将来自不同地区的数据库连接起来，使其对于来自不同区域的研究结果进行切实比较成为一种可能。

编者介绍

William Seaman, Jr. 博士是佛罗里达大学渔业和水产科学系的教授，也是佛罗里达海洋基金会学院项目副总监。作为动物学家，Seaman 博士一直参与关于海岸环境中的生物体和水生生境的研究、教学及其他延伸领域。他还广泛涉及各类课题中大学海洋资源项目的开发和管理，其中包括生物科技、水产养殖和河口生态系统。

Seaman 博士在纽约州伊萨卡市康奈尔大学获得学士学位，在佛罗里达州盖恩斯维尔市佛罗里达大学获得硕士和博士学位。他在夏威夷海洋生物学研究院和摩纳哥海洋学博物馆担任过短期研究职位。

多年浸淫于从局部水平到国际水平的人工鱼礁科学和技术，Seaman 博士记录了佛罗里达州的鱼礁开发状态和趋势，并领导着一个制定用于评价该州鱼礁性能指南的团队。他曾在欧洲和国际会议上就人工鱼礁作过主旨报告。他也是关于本领域研究的《海洋渔业和淡水渔业人工生境》(Artificial Habitats for Marine and Freshwater Fisheries)一书的主要编者，并担任过关于鱼礁的某国家级讨论会和某国际会议的主席。当务之急是帮助全球读者制定和采纳一致性惯例，以记录用于渔业、水产养殖、生境恢复和其他目的的人工鱼礁的性能。

Seaman 博士是美国渔业协会佛罗里达州分会的前主席。他还广泛与环境教育部进行合作，近期主要关注于将基于科学的信息传达至与海岸生境息息相关的利益者。

供稿者

Stephen A. Bortone	美国佛罗里达州那不勒斯市佛罗里达州西南部保护区，邮编 34102
Paul H. Darius	比利时赫维里天主教鲁汶大学农业和应用生物科学系统计及试验设计实验室
Gianna Fabi	意大利安科纳市 IRPEM – CNR – Molo Mandracchio 海洋渔业研究院，邮编 60125
Annalisa Falace	意大利里雅斯特市里雅斯特研究性大学生物学系，邮编 34127
Patrice Francour	法国尼斯市 CEDEX2 尼斯 – 索菲亚昂蒂波利斯大学科学系海岸海洋环境实验室，邮编 06108
Stenphen M. Holland	美国佛罗里达州盖恩斯维尔市佛罗里达大学娱乐、公园和旅游系，邮编 32611
Antony C. Jensen	英国南安普敦市南安普敦大学南安普敦海洋学中心海洋和地球科学学院，邮编 SO14 3ZH
William J. Lindberg	美国佛罗里达州盖恩斯维尔市佛罗里达大学渔业和水产科学系，邮编 32653
Margaret W. Miller	美国佛罗里达州迈阿密市迈阿密大学和国家海洋渔业服务局，邮编 33149
J. Walter Milon	美国佛罗里达州盖恩斯维尔市佛罗里达大学食品和资源经济学系，邮编 32611
Kenneth M. Portier	美国佛罗里达州盖恩斯维尔市佛罗里达大学统计学系，邮编 32611
Giulio Relini	意大利热那亚市热那亚大学动物学研究院，邮编 16126
Melita A. Samoilys	澳大利亚昆士兰省汤斯维尔市基础工业部渔业司，邮编 4810
William Seaman, Jr.	美国佛罗里达州盖恩斯维尔市佛罗里达大学渔业和水产科学系和佛罗里达州海洋援助学院项目，邮编 32611 – 0400
Y. Peter Sheng	美国佛罗里达州盖恩斯维尔市佛罗里达大学海岸和海洋学工程系，邮编 32611
David J. Whitemarsh	英国朴次茅斯市朴次茅斯大学水产资源经济学和管理系，邮编 PO4 8JF

目　次

第1章 人工鱼礁评价概述

William Seaman, Jr., Antony C. Jensen

1.1 概 述

本章是本书的介绍部分。第2节定义了什么是人工鱼礁，并确定了人工鱼礁建设的13种用途。第3节关注于如何对人工鱼礁的建设效益开展有效的评估。本章提供了本书人工鱼礁分析设计、研究方法和评价实践6章内容的读者指南。最后一节对研究的一致性和可比较性以及它们与自然资源管理之间的联系进行了介绍。本书的主题包括人工鱼礁科学评估的基础——人工鱼礁的定义、自然鱼礁和人工鱼礁研究之间的可能联系以及可以开发的不同类型信息与研究能力的一致性关系。

1.2 简 介

古代人已经观察到水中的外来物体能够吸引鱼类，投放外来物体可以作为捕捞食物的手段。对他们而言，评价引入到水生环境的岩石和原木的性能是件简单的事情。人们可以根据鱼类会不会出现或者能不能捕获有关鱼类来作为评价依据。在现代，将有关结构物安置于水下，构成一定的水下生境，有更多的用途，这些用途包括商业化海洋捕捞、海钓、娱乐性潜水、水产养殖、环境修复、自然资源管理和科学实验。本书根据在全球范围内建立一个一致、可靠和可比的人工鱼礁评价标准需求而产生，有了这个标准，人们就能对人工鱼礁开展技术性评价，从而实现人工鱼礁建设需求与建设效果之间的合理评估。

就关心改变水生环境的非科学利益者而言，在所有可以应用的技术中人工鱼礁可能是最容易获得的、也是应用最为广泛的一种技术。与那些只有经过特殊培训的专业人士才能实施和评价的其他应用(如生物的养殖和增殖、湿地建设或水体蓄水等)相比，在世界范围内人工栖息地的建造和监测通常是由非专业水平或半技术性利益者开展的，因此需要在本领域努力增加那些经过正式培训人员的工作。在图1.1和图1.2中的人工鱼礁应用包含了目前有关人工鱼礁建设的用户、方法和材料范围。通常，人们缺乏对于人工鱼礁性能评估的重视，因为它的预期收益与生态系统和人类系统的积累有关。

同时，与早期海员为生存和探险所使用的凭借感官方式不同，现在已经有了很大的改变，人们可以使用精密的电子装置，这些装置能够实现对海洋环境的监控和详尽数据组的分析。在海洋生境开采、改变或管理更加广阔和多样性的情况下，需要对海洋生境的物理学、化学、地质学、生物学、经济学和社会学特性开展系统的测量。自然鱼礁和通过模拟自然鱼礁而改变其生态与社会过程和增加生产力的人工水下构筑物正越来越受到人们的关注。本书拟将业已证明有效的水产科学评估方法和全球日益增加的鱼礁系统评价需求结合起来。

A　B　C　D

图 1.1　自然和人造材料制作的全球人工鱼礁多样性

手工捕捞鱼礁(A 和 B. 印度，图片经 P. J. Sanjeeva Raj 授权使用)；商业性捕捞鱼礁(C. 韩国，图片经 Soon Kil Yi 授权使用)；游钓鱼礁(D. 美国，图片经 J. Halusky 授权使用)

A

B

图 1.2　鱼礁设计和建造实践与评价研究有关，模块化结构物使用的不断增加反映在渔场和研究中所用的鱼礁

1.2.1　本书目的和范围

本书旨在提供一个用于评价世界范围沿海和远海水体内人工鱼礁生境性能的综合性跨学科指南。诸位作者特别谈到人工鱼礁的建设性能分析中对于人类利益的记录备受忽视的方面，因为只有人类需求才代表了鱼礁建造的终极目的(见 1.3.1 部分)。这与传统课题的大量出版报告所报告的诸如鱼礁的物理稳定性或物种的生态学等方面的研究形成鲜明对比。

首先，鱼礁建造的目标必须要清晰，并以此作为准确和科学的设计鱼礁有效研究的基础。第二，尽管存在大量的人工鱼礁数据，但人们并未得出所有鱼礁的建设效果与其建造目的是一致的结论。本书着重于讨论关于鱼礁性能的问题，并指导本书用户能够成功回答哪些问题必须开展分析，才能对鱼礁性能有效分析。读者须具备根据特定过程客观评估鱼礁系统特性的鉴别力，且还须熟悉开展这个评估的有关工具。本书列举了人工鱼礁的物理学、工程学、生物学和经济学评估方法。这些方法学工具(见第 3 章到第 6 章)是从大量的参考文献中归纳而得出的，也能产生“目标导向”调查分析所必需的数据(见第7章)，其读者群体主要包括：

- 建造和使用鱼礁的捕捞利益者；
- 鱼礁设计和建造公司有关人员；
- 生境修复和生物多样性保护项目有关人员；
- 国家和地区政府鱼礁项目研究、技术和管理有关人员；
- 学术和咨询科学家；
- 娱乐性浮潜爱好者；
- 可持续旅游和经济开发利益者；
- 监测志愿者和研究潜水员；
- 自然资源机构或预算管理办公室有关人员；
- 一般公众、教育者、新闻媒体和有关用户团体。

“人工鱼礁能够满足其建设目标吗?”这个问题完全适合且对于促进科学领域和环境保护发展、开发新技术以及为成本效果和生物生产力提供确切证据是至关重要的。尽管本书所提供的方案是来自于现有和已经建立的研究应用，但归纳总结和分析所有有关研究文献并不是本书的最终目的。尽管本书描述了历史和现在诸多人工鱼礁相关活动的一个断面，但并不是所有关于鱼礁技术的地方和利益者都有所涉及。

本书提供的许多方法亦可以应用至天然水下生境，如珊瑚礁和天然礁岩。来自天然水生环境和人类系统等其他研究领域的科学家们发现在人工鱼礁研究使用了之前就已经出现的技术(如 Stoddart，Johannes，1978；English et al，1997)。例如，创建并用于评价珊瑚礁生态系统的鱼类调查技术已经应用于人工鱼礁生态系统的鱼类调查。类似地，经济学评估也能在天然和人工鱼礁上开展。应用这些技术所获取的数据能够使人们更好地理解、比较和预测人工鱼礁的性能。确切地说，人工鱼礁系统的可操控性(见第2章)为创建强有力的研究设计提供了可能，而这在自然鱼礁系统中是不可行的。

1.2.2 人工鱼礁的定义和背景

所谓人工鱼礁就是一个或多个自然或人工有意部署于海底用以影响海洋资源的物理、生物或社会经济过程的物体。但人工鱼礁物理学是根据建设所用的设计与配置材料、功能学上是根据所建设目的来定义的(表1.1)。鱼礁建设增加了水底环境的垂直轮廓。人工鱼礁的形成，既可能是作为一处鱼礁专门建设的，也可能是在用作另外一个本不相关的目的之后而获得的。

尽管鱼礁投放的历史只有50年左右，但人工鱼礁的定义在现代已经发生了诸多变化。事故性沉船已经好多次被分类为人工鱼礁。最近有人建议将因其他目的而投放在水体中结构物的再组合也称为人工鱼礁。一个显著的例子就是“生态友好型”海港防洪堤的设计(如

Ozasa et al，1995)。本书暂不对非生物学结构物如防洪堤或海岸防护堤的情况进行讨论。因为诸如海岸线保护设施、海港稳定设施或娱乐性冲浪设施等设施的建造目标是为人工鱼礁以外的其他目标建造的，因此表 1.1 中并未列出这些设施。当然，本书所使用的方法也适用于对这些设施的评价。

最重要的鱼礁应用就是通过两种方式增加了渔业收获。首先，恰恰如寻求增加渔获量或渔获效率的人们所预期的一样，几乎在鱼礁投放后不久，游泳生物就会被吸引到结构物附近。其次，人们还预期在长期情况下，不断在鱼礁表面聚集的附着生物、水下结构物和水柱结合在一起，并最终实现了生物量的增加，从而使人工鱼礁的生态学意义类似于(或超过)天然礁石环境(图 1.3)。后一个层面导致近 10 年里仅仅将鱼礁作为集鱼装置的历史观点得到修正。现在人们更多地关注于结构信息设计的建立和根据物种生命周期的需求建立或扩展动植物种群。这样的集中关注有助于建立鱼礁建设成功与否的标准定义[见第 2 章和美国渔业协会(AFS，1997)关于人工鱼礁诱集和产量问题的研讨会以及欧洲人工鱼礁研究网络会议(Jensen，1997a)的报告]。

表 1.1　海洋环境中人工鱼礁的使用

提高手工渔场产量或收获
增加商业性捕捞产量或收获
水产养殖生产场所
增加以手钓渔具和鱼叉等形式的游钓
娱乐性浮潜场所
海底旅游场所
控制捕捞死亡
操控生物生活史
生境保护
生物多样性保护
减缓生境损坏和损失(场外)
修复或强化水体和生境质量(现场)
研究

欧洲人工鱼礁研究网络将人工鱼礁定义为“人工鱼礁是有意安置于海底的水下结构物，以模仿自然鱼礁的某种特点”，这反映了人工鱼礁是模拟自然鱼礁的生态概念。同时也反映了人们对现代人工鱼礁的假设：人工鱼礁的生态过程是(或应该是)在功能上等同于某个天然水域底层系统的生态过程。人工鱼礁不包括如海岸或防波堤等露出水面的结构物。

然而，对自然鱼礁特点的模仿可能对人工鱼礁的一些建设目的而言并不重要，例如非消耗性水肺潜水以及非消耗性乘潜水艇对沉船区域进行水下观光(另一个建设目标就是缓解珊瑚礁区旅游人数过多的问题)，或者设置物理屏障降低捕捞渔船对特定区域的捕捞强度(从而按生态系统管理目标实现资源优化配置)。随着人工鱼礁建设和应用越来越广泛，将社会经济功能和资源配置功能包括在人工鱼礁的定义当中愈加重要。

图 1.3 人工鱼礁稳定的物理特性：A. 为植物提供了生长的基质(图片经 Soon Kil Yi 授权使用)；B. 为鱼类提供了遮蔽物(照片经 R. Brantley 授权使用)；C. 浮游生物聚集(图片经 J. Halusky 授权使用)

人工鱼礁性能评价设计的基础，必须要深入理解人工鱼礁在海洋生态系统中的功能。包括在海底或水层中引入外来物体的行为和能量基础。在图 1.4 中描述了人工鱼礁的一些基本动态过程。关于这个领域的技术信息概览，读者可以参考近期的通用参考文献(如 Seaman，1995)；诸多国际会议的研究成果汇编(如 Bulletin of Marine Science，1994；Sako，1995；Jensen，1997a)以及研究评论和综述文章(Seaman，Sprague，1991；Jensen et al，1999)。

自然鱼礁的知识也可以帮助人们加深对人工鱼礁的理解，例如，关于生态学(Sale，1991)；渔业及其应用方面(Polunin，Robert，1996)以及整体分布、生态学和管理(McManus，Ablan，1997)的知识。Bohnsack 等(1991)对自然鱼礁和人工鱼礁的生态学进行了比较。

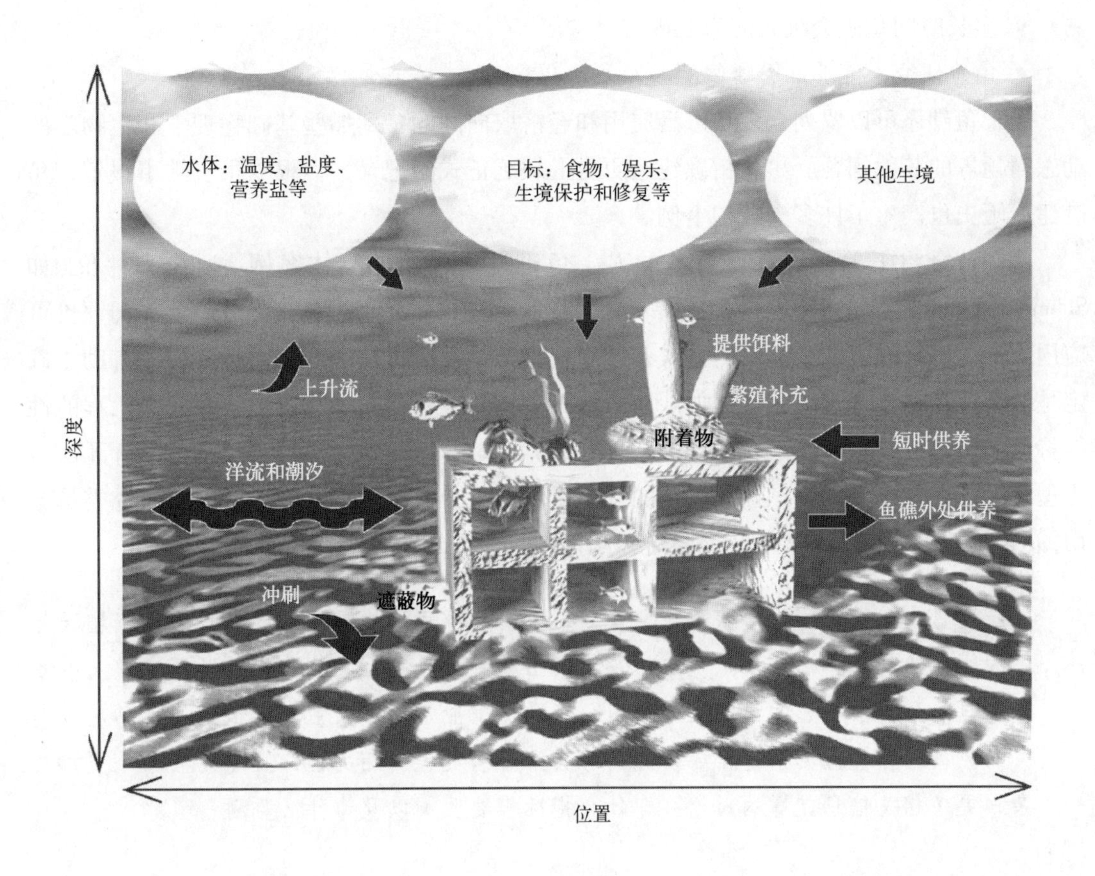

图 1.4　人工鱼礁与水生环境内自然力和人力的交互影响。评价取决于人工鱼礁的建设目标，并考虑其涉及的物理、化学、生物和经济因素

1.3　鱼礁环境评价

各类政府机构、公共利益者以及私营利益者对人工鱼礁建设持续高涨的需求催生了关于人工鱼礁建设效果的法律问题。人工鱼礁的建设效果与其生态学、捕捞压力与环境影响、建设应用以及经济层面等有关。捕鱼者、环境资源管理者、鱼礁投资者、生态保护者、资源用户和公众在评价人工鱼礁性能方面都有其利益诉求。可能会被问及的各类问题包括：

- 什么生物会在鱼礁上出现？
- 什么物种是可以被捕获的？
- 可能会捕捞过度吗？
- 鱼礁会影响有关海域的现有用途或资源吗？
- 预期的经济收益和成本会是怎样的？
- 在生态修复方面鱼礁有用途吗？

- 多长时间鱼礁会沉入海床之内？
- 鱼礁研究上能够回答哪些问题？

人工鱼礁还可以罗列众多从广泛应用和经济取向问题，到那些基础物理学和生物学的动态问题等的其他问题。尽管鱼礁建造历史上缺乏正式的记录，但根据很多轶事报道，鱼礁建造历史也产生了许多失败的事例。

这一节介绍了关注于预期收益的人工鱼礁性能评估的具体案例。监测和评价（如Schmitt，Osenberg，1996）是自然资源和环境项目规划的一个不可分割部分。监测和评价可应用于：①确定改善这些活动的方式；②确定它们是否值得社区或公司投资；③有助于确定是继续还是终止现行的活动。如沙质海滩补沙护滩工程和大坝建造工程等公共工程的性能特征经验（在一些国家，可能需要对其生产力、成本、收益、非货币性价值等进行研究）为理解为什么这是人工鱼礁性能评估的基础提供了一个框架。本书应美国国家研究委员会（1996，第6—7页）关于理解生态系统需求的报告而产生：

> 度量生态系统的当前状态，衡量满足社会环境目标的可能性或者预测经济增长导致的问题所需的指标并不是现成的。我们正花费大量财力去收集那些既不完整又并不总是与社会需求相关的诸如土地使用、交通、工业活动、农业和其他人类活动决策有关的数据。环境监测系统需要改进得与决策者有更大的相关性，且需要有一个更加复杂和更多相关信息支撑的讨论：即什么指标需要监测以及为什么监测。

1.3.1 评价案例

尽管第五届水生生物栖息地改良国际会议报道了诸多成就，Grove 和 Wilson（1994，第266页）注意到“生态收益和/或人类收益是栖息地改良的终极目标：然而，这些目标往往未被记录下来”；其他科学家也支持这个结论；例如，相比于出版较多的关于鱼类丰裕度和多样性方面人工鱼礁和自然鱼礁的比较研究，McGlennon 和 Branden（1994）指出缺乏对“捕捞目标提高”评估的研究。同时，美国有一半人工鱼礁坐落于佛罗里达州，第一届洲际人工鱼礁峰会超过70%的与会者将人工鱼礁评估定为高级优先性，与会者还达成这样一个共识，即人工鱼礁监测必须成为该州人工鱼礁项目的一部分（Andree，1988）。

人工鱼礁收益记录方面出版的论文相对较少（Grove，Wilson，1994）。例如，在第五届国际鱼礁会议的议题为“功能和生态学”“捕捞强化”“缓解和复原”“监控和评估”以及“手工捕捞”，涉及人工鱼礁建设收益方面的论文（Bulletin of Marine Science，1994）有41篇，其中至少有15篇评价了人工鱼礁收益的某个层面。而其余的论文都是传统论文，主要聚焦于海洋生物生命周期（如食性和行为）的基本或有限特征。意大利的一个人工鱼礁建设实例证实了人工鱼礁建设可以进行定向建设。这个人工鱼礁最初的建设目标为渔业资源增殖、提供贻贝培育基质、限制拖网船进入等，评估结果表明通过此人工鱼礁区建设达到了预期的管理目标(如 Fabi，Fiorentini，1994；Bombace et al，1994)。

尽管在世界上人工鱼礁繁多，大多数关于这些鱼礁“性能”的公开报告均局限于一定范围，不是对意在产生收益的某处鱼礁的某个特定层面的特征化叙述，就是对为研究而建造的鱼礁之监测或试验的描述。在人工鱼礁特征化叙述方面，Lindquist 等(1994)和其他作者对在美国为游钓休闲而建造的一处人工鱼礁开展了系统生态学分析(如鱼类饮食)。这个分析的目标是获取有用的生态学信息，而不是为了记录人工鱼礁的有关收益。以色列(Barshaw，Spannier，1994)和墨西哥(Lozano - Alvarez et al，1994)的科学家采用试验装置研究了龙虾对于有无遮蔽物的响应。

关于收益的评价性数据的缺失一部分须归因于许多研究聚焦于基本生态学问题或数量有限的类群。此外，这个领域也是一个新兴的领域。人们只有相对较少的资金预算用于一般意义上的研究以及特定情况下的评估。有趣的是我们在诸多科学家和严谨的资源节约型鱼礁建造者社团当中观察到一种共识，即不管鱼礁的建造是何等结实稳固，而对于其建设的环境和渔业目标是概括性的、模糊的或者是定义不到位的。通常来说，鱼礁的建造是为了提高捕捞作业效果或者改善环境。但是，如果建造初期人工鱼礁所设计的建设目标(如有)过于宽泛或模糊，则比较困难或不可能对这些人造的生境是否能满足设计目的或者量化它们产生的收益进行评估。

1.3.2　鱼礁评价框架

1.3.2.1　目标和评估概念

了解人工鱼礁的建设目标是科学而严谨地评估人工鱼礁符合建设目的的起点。一般而言，该目标是关于能提供或增加鱼礁用途的概括陈述，如用于增加渔场收获量、旅游娱乐机会或保护生境。术语“目标”和“整体目标”有时是同一个概念。

正如图 1.5 所描述的，关于鱼礁用途的目标及一般性目标要求有一个鱼礁评价的评估概念。表 1.1 所列用途一般是以增加消费为用途(如更大渔获量或者诱集捕获更多渔业种类)或者以达到非消费性目的(包括生态系统的休养生息和修复)。人工鱼礁评价的评估概念包含：①建礁的特定目标；②为确定研究特定目标成功程度必须监测的特性。上述这些元素构成了评估策略中后续评估步骤的基础。

因此，尽管关于一处人工鱼礁的目标(或总体目标)可以描述为“增加渔获量”或者“修复海草生境”或者“保护索饵场”，如果该鱼礁需要就其性能进行完全评价，且有关收益需要予以记录，则其特定目标也需要进行评价。例如，“增加物种 A 的生物量需要衡量指标 X ”，这样对目标进行彻底的定量化描述比“为了增加鱼类种群数量”的目标更加经得起检验。实际上，目标的特异性在不同地缘政治体系中是变化的，以至于存在一个连续性。

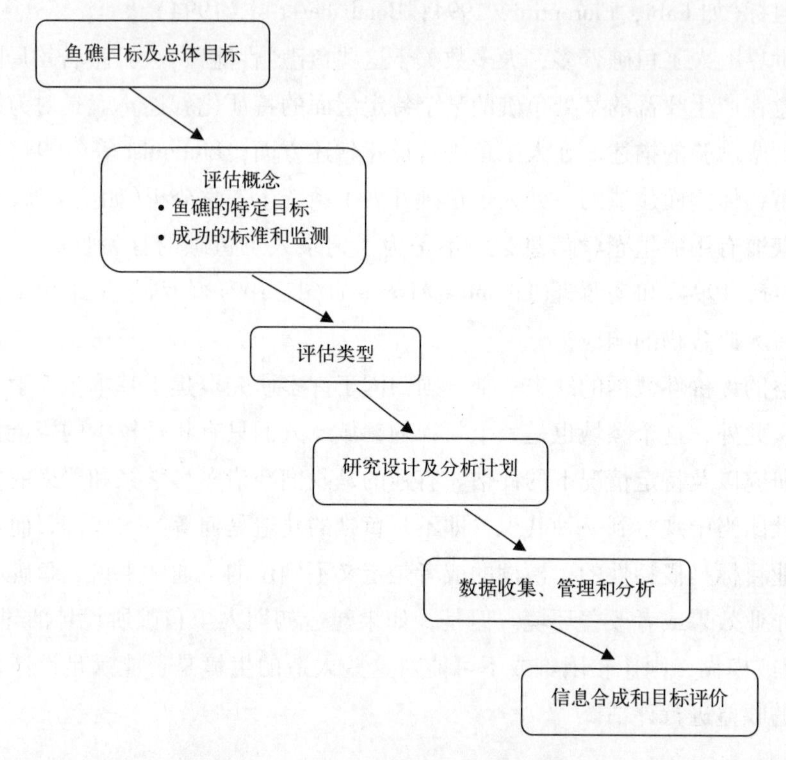

图 1.5　人工鱼礁性能评价组织框架

定义鱼礁监测特性的基础是人工鱼礁需要有一个清晰、专注及定量的理想目标。为了测定在给定事例中建礁成功与否，需要测定建礁前后物种 A 的丰裕度和重量，这个评估需与此物种的生活史一致并采用适宜的统计方法。鱼礁鱼类生长标准中能够满足物种 A 生长需求的标准越多越有助于确定该鱼礁的建设效果。不同学科收集到足够数据的能力是不同的。在极端条件下，物理学家在确定鱼礁沉降方面是非常精确的，而生物学家可能会缺乏对于基本生物和聚鱼过程的完整知识。

第 7 章呈现了鱼礁建设目标的详细实例及其评价方法。这显然是一个不断完善的领域。

1.3.2.2　人工鱼礁建设目标和监测成功基础

人工鱼礁的有效评估必须是“目标导向的”。鉴于此原因，第 3 章到第 6 章从特定科学学科角度探讨了鱼礁的建设目标，并以此为设计人工鱼礁评估的基础。人工鱼礁建设目的在过去 15 年里已经增加不少(图 1.6)。在表 1.1 中表明了人工鱼礁应用是全球范围的。

图1.6 人工鱼礁的最新目的之一就是提供潜水艇水下观察和基于自然的旅游，尤其是在水质清澈的热带水体中(照片经 R. Brock 授权使用)

1.3.2.2.1 手工、商业性生产以及水生生物收获

鱼类和无脊椎动物的手工收获是人工鱼礁的最古老用途，同时也是在地理学意义上分布最为广泛的用途。人工鱼礁建设最广泛的目标是食物产出，并以此维持食物供给以及有时在至少部分海岸地区维持个体、家庭和社区的经济。人工鱼礁这种应用存在于大约40个国家，包括印度，在那里通过投放诸如加重的树木等自然材料的土著技术业已存在了18个世纪(Sanjeeva Raj，1996)。其他的人工鱼礁投放较多的地带包括加勒比海的热带海岸水体、太平洋西部和非洲西部。随着在20世纪70年代墨西哥的一处龙虾渔场的建立(Lozano－Alvarez，1994)以及在20世纪90年代马来西亚幼鱼生境的试验应用(Omar et al，1994)，人工鱼礁建设技术的使用呈现出继续扩大的态势。

商业性捕捞吸引了用于人工鱼礁建设的最大量资金，其中最为著名的是日本政府从1952年起的承诺及投入。1995—2000年，日本用于水产品供给、刺激经济以及促进社会发展为目标的鱼礁建造的费用累计高达6 000亿日元(Simard，1997)。至20世纪80年代，200 m以浅的日本沿岸可开展捕捞的海底区域中有9.3%投放了“改进设施”(Yamane，1989)。

水产养殖是人工鱼礁的一个新生用途。水生生物体以“海洋放牧”形式在其生命周期的某个阶段被捕获或操控。这个领域的欧洲利益者是由在亚得里亚海的意大利研究者领导的。亚得里亚海较浅，且富有营养，具有较高初级生产力，但是其主要是由沉积海床构成的海底限制了双壳类动物在其表面固着。在为期25年的项目中，人工鱼礁已经成为多重目的综合体(如Fabi，Fiorentini，1990)，其中主要是为了实现牡蛎、欧洲食用牡蛎、太平洋牡蛎和地中海贻贝的增殖。Bougrova和Bugrov(1994)在俄罗斯倡导了鱼笼与鱼礁在一起的渔业作业方式。

1.3.2.2.2 休闲渔业、潜水和旅游

人工鱼礁的娱乐性使用包括通过垂钓或叉鱼的方式来获得渔获物。推广休闲渔业的最大努力是美国和澳大利亚(Branden et al，1994；Christian et al，1998)。因为这两个国家都没有一个正式的国家级政府项目，因此很难获取诸如此类人工鱼礁的面积和所用材料的准确数据。在美国，一般是当地、州政府以及私人组织独立赞助这项工作，有时有联邦政府(如Wallop－Breaux基金)协助，通常是通过志愿者的努力和筹集材料。至1991年，美国沿岸水体内有超过650处人工鱼礁地点(Berger et al，1994)。

在澳大利亚和美国等国家，人工鱼礁潜水是近期的焦点。例如，废弃海岸巡逻艇就被有意识地沉入佛罗里达州近海，并以此转移附近过多的珊瑚礁潜水者。在更近时期，作为一种经济开发的方法，通过建造或已经建造珊瑚定植礁来吸引潜水者，从而带动海岸清澈水域旅游业的发展。潜水艇旅游公司已经在巴哈马群岛和夏威夷建造了鱼礁。但是仍然缺乏对人工鱼礁性能评估的出版报告(如潜水者满意度、经济影响)。

1.3.2.2.3 资源配置和保护

人工鱼礁作为限制进入特定区域的物理屏障的使用，在全球范围并不突出，但在一些区域却是相当重要。这种人工鱼礁的建设目的有两个，即保护生境和控制捕捞死亡率。为了降低拖网作业对海草床的破坏，设计作为障碍的人工鱼礁已经在意大利、法国和西班牙得到应用(如Relini，Moretti，1986)。海草床是许多重要商业性物种的养护区，而这些物种为手工渔民提供了收入来源。海草很容易被拖网作业破坏；其生境的价值在大多数地中海区域禁止在浅于50 m的水体内进行拖网作业的立法中得到证明。在人工鱼礁区域，手工渔民的静态网具受到保护，免受拖网的损坏。静态网具对海草生境只会造成较少的威胁，一般是更加定向的，而且能为海岸社区提供收入来源。在此背景下，投放人工鱼礁在渔业资源划分方面起到一定作用。

1.3.2.2.4 保护、物种控制和生境修复

人工鱼礁现在是作为在海洋系统维护或修复生物多样性的工具而被应用的。例如，在摩纳哥的沿岸水域内，人们投放了特别设计的混凝土箱体“洞穴”，以为红珊瑚定植提供基质(Allemand et al，1999)。在地中海盆地，这种重要的经济物种已经被过度开采；在捕捞禁令发布后，摩纳哥海域储备水体内已经部署了大量的预制混凝土结构物。

人们也接受了人工鱼礁作为一种修复或替换人类行为所损坏或破坏的水生生境的一种方式(Grove，Wilson，1994)。20世纪90年代，美国开始应用一些更加精心设计的项目，其中包括：①在加利福尼亚附近的太平洋海域中投放自然材料(即巨石)，通过冷却从发电

站排放的温排水来缓解海藻床所遭到的破坏；②在佛罗里达州附近的大西洋海域中投放制造材料和自然材料的多重设计结构物，以复原被挖沙船破坏的珊瑚生境。通过所失去的天然资源和替换资源之间的相似性来衡量建设是否成功，是一种“以物易物”的缓解（Ambrose，1994）。

人工鱼礁系统的营养物质消除功能是一种发展中的技术。海洋环境的非点源富养成分输入易导致海域的富营养化或浮游植物增加。例如，在俄罗斯、芬兰、波兰和罗马尼亚的研究者已经研究了人工鱼礁作为生物过滤器的可能性。其目标就是通过滤食动物群落移除作为海岸水体内由于富营养化而导致含量增加浮游植物，并维持可接受的水质（如Gomoiu，1992；Laihonen et al，1997）。

1.3.2.2.5 科学研究

加强人工鱼礁性能的研究是合理规划人工鱼礁的核心，其一般以对人工鱼礁物理设计的深入理解为起点（如Nakamura，1980）。然而，也有分析认为研究是一种人工鱼礁建设的明确目的，与前述四种类别迥然有别。它旨在提高人们对人工鱼礁基础学术理解。20世纪80年代中期开始，对人工鱼礁生态学以及研究程度稍微低一些的物理学和社会经济结构、功能和影响的研究丰富了其研究更加“基础”的文献。研究结果并不会立即转化为鱼礁的设计。1983年起，在4次该领域的国际会议上以基础研究为目的“研究型鱼礁”的报告数量至少是所有呈报报告的45%，并且在1995年增加至60%（Seaman，1997）。人工鱼礁所提供的控制性试验机遇使其吸引了更多的科学家在其研究中使用这些生境。

1.3.2.2.6 集成鱼礁

人工鱼礁技术发展的一部分包括其研究目标的扩展，即从最初几个世纪旨在诱集鱼类增加渔获的目的扩展到现在用于多重目标的满足。这一点已经在满足特定鱼礁区幼鱼和成鱼的生命周期要求（如West et al，1994）以及特别是为了同时提供不同利益者的独特利益需求（如生境保护、商业性鱼类生产和双壳类动物培育）（Bombace et al，1994）实验中得到证明。

1.3.3 评价信息的方法

前面章节分析的现代广泛鱼礁利益者形成了本书前提。在启动任何监测计划前，即使是在从事人工鱼礁有关工作的热情高涨和资源丰富的情况下，我们也必须要知道一处鱼礁哪些指标是需要记录的。因为就鱼礁评价而言可获得的经费、人员和时间资源都是相当有限的，因此鱼礁管理者强调必须根据需要以适宜的水平开展合适的监测类型。开展海上监测，不管是距离海岸数千米而看不见海岸的地方，还是在一个海岸潟湖区域，其成本可能都是相当昂贵的。用资历过高的人员可能使成本高昂；而用装备不良的人去收集数据则可能会导致整个研究失败。

与人工鱼礁有关的各种利益相关者会问及其系统性能的不同问题。这促使我们对以下三个日益详细和广泛的鱼礁开发方法进展进行描述，这将在第3章到第6章讨论。每种人工鱼礁开发方法的技术要求都会相应增加。每个处理水平都是有价值的，因为每一种方法都为了解决特定的问题。其目的就是在给定的野外调查技术水平下，为鱼礁项目领导者和其他有关人员提供一个关于哪种评价实践是必需或真实的视角。正如以上所讨论的，定义一处鱼礁或一个鱼礁系统的目标是监测和评估过程中的核心环节。基于人工鱼礁的建礁目标，人们才会提出有关问题，而这些问题确定了所需信息的种类和数量。表1.2概括了人工鱼礁性能评估信息的获取方法。Ⅰ型即通过短期研究对一个或多个特征的瞬时评估（如在第2章中所定义的），采用较少的密集数据收集方法和应用基本统计分析。Ⅱ型至少对所选特征必须开展比较，且须开展跨越一定时间和空间范围的分析。最后，Ⅲ型基于最为密集的调查和数据分析，必须对人工鱼礁建礁的因果进行解释，并预测其发展趋势。

表1.2　获取用于鱼礁性能评估信息的方法

调查特点	类型		
	Ⅰ：描述性	Ⅱ：分析和比较性	Ⅲ：互动和预测性
数据收集密度	低－中	中－高	高－很高
所需培训的严格性	高	高	高
研究持续期间	短	短－长	短－长
信息的一般性质	初始的或者在另外一个时间点的鱼礁条件	鱼礁系统的开发；过程；变化	与其他系统的比较；效率；预测
参考范围	瞬时快照 在场－缺位	模式；在一定时间跨度和一定空间范围上的比较	原因和结果；解释模式
数据分析复杂性	简单和基本的统计	高	很高

这些水平并不意味着鱼礁监测项目是唯一的、限制性的或者能约束的。不如说，这提供了一个如何看待和处理日益复杂的鱼礁信息的概念性方式。本书均用了此方法。每章都会以不同方式调整概念以反映有关学科和课题的特殊性。

1.3.3.1　描　述

本层次收集人工鱼礁的最基本信息。一个具有代表性的问题就是：“鱼礁已经根据建议书的要求予以投放了吗？鱼礁最初的整体特征是什么？”为了回答这个问题，必须紧跟着开展“投礁后”的研究。所有学科和研究领域可能在此处得到应用：工程学，用以确定鱼礁间距和布局；生物学，用以鉴定早期定植的鱼、海洋植物和无脊椎动物物种；经济学，用以描述人类对鱼礁的初始应用。这种研究的时间相对较短，其结果就是类似于“快照”形式的信息，只能用于定性研究。

除了在鱼礁投放后立即开展研究外，也可以在其他时间开展Ⅰ型研究。例如，Haroun

等(1994)概括了需要投放鱼礁地点的特点。同时，鱼礁投放后的一系列研究也可以作为站位图、鱼类和无脊椎动物物种列表或鱼礁用户清单来报告。

1.3.3.2　分析与比较

本层次代表性问题是："不管是在物理学方面，还是就其上或周边的生态系统而言，鱼礁礁体结构是怎样的？所呈现的用户兴趣是什么？"为了回答这个问题，一般需要在鱼礁开发以后超过一个时间点上开展研究。例如，Bombace 等(1994，图 1.2)描述了在 7 个鱼礁地点历时 5 年的投礁前和投礁后的取样时间。与Ⅰ型的研究相比，Ⅱ型的研究可能会使用调查密度更高和更复杂的科学方法。

鱼礁投放在水中一段时间后，很快就可以达到一种物理和生态学意义上的平衡(尽管在生物学意义上，这个过程需要数年之久)，即在这段时间内人工鱼礁可能会出现某种滑移和沉降，因此物理数据有助于评价礁体的有用性和稳定性。同时，动植物物种会慢慢地聚集在人工鱼礁周围，生态学数据则可用于评价是否存在目标物种。现在可以对如渔获量和捕捞努力等使用模式进行记录。这些数据组织起来可以为鱼礁系统结构和功能进行综合描述，且能用于一定时间跨度上变化趋势的认识。Stephens 等(1994)对一个具有 18 年历史的人工鱼礁数据库的报告代表了该领域最长的一个研究时长。

1.3.3.3　交互作用和预测

本层次代表性问题是："该鱼礁与周边环境的交互作用是什么以及如何与其他人工鱼礁或其他生境开展比较，乃至它会如何改变渔业技术和管理应用？"换而言之，它与生态系统之间的联系是什么？它与其他渔业活动或环境进展比较起来是如何的？其是否经济可行？这种方法允许尝试诸多预测。Ⅲ型研究需要最多的时间、人员和资源。Ⅰ型和Ⅱ型研究可以嵌套在这个研究层次中。

例如，佛罗里达群岛内大螯虾(*Panulirus argus*)的研究结果可以为建立一个数据库所需时长提供依据。20 世纪 80 年代中期开始，一个幼体龙虾及其与浅海保育生境之间关系的研究团队，10 年后用人工遮蔽物替代了消失的海绵基质(Herrnkind et al，1999)。在 15 年及以上的前期研究的基础上，该研究已经进展到建立种群模型阶段。

1.3.4　阅读指南

本章是本书的第 1 章，本书的其余部分探讨了鱼礁研究的设计、方法和示范以及人工鱼礁性能评估。表 1.3 及下文是本书其余章节内容概况：

- 第 2 章主要介绍了在统计学意义上严格的研究设计的一般性指南和原则。旨在帮助读者开展有关研究，其中包括数据分析。来自有关文献的实例为统计学方法在人工鱼礁系统方面应用提供了典型案例。

• 第3章主要介绍工程设计或物理特性研究的原则、数据收集和研究设计的特定方法等；第4章是人工鱼礁的饵料供给或初级生产力情况介绍；第5章对其鱼类或大型无脊椎动物情况进行了介绍；第6章关注于社会或经济层面的内容。这些章节探讨了在特定领域内开展目标驱动性研究的基础，并识别了可以按照有关方法、复杂性和目的获得的三种类型的信息。

• 第7章介绍了鱼礁性能评估的集成方法。本章探讨了5种具有代表性的人工鱼礁预期性能评估的方案。5个研究目标是：提升地区经济发展和休闲渔业；保护有价值的海洋生境；发展可持续的手工渔业；改善水质以及在经济发展背景下解决特定生物生命周期的瓶颈问题。

表1.3 本书人工鱼礁评估的组成部分和问题架构

组成	关键问题	参考章节
鱼礁目标	增加、创建、执行和控制：渔业收获和生产、娱乐性捕捞和潜水、保护和生境修复、资源配置和保护、研究	第1章
评估概念	鱼礁的特定目标是什么？评估鱼礁的建礁成功水平采用什么样的监测方法？	第1章
评估和信息的类型	Ⅰ型：描述性；Ⅱ型：比较；Ⅲ型：互动和预测	第1章至第6章
研究和分析设计	概述：什么是参数估计及其置信区间？ 比较：在时间跨度上或在不同地点，有何差别？ 关联性：一个特征如何与其他特点相联系？ 预测：关于系列特征知识能够预测其他知识吗？	第2章
评估方法	物理和工程设计	第3章
	饵料供给和初级生产	第4章
	鱼类和大型无脊椎动物	第5章
	经济和社会	第6章
质量控制	什么是用于数据收集和分析的合适协议？	第2章至第6章
信息合成	目标评估、评估方案	第7章

1.4 广义的人工鱼礁评估

本书内容并不是关于人工鱼礁数据收集设计新研究方法的。相反，本书应用现存的方法来解决人工鱼礁调查中一般不处理的某个或一系列问题，即项目收益的证明材料。本书汇编现存研究方法，寻求创建可以获取世界范围内可比数据的人工鱼礁基础研究理论书籍。应用示范中的一致性分析领域业已成熟。此外，其方法“工具箱”与在珊瑚礁经济学研究中使用的方法等其他系统所采用方法相兼容，形成了成熟的系统研究方法。

尽管在各章中论述的技术方法能够生成包括鱼礁基本和详细的全面特征信息，本书展示的内容仍是鼓励开展全面性研究。其目的就是为鱼礁建造利益相关者提供预期的反馈验证信息。例如，由 Hagino(1991)提出的“鱼礁效果分析”将鱼礁规划和研究结合在一起，以此鱼礁性能进行综合评估。它将鱼礁建设目标、基础科学调查、“捕捞有效性分析”、数据管理和分析以及目标评价集成为一体。但是，即使是在日本，这样的系统评估也并没有得到普遍应用，但这个理念在全球范围内对鱼礁利益相关者而言都是有价值的。

在全球诸多鱼礁信息中心中，欧洲人工鱼礁研究网络最近对人工鱼礁研究的诸多方法学进行了检查(Jensen，1997a)。在之后召开的一个关于人工鱼礁研究协议研讨会上达成了一系列共识(Jensen，1997b)，包括对以能促进鱼礁项目之间相互比较的研究数据需求；5 年标准监测协议；鱼礁系统的跨学科研究，并包含来自传统鱼礁生物学科学家群体之外的同仁；渔业开发战略的制定；增加社会经济方面特别是与科学计划有联系的研究，以评价有关结果；开发为水产养殖业和旅游业提供设施的工具人工鱼礁以及了解和推广海岸防护结构物能够扮演的次生人工鱼礁角色。每种建议都与本书的主题有关。

资源管理者往往会评价人工鱼礁技术的潜在应用。鱼礁的诸如渔业资源增殖等历史使用多数是在没有正式评价的情况下实施的。诸如自然鱼礁系统修复等人工鱼礁的新应用，则是刚刚开始被实施，且能通过最初监测能够达到成功准则程度使我们受益。我们支持由 Steimle 和 Merier(1997)提出的研究部门和管理部门之间密切联系的倡议。

此外，我们提议诸多学科应加强合作以实现鱼礁性能的科学评估。这也与作为用于组织环境研究框架下不断增长的生态系统管理主题的接受度是一致的。同时，也为模仿和整合珊瑚礁以及其他自然鱼礁系统调查提供了机遇。现在根据“同一的收集数据”(McManus，Ablan，1997)的国际协议已经构建了一个全球性的珊瑚礁数据库和监测项目。人工鱼礁数据的同一性也可通过其扩展达到。多因素(如可提取资源收获、旅游业影响和多重用途管理)比较能够加深我们对人工鱼礁和自然鱼礁系统的理解。

在略多于一代人的时间里，投放人工鱼礁的国家数量呈现出巨大的增长。所用结构物的尺寸及其在其国家内的范围也有了增加。为了最大化地在世界各处海洋中投放的数量不断增加的人工鱼礁中获益，我们鼓励：

- 鱼礁建造和研究团体须为赞助者、基金来源和用户就记录鱼礁性能承担责任；
- 务必为每一处鱼礁建立目标框架，以便于评估其成功情况；
- 每处鱼礁都可以进行性能评估；
- 通过跨国培训和协作，保证研究协议的能力和一致性；
- 合理处理研究数据中数据组之间的兼容性。

1.5 致　谢

我们感谢本书其余章节的资深作者给出的评论和序言部分提到的多位同事的审阅工作。摩纳哥海洋学博物馆的 F. Simard 对本章的研究给予了帮助。J. Potter 绘制了第 1 页上的图画。照片是由夏威夷大学的 R. Brock、佛罗里达州州立大学的 J. Halusky、W. Lindberg 和 F. Vose、热那亚大学的 G. Relini、新国际经济秩序研究中心的 P. J. Sanjeeva Raj 和韩国海洋研究和开发研究院的 Soon Kil Yi 提供。特别感谢佛罗里达州州立大学 J. Whitehouse 和 T. Stivender，感谢他们给予的行政支持和手稿录入。本章由美国商务部国家海洋援助学院项目提供部分赞助，援助编号 NA76RG0120。

参考文献

Allemand D，E Debernardi，W Seaman，Jr. 1999. Artificial reefs for the protection and enhancement of coastal zones in the Principality of Monaco. // A C Jensen，K J Collins，A P Lock-wood，eds. Artificial Reefs in European Seas. Kluwer Academic Publishers，Dordrecht，The Netherlands：151 – 166.

Ambrose R F. 1994. Mitigating the effects of a coastal power plant on a kelp forest community：rationale and requirements for an artificial reef. Bulletin of Marine Science，55(2 – 3)：694 – 708.

American Fisheries Society. 1997. *Fisheries*（Special Issue on Artificial Reef Management），Vol. 22，No. 4，Bethesda，MD.

Andree S，ed. 1988. Proceedings，Florida Artificial Reef Summit. Florida Sea Grant College Program，Report 93，Gainesville，FL.

Barshaw D E，E Spanier. 1994. Anti-predator behaviors of the Mediterranean slipper lobster，Scyllarides latus. Bulletin of Marine Science，55(2 – 3)：375 – 382.

Berger T，J McGurrin，R Stone. 1994. An assessment of coastal artificial reef development in the United States. Bulletin of Marine Science，55(2 – 3)：1328.

Bohnsack J A，D L Johnson，R F Ambrose. 1991. Ecology of artificial reef habitats and fishes. //W Seaman Jr，L M Sprague，eds. Artificial Habitats for Marine and Freshwater Fisheries. Academic Press，San Diego：61 – 107.

Bombace G，G Fabi，L Fiorentini，S Speranza. 1994. Analysis of the efficacy of artificial reefs located in five different areas of the Adriatic Sea. Bulletin of Marine Science，55(2 – 3)：559 – 580.

Bougrova L A，L Y Bugrov. 1994. Artificial reefs as fish-cage anchors. Bulletin of Marine Science，55(2 – 3)：1122 – 1136.

Branden K L，D A Pollard，H A Reimers. 1994. A review of recent artificial reef developments in Australia. Bulletin of Marine Science，55(2 – 3)：982 – 994.

Bulletin of Marine Science. 1994. Fifth International Conference on Aquatic Habitat Enhancement，55(2 – 3)：

265 – 1359. University of Miami, Miami, FL.

Christian R, F Steimlc, R Stone. 1998. Evolution of marine artificial reef development—a philosophical review of management strategies. Gulf of Mexico Science, 16(1): 32 – 36.

English S, C Wilkinson, V Baker, eds. 1997. Survey Manual for Tropical Marine Resources. 2nd Ed. Australian Institute of Marine Science, Townsville.

Fabi G, L Fiorentini. 1990. Shellfish culture associated with artificial reefs. FAO Fisheries Report 428: 99 – 107.

Fabi G, L Fiorentini. 1994. Comparison between an artificial reef and a control site in the Adriatic Sea: analysis of four years of monitoring. Bulletin of Marine Science, 55(2 – 3): 538 – 558.

Gomoiu M – T. 1992. Artificial reefs—means of complex protection and improvement of the coastalmarine ecosystems quality. Studii de hidraulica, ICEM Burcaresti, 33: 315 – 324.

Grove R S, C A Wilson. 1994. Introduction. Bulletin of Marine Science, 55(2 – 3): 265 – 267.

Hagino S. 1991. Fishing effectiveness of the artificial reef in Japan. Pages 119 – 126. In: M Nakamura, R S Grove, C J Sonu, eds. Recent Advances in Aquatic Habitat Technology. Proceedings, Japan – U. S. Symposium on Artificial Habitats for Fisheries. Southern California Edison Co. , Environmental Research Report Series 91 – RD – 19, Rosemead, CA.

Haroun R J, M Gomez, J J Hernandez, R Herreva, D Montero, T Moreno, A Portillo, M E Torres, E Soler. 1994. Environmental description of an artificial reef site in Gran Canaria (Canary Islands, Spain) prior to reef placement. Bulletin of Marine Science, 55(2 – 3): 932 – 938.

Herrnkind W F, M J Butler, IV, J H Hunt. 1999. A case for shelter replacement in a disturbed spiny lobster nursery in Florida: why basic research had to come first. Pages 421 – 437. In: L Benaka, ed. Fish Habitat: Essential Fish Habitat and Rehabilitation. American Fisheries Society, Symposium 22, Bethesda, Ml.

Jensen A C, ed. 1997a. European Artificial Reef Research. Proceedings, First EARRN Conference, Ancona, Italy. Southampton Oceanography Centre, Southampton, England. 449 pp.

Jensen A C. 1997b. Report of the results of EARRN workshop Ⅰ: research protocols. European Artificial Reef Research Network A1R3 – CT94 – 2144. Report to DGXIV of the European Commission, SUDO/TEC97/13. 26 pp.

Jensen A C, K J Collins, A P Lockwood, eds. 1999. Artificial Reefs in European Seas. Kluwer Academic Publishers, Dordrecht, The Netherlands.

Laihonen P, J Hanninen, J Chojnacki, I Vuorinen. 1997. Some prospects of nutrient removal with artificial reefs. : 85 – 96. //A C Jensen, ed. European Artificial Reef Research. Proceedings, First EARRN Conference, Ancona, Italy. Southampton Oceanography Centre, Southampton, England. 449 pp.

Lindquist D G, L B Cahoon, I E Clavijo, M H Posey, S K Bolden, L A Pike, S W Burk, P A. Cardullo. 1994. Reef fish stomach contents and prey abundance on reef and sand substrata associated with adjacent artificial and natural reefs in Onslow Bay, North Carolina. Bulletin of Marine Science, 55(2 – 3): 308 – 318.

Lozano – Alvarez E , P Brioncs – Fourzan, F Negrete – Soto. 1994. An evaluation of concrete block structures as shelter for juvenile Caribbean spiny lobsters, Panulirus argus. Bulletin of Marine Science, 55(2 – 3): 351 – 362.

McGlennon D, K L Branden. 1994. Comparison of catch and recreational anglers fishing on artificial reefs and natural seabed in Gulf St. Vincent, South Australia. Bulletin of Marine Science, 55(2 – 3): 510 – 523.

McManus J W, M C A Ablan, eds. 1997. Reef Base: A Global Database on Coral Reefs and Their Resoutves. International Center for Living Aquatic Resources Management, Makati City, Philippines, xi + 194 pp.

Nakamura M, ed. 1980. Fisheries Engineering Handbook (Suisan Doboku). Fisheries Engineering Research Subcommittee, Japan Society of Agricultural Engineering, Tokyo. (In Japanese.)

National Research Council (U. S.). 1996. Linking science and technology to society's environmental goals. National Academy of Sciences, Washington, D. C.

Omar R M N R, C E Kean, S Wagiman, A M M Hassan, M Hussein, B R Hassan, C O M Hussiu. 1994. Design and construction of artificial reefs in Malaysia. Bulletin of Marine Science, 55(2 – 3): 1050 – 1061.

Ozasa H, K Nakase, A Watanuki, H Yamamoto. 1995. Structures accommodating to marine organisms. //H Sako, ed. Pwceedings, International Conference on Ecological System Enhance-ment Technology for Aquatic Environments. Japan International Marine Science and Technology Feder-ation, Tokyo: 406 – 411.

Polunin N V C, C M Roberts, eds. 1996. Reef Fisheries. Chapman & Hall, London, xviii + 477 pp.

Relini G, S Moretti. 1986. Artificial reef andPosidonia bed protection off Loano (Western Ligurian Riviera). FAO Fisheries Report 357: 104 – 109.

Sako H, ed. 1995. Proceedings, ECOSET '95—International Conference on Ecological System Enhancement Technology for Aquatic Environments. Japan International Marine Science and Technology Federation, Tokyo.

Sale P F, ed. 1991. The Ecology of Fishes on Coral Reefs. Academic Press, San Diego, xviii + 754 pp.

Sanjeeva Raj, P J. 1996. Artificial reefs for a sustainable coastal ecosystem in India, involving fisherfolk participation. Bulletin of the Central Marine Fisheries Research Institute, 48: 1 – 3.

Schmitt R J, C W Osenberg, eds. 1996. Detecting Ecological Impacts: Concepts and Applications in Coastal Habitats. Academic Press, San Diego, xx + 401 pp.

Seaman W, Jr. 1995. Artificial habitats for fish. Encyclopedia of Environmental Biology. Academic Press, San Diego. 1: 93 – 104.

Seaman W, Jr. 1997. Frontiers that increase unity: defining an agenda for European artificial reef research. //A C Jensen, ed. European Artificial Reef Research. Proceedings, First EARRN Conference, Ancona, Italy. Southampton Oceanography Centre, Southampton, England: 241 – 260.

Seaman W, Jr, L M Sprague, eds. 1991. Artificial Habitats for Marine and Freshwater Fisheries. Academic Press, San Diego, xviii + 285 pp.

Simard F. 1997. Socio-economic aspects of artificial reefs in Japan. //A C Jensen, cd. European Artificial Reef Research. Proceedings, First EARRN Conference, Ancona, Italy. Southampton Oceanography Centre, Southampton, England: 233 – 240.

Steimle F W, M H Meier. 1997. What information do artificial reef managers really want from fishery science? Fisheries, 22(4): 6 – 8.

Stephens J S, Jr, P A. Morris, D J Pondella, T A Koouce, G A Jordan. 1994. Overview of the dynamics of an urban artificial reef fish assemblage at King Harbor, California, USA, 1974—1991: a recruitment driven system. Bulletin of Marine Science, 55(2 – 3): 1224 – 1239.

Stoddart D R, R E Johannes, eds. 1978. Cora! Reefs: Research Methods. Monographs in Oceanography Methods No. 5, UNESCO, Paris.

West J E, R M Buckley, D C Doty. 1994. Ecology and habitat use of juvenile rockfishes(Sebastes spp.) associated with artificial reefs in Puget Sound, Washington. Bulletin of Marine Science, 55(2 – 3): 344 – 350.

Yamane T. 1989. Status and future plans of artificial reef projects in Japan. Bulletin of Marine Science, 44(2): 1038 – 1040.

第2章

研究方案设计

Kenneth M. Portier，Gianna Fabi，Paul H. Darius

2.1 概 述

成功的鱼礁评估研究有一些共同的特点，如明确的目标、合适的监测方法、充分且有效的取样以及强大的统计分析。对好的评估设计而言，并没有现成的模式，但是有产生良好设计的设计原则。为了发现这些原则，本章提出并探讨了17个在研究的设计阶段就应该回答的问题。这些问题提起的议题则是通过采用来自人工鱼礁文献的实例进行探讨和描述的。结论最终概括为20条原则，可以用作研究设计检查表。

2.2 介 绍

人工鱼礁研究评估和结果性数据的统计分析中的问题与其他类型自然资源评估设计中的问题并无不同。成功的研究评估至少具有如下特点：

- 明确关键研究目标，包括何时满足这些研究目标的准则。
- 能够准确测量评估所需物理、生物或经济学特性的方法。
- 取样协议为确定预估鱼礁关键特征、可信地比较这些特征或利用已知精确度提供预测所必需收集的信息量。取样协议也必须指出在测量结果中产生外部变量的因素已受到管控。
- 预估协议用来描述原始数据是怎样转化为统计量的，这些统计量可以用于评价鱼礁现状或预测未来趋势。
- 测试协议规定了需要作出哪些比较、需要使用哪些统计模型和测试程序、需要使用哪些可接受性的评估假设模型以及对重要因素怎样组合进行有关分析。
- 鱼礁评估处理通常根据控制不同的鱼礁参数而定，用于重复处理和将处理方法随机分配给取样单元的协议则必须予以明确。

尽管这些陈述简明扼要地描述了一个良好研究评估的特点，实际上开发具有这些特点的一个研究是一个艰难的过程。并不存在只要遵照执行就能产生一个良好研究设计的简单公式。相反，存在只要遵照执行就能引致一个良好研究设计的设计原则。为了发现这些原则，本章将探索从对以上陈述更为密切的研究中产生的问题，并将讨论对这些问题更加密切研究的统计议题。

2.2.1　本章目标

本章的目标为：①讨论在鱼礁评估研究设计和统计分析中出现的问题；②推荐在鱼礁评估研究设计和统计分析中应该普遍遵循的原则。第一个目标是通过探讨在研究设计阶段经常出现的 17 个问题以及有关议题来实现的。这些议题通过参考现存的鱼礁文献进行识别、探讨和说明。第二个目标产生了紧跟议题探讨的 20 个设计原则。

本章的目的不是产生一本鱼礁评估有关的统计工具入门读物。我们假定读者对统计学概念和假设检验有基本的了解，或者能够接触到统计学或其他统计学相关的材料。鱼礁评估有关的取样和统计检验的背景材料也是可获的，但有时可能也很难获得这些材料（见 Samoilys，1997）。类似地，这些尽管不是最近渔业主题的参考文献（如 Gulland，1966，1969；Bazigos，1974；Ricker，1975；Saville，1981），仍然同样可以提供用于评估人工鱼礁的信息。大多通用统计设计和数据分析文本（Green，1979；Kish，1987；Krebs，1989；Zar，1996）聚焦于生态学和环境科学应用，而这些都可以应用于鱼礁评估。

最后，尽管本章聚焦于人工鱼礁评估，大多数原则和方法也同样适用于天然礁的评估，但需要理解，即自然鱼礁的研究很少能像人工鱼礁研究一样处于人工直接可控水平。

2.2.2　定　义

即使没有混淆额外未准确定义的术语，设计自然资源评估也是足够复杂的。在本章中，技术术语是根据具体讨论所需进行定义的。本节定义的术语和概念主要是统计学方面的，而且仅仅是支持进一步讨论所需的那些术语和概念。在任何可能的情况下，定义须反应公开出版文献内定义的一般共性问题。

鱼礁和/或与之相关生物体的任何一个特性都可以叫作一个特性或特征。能够直接测量的特点，如沉降移动、污损生物、鱼类丰裕度或用户满意度，都可称为可直接测量的变量，或简单地称为规则变量。它被称为变量，是因为其数值会随着时间和地点的变化而变化，亦因个体不同而不同。在人工鱼礁评估中，一般会使用多个变量。

从直接测量的变量计算得来的数值被称为推导变量。如同规则变量，推导变量测量的特性一般是不能直接测量的利率或比率，如鱼礁稳定性指数、鱼礁鱼类多样性、小型无脊椎动物群落的丰富度或者鱼礁经济学上的成本收益比。

抽样是选取某事物的部分来代表其整体（模糊地定义为种群，见图 2.1）。例如，我们可以从一个大型鱼群中采集 30 尾，作为整个鱼群的代表。对样本中诸多个体的有区别测量被称为样本值，而整个样本的测量值被称为样本集。样本集被简单地称为样本。这种术语容易引起混淆，因为每个个体也可以被称为一个样本。例如，从鱼群中选择的30尾个体中的每个个体都可以被称为一个样本，或者30尾鱼的整体集合也可以被称为样本。对本书而言，我们将整个集合称为样本，而每个个体则被称为样本单元。

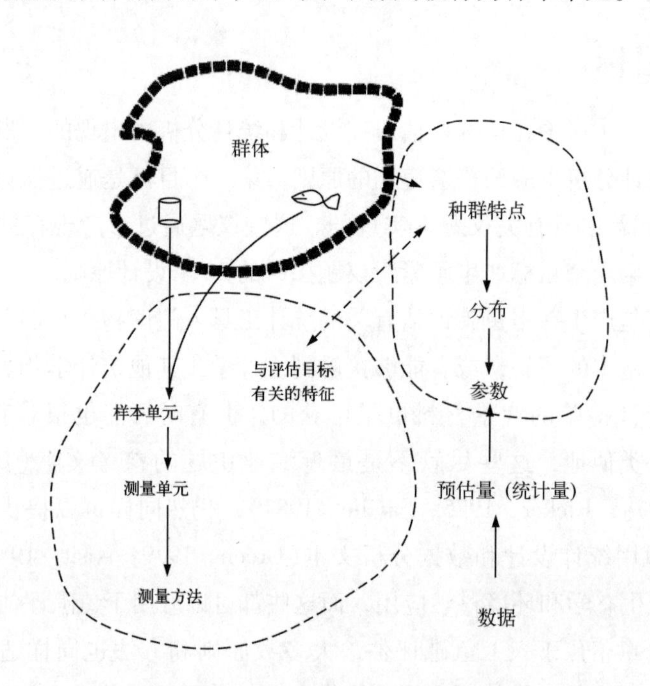

图2.1　自然种群取样需要视种群特点为参数化分布，并以收集能实现分布参数预估的数据为取样过程的目标

样本单元是被收集和/或被测量的那个特定的部分、块或个体。样本单元可以是一个离散的、可辨认的个体，如一处鱼礁、一尾鱼、一个渔民或者一段时间。样本单元也可用收集监测材料的工具或方法进行人为的定义，如沉积核、小型鱼礁或水柱。样本单元作为样本的一部分将被测量，以为评估变量提供一个数值。如果样本单元非常庞大，不可能进行直接测量，我们则有必要将该单元再分为更小的可以测量的部分。往往逻辑或成本仅仅要求测量样本单元的一些子单元，并以平均值作为样本单元的值。这些所选的子单元称为测量单元。多数情况下，测量单元与样本单元是一样的。其他情况下，仅样本单元的一部分是可以被测量的，因为测量技术仅仅使用数量非常少的材料。

统计学家将总体(群体)(population)变量定义为所有有效样本单元测量值的集合。这个定义与生物学家所用的术语种群(population)有相当的不同。在本章中，所有参考种群的地方都是指统计学意义上的总体(群体)。取样的目标是为了以使样本单元测量值的统计学特点能尽可能地与针对在整个种群的每个单元测量变量所能获得的数据特点相似这样的方式收集数据。大多种群会随着地点、时间或样本的不同而表现出很大的变化，所以并不能简单或者直接地获取具有代表性的样本。

变量将描述该变量的数值在种群内的相对出现频率的分布情况联系起来。如果该变量只有有限数量的可能数值，如颜色类别、计数或者调查问卷(如：是/否或者偏好的程度值——强烈同意、同意、中性、不同意、强烈不同意)，则该变量称为离散变量，其数值将遵守离散分布；如果该变量可以获取无限数量的可能数值，如重量、盐度和速度等，那么该变量称为连续变量，其数值将遵守一个连续分布。一个具有代表性的样本的定义为该样本的数值分布能够紧密匹配在来自整个种群可获取的数值。

预估是计算或近似计算出未知数量数值的过程，这个数值一般被称为参数，该参数描述了有关特点某个方面的分布情况。一个统计量只不过是样本值(如平均值、标准偏差、中间值或范围)的一个函数。一个预估值是使用一组观察值计算出来的一个统计量的特定值。一般可以获取的预估值参数包括平均水温、平均鱼重或平均鱼体长、鱼密度、平均底栖密度、平均海浪周期、捕捞航程平均成本、存活率、补充率或平均捕获尺寸。人们感兴趣的参数一般是平均值、总数、等级或比率。在比较研究中，参数估计是与来自标准或自然种群预先定义的数值或在另外一个水平上对单因子或多因子(一个不同的鱼礁地点、时间、条件等)应用相同的统计进行比较的。

2.3 研究设计问题

设计一个研究就是一种平衡所有系统内容的需求和有限的资源、测量方法及时间之间的实践(Kish，1987)。研究目标能够反映出我们对人工鱼礁建设目的的了解情况或者反映出我们对这些目的缺乏理解。研究的范围将取决于所能获得的资源和时间。

所有有效的研究都会遵循特定的基本原则(Green，1979)。具有一组给定目标的最佳设计应该是能将所有这些基本原则包含进去同时又不超出资源限制范围的设计。这些原则为评估设计过程和有关研究定义了共同的逻辑性流程。根据一系列在研究设计阶段通常会被问起的问题(表 2.1)，这个流程是明显的。每个问题都与一个或更多个主要设计成分(图 2.2)有关。这些设计成分将在后面诸节予以讨论和说明。

表 2.1 在评估研究设计阶段通常会被问起的问题

问题
1. 评估目标和成功准则是什么？
2. 需要什么评估类型？
3. 将测量哪些特点？
4. 样本是怎样收集的？
5. 样本将在哪里收集？
6. 样本将在何时收集？
7. 就描述性研究而言，将采用哪种水平的描述？
8. 就比较性研究而言，哪些因素是可控制的？

续表

9. 与研究因素水平比较有关的假设是什么？
10. 用于比较性研究的重复是什么？
11. 假设是怎样检验的？
12. 在检验结论中，什么水平的不确定性是允许的？
13. 需要多少重复？
14. 就互动和预测性研究而言，关联性将怎样测量？
15. 就预测性研究而言，预测是怎样计算的？
16. 数据记录将怎样被处理？数据质量怎样得到保证？
17. 数据将怎样进行统计分析？

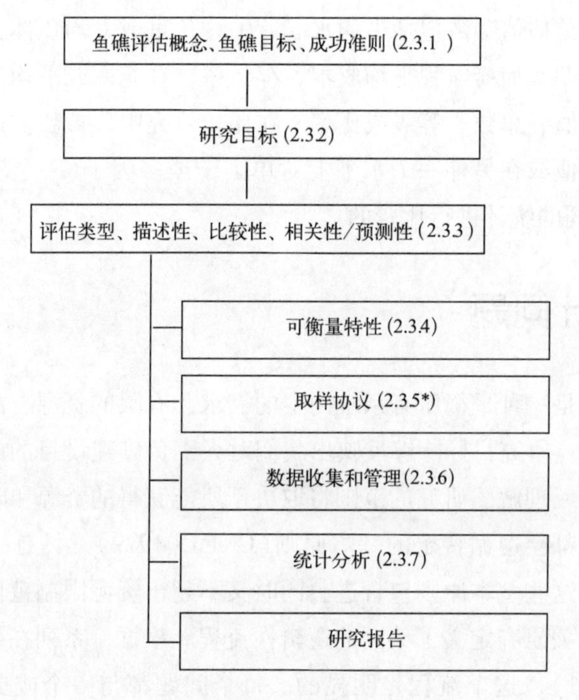

图 2.2　鱼礁评估研究设计成分(2.3.1 节)

2.3.1　鱼礁评估概念——鱼礁目标和成功准则

人工鱼礁评估的基本概念在第 1 章进行讨论。人工鱼礁评估概念主要包括：①人工鱼礁一般目标和特定目标的声明；②用于评估鱼礁是否实现这些目标的准则列表。评估研究

* 原书误为 2.3.4。——编者注

的目的是为了能够收集可靠的确定人工鱼礁已经实现建设目标的信息。为此，人工鱼礁的建设目标必须与能够被监测的特性联系起来，或者，更准确地说，必须根据可监测性特点收集的数据计算出来的统计量联系起来。如果能够确定这些统计量满足特定规定准则或者在预期水平内，那么就可以说鱼礁是成功的。

例如，假定人工鱼礁的一般性目标是休闲渔业，则特定目标可以如以下这样声明：

- 增加鱼礁上游泳性鱼类的丰裕度；
- 增加运动性渔民的捕获成功度；
- 增加在最靠近鱼礁的地理区域内捕捞渔船业主的收入。

用于这些特定目标的成功准则可以是：

- 在该地域内运动性鱼类的**平均丰裕度**是鱼礁部署前水平的两倍；
- 运动性渔民的**单位捕捞努力渔获量**比鱼礁部署前水平大50%；
- 渔船业主**平均收入**在考虑任何其他可能会贡献于这种收入的因素(归因于通货膨胀的一般性工资增长、渔船业主的增加数量等)之后比鱼礁部署前水平更高。

在这个例子中，研究课题可以是鱼礁区的游泳性鱼类、渔民或者投放鱼礁前后使用该区域的渔船业主，最终取决于所选准则。其统计量或参数根据所选准则不同也有所不同(见成功准则声明内加粗文字)。这些成功准则中的每一个准则都根据不同的研究设计而考虑。鉴于这个原因，鱼礁目标和成功准则作为研究设计过程中的第一步予以讨论和规定是相当重要的。更多关于这个主题的信息将在第7章呈现。

2.3.2 研究目标

除了规定鱼礁目标之外，通过识别出鱼礁之特定目标中哪个目标将在某个特殊评估研究中予以检查来开发研究自身的目标也是重要的。这些研究目标可能是狭隘的，仅仅针对鱼礁的许多目标当中的一个。实例包括执行一个部署后调查以确定一处新鱼礁是否处于其被设想的位置，或者执行一个一次性调查以确定一处鱼礁是否处于其最初被建设的位置。在另一方面，研究目标可能是相当宽泛的，如将鱼礁生物群落过程和鱼礁有关的物理过程联系起来。研究目标明显应该针对一个或多个特定鱼礁目标。同样地，研究的成功准则也应该解决鱼礁成功度的某个方面问题。

2.3.3 评估类型

研究目标决定了所需采用的评估类型。三种水平的评估已经在第1章予以介绍。这些水平说明了由研究目标复杂性和取样数量及所用测量努力确定的广泛研究类别(图2.3)。因此，描述性研究与比较性研究相比总是使用更少的资源，而且针对更简单的目标；而比较性研究与相关性/预测性研究相比又使用更少的资源，而且针对更简单的目标。

所有的研究都会涉及某种类型的比较。例如，一处建设用于提供休闲渔业机会的人工鱼礁可以使用一种监控类型研究，以评估鱼礁是否实际上吸引了渔民（Rhodes et al，1994）。一处建设用于替换一处意外被破坏了的自然鱼礁的鱼礁可以就其生物学群落在规定的进化时间内怎样相比较于被破坏的那种类型自然鱼礁的生物学群落进行评估（Clark，Edwards，1994）。一处建设用于量化鱼类和随着鱼礁群落不断进化出现的水底群落生态学关联性的鱼礁将需要谨慎的取样期时机、跨越多重特点的广泛取样以及在一定时间和空间范围内的比较，以预估出现的关联性水平（Hueckel，Buckley，1989；Ardizzone et al，1997；Ecklund，1997）。

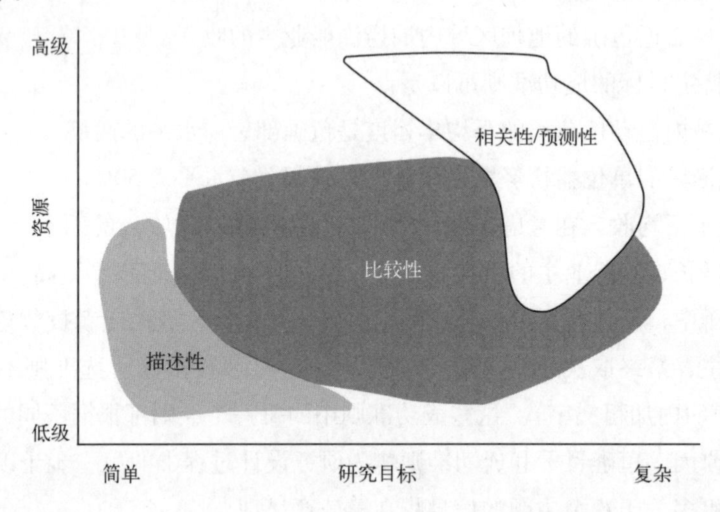

图 2.3　评估研究按照研究目标的复杂性、取样数量和所用测量努力进行排序

在确定需要问哪些研究设计问题时，将评估研究分为某种类型是有益的。例如，如果研究类型是描述性的、监控的、相关性或预测性研究，关于多少样本单元需要收集的问题将会取决于有关关键参数所要求的精确度（见 2.3.5.4 节）。另一方面，如果研究是比较性的，样本单元的数量将会取决于有关研究人员在统计假设试验结论中犯错的意愿情况（见 2.3.5.5.6 节）。

2.3.4　可衡量特点——取样对象

在研究设计过程中，一个重要阶段就是选择需要衡量的特点、定义将会采用的测量方法以及将这些特点直接与鱼礁目标联系起来。对研究设计者而言，有一系列特点和测量方法可供选择。第 3 章讨论了关于鱼礁物理特点的测量方法，第 4 章和第 5 章描述了关于鱼礁生物群落的方法，第 6 章讨论了与人工鱼礁有关的社会经济方面的测量问题。每个特点都可以与特定鱼礁目标或研究目标联系起来。在本章讨论的研究设计概念和统计分析方法都可以在开发研究计划中和这些测量方法中的任何一个进行组合。

在选择衡量对象的过程中，我们需要注意到测量从来都不会是完全准确的；某种不确定性总是与所获得的数值联系在一起。存在两种不确定性的来源：测量误差和系统误差。

系统误差作为数据收集过程中存在缺陷的结果，通过收集样本材料所用的装置或者确定何时和何处取样出现所用的协议而出现。测量误差源于测量方法的实际或技术限制。对评估而言，我们希望使用以总体最少误差的取样协议为基础的测量方法。我们希望使用这样的方法：如果我们需要检查整个种群，它要能生成观察数值的分布，而这种分布能够模拟这些数值实际如何分布的情况。就所声明的目的，仅仅使用有效性经过验证的方法是重要的。一般用户应当采用合理固定的方法。如果有关方法是精确的，但是只有具有高度技能的个体用户才会使用，那么由不具有特定技能的用户使用的成功机会就会比较低。

请考虑一下用于鱼礁鱼类的可视化普查方法(Samoilys，1997，第 3 章)。这些方法一般会生成低估出现在被取样区域内的实际鱼数量，同时又会高估平均生物量。这是因为要想看见较小的鱼是困难的，因此与真实的种群相比较小的鱼在样本中不具有代表性。测量方法中的系统误差将会生成带有偏性的预估量，这种预估量会随着具体情况的变化而变化。例如，Ricker(1975：第 142 页)讨论了关于对捕捞并无完全脆弱性的幼年鱼群的数据会怎样影响有关种群补充率的预估。一般而言，研究每种提议的方法还是划算的，直到结果性测量的特点及其对目标参数预估的影响能够被我们理解。

研究目标和可用测量方法的不确定特性决定了应该在一项研究中使用哪些特点。与鱼礁成功准则无关的特点在鱼礁评估研究中是没必要陈述的。同样地，测量成本昂贵，使得测量客体受制于很大的不确定性，而且(或者)包含除了专家之外大多数人都很难执行的方法学的特点也可以不在考虑范围之内。所测量的任何特点均应该有一个与研究目标、鱼礁目标和成功准则有关的目的。如果在研究的设计阶段无法建立这种联系，用在测量、记录和分析有关特点上的时间就浪费了。

2.3.5　取样协议

一旦研究类型和测量特点(取样对象)已经确定，与取样协议有关的议题就必须予以处理。这些议题是以如下这些问题为表征的：何时进行测量，何处进行测量，用于选择样本单元的协议是什么以及为每个特点需要抽取多少个样本单元(测量值)。这些问题的最佳答案是通过对应于具体鱼礁或所研究鱼礁的形式获得的。在这一节，我们提供了关于怎样回答这些问题的一些一般性指南。在第 3 章到第 6 章的讨论中，有更多的有关建议。为重申之目的，每种取样情况都是独一无二的，而且要求此处说明的一般方法适合于具体情况。

2.3.5.1　何时进行测量

第一个取样协议决定就是确定何时收集样本。一般的评估取样频率包括鱼礁情况一次性评估、部署前和部署后样本、短期周期性取样或者长期周期性取样，一般被称为监控(图 2.4)。取样可用的资源之限制是取样时间和频率的主要决定因素。此外，随着生物群落不断进化或者鱼礁的人工媒介出现变化，在时间跨度上出现的诸多变化往往也是在评估人工鱼礁中需要处理的议题。更加复杂的研究会检查在新鱼礁生境上的物种自然增长过程、随着时间的推移在诸多物种之间形成的能改变物种组合并最终改变生态系统的相互作用(Pamintuan et al, 1994; Fabi, Fiorentini, 1994; Relini et al, 1994; Fabi et al, 出版中)。人工鱼礁上的生物群落和种群会随着时间的推移而进化，这使得选择何时取样成为一个困难的但又是非常重要的决定。

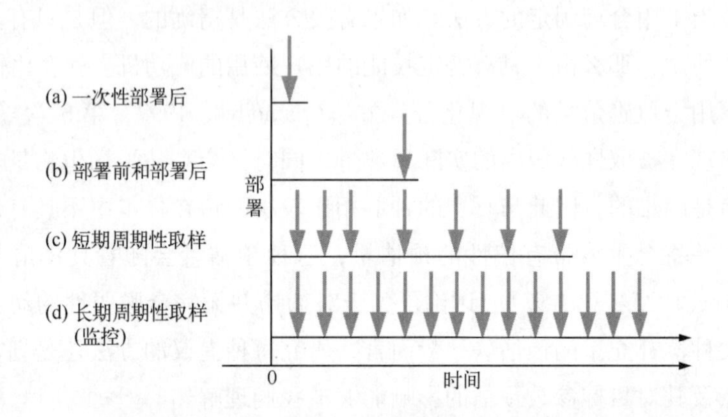

图 2.4　评估研究中采用的典型取样频率

关于鱼礁目标和研究目标的成功准则也能够驱动对取样协议的选择。例如，如果研究目标是为了确定鱼礁材料的物理稳定性，在鱼礁部署后不久进行的一次性评估[图 2.4(a)]可能就是所有需要做的事情。为了确定一处人工鱼礁的建立是否已经改变了有关区域的生物群落，至少需要进行两项描述性研究，一项研究须在鱼礁建设材料部署之前执行，另一项或更多研究为鱼礁部署后调查[图 2.4(b)](Lindquist, Pietrafesa, 1989; Bombace et al, 1994)。第一项调查确定了鱼礁创造之前的评估特点水平，并起到与部署后对应水平进行比较的基准线的作用。第二个时间点可能发生在部署后几个月或几年，准确的时间取决于直接相关的诸多特点内预期变化比率。同样的测量方法和样本选择协议通常被用于两个时间点，以此实现对预估量的直接比较。

如果研究的一个目标是获得对关键鱼礁过程和/或到达重要生态学阶段之时间的认识，则会使用短期周期性取样或系统化长期监控(Reimers, Branden, 1994; Szmant, Forrester, 1996)。如果关于一处新进化的鱼礁的评估概念需要对一定时间跨度上的鱼礁特点进行多重测量，则在快速变化出现时，会在初始数月和数年期间更加频繁地开展取样工作(Linquist, Pietrafesa, 1989; Ardizzone et al, 1989)[图 2.4(c)]。即使取样发生的频率仅为每年两次[图 2.4(d)]，在这两个取样时间期间，有关特点的状态也应该是在选取特定取样时间中的一个因素(Herrnkind et al, 1997)。

2.3.5.2　何处进行测量

何处进行测量的决定往往取决于被测量的特点及其空间变化性。例如，当使用可视化计数方法确定鱼礁上的鱼类资源量时，取样地点就是鱼礁上方的位置，该位置能为潜水者或计数者提供对完整鱼礁的最佳视野(Samoilys，1997；2.4.1 节)。为确定鱼礁周围水底群落的成分和生物量，核心样本单元的布置也必须考虑预期的空间模式(有关概述可见 Badalamenti，D'Anna，1997)。

取样协议的空间层面出于若干原因都是重要的。许多鱼礁变量，尤其是化学和生物特性，其值会由于鱼礁的位置和距离而发生巨变。即使是在相当小的区域内我们也经常能发现巨大的变化(Posey et al，1995)。即便是与鱼礁有关的社会经济特性，如鱼礁数值，也取决于到渔港或者邻近鱼礁的距离。因此，参数预估往往在很大程度上取决于在何处进行测量的。例如，如果测量仅仅是在鱼礁基础附近进行的，而不是从距离鱼礁一定距离的位置进行测量的，那么平均水流估计就会有所不同。如果研究目标是获得最能代表鱼礁内和鱼礁周围某个特点的平均条件的一个数字，则需要仔细地考虑，以确定在哪里定位取样单元以及怎样组合诸多测量结果生成最终的预估量。

2.3.5.3　样本单元选择协议

一系列通用统计方法或协议可用于选择个体或位置，使之被包括在样本当中。最广义的分类会考虑非随机选择和随机选择。随机选择包括简单随机选择、分层随机选择、分组选择和带有随机起始位置的系统选择。鱼礁评估设计所用选择协议通常会将一些或所有这些方法囊括进去。关于对环境参数取样的选址问题和选择方法的优良评述是由 Gilbert (1987)提供的。

样本位置的非随机选择指不依靠任何随机化方案来选择测量地点。这种方法也被称为目的性选择、判断性选择和方便性选择。通过随机机制选择的一个样本被称为一次随机选择。许多研究者偏好于使用非随机样本，因为它们能实现对被认为是“重要的”“典型的”或者“代表性的”位置或个体的选择。在另一方面，统计学家要求使用随机选择，因为它能确保所获得预估量具有最小的系统误差，因此也就具有更小的偏性(至少只有测量装置的偏性)，同时能够确定预估量中的置信度。

非随机选择往往是在这样的情况下使用的：在自然本身被假定为具有充分的随机性，同时额外的随机化被认为是一种冗余；或者成本效益和便利性比源自选择方法的已知偏性更重要(见 Gauch，1982)。例如，在监控一处鱼礁中，取样次数可以建立在一个固定的非随机时间表的基础上，比如每 60 d 取样一次。同样地，一项视觉性鱼类普查可以总是从同样的位置，比如鱼礁的东侧，在某天的同样时间予以抽取，以此提供最大的可见度和计数的一致性、最小化测量误差，并提供用于比较目的的最佳数据。

以非随机选择协议收集的数据通常是有偏性的，并生成不准确的预估量，这样限制了结果的有用性(图 2.5)。例如，如果取样时间总是发生在高潮时间，那么结果性预估量将仅仅反映高潮时鱼礁上发生的情况。同样地，如果总是从同一侧观察鱼礁，那么远侧的活动和资源量就未能被包括进去，因此计数结果和后续的预估量可能会低估或高估真实的数值。在这种情况下，非随机选择协议将不适于要求对平均鱼类密度作出不偏和精确估计的研究目标。最后，如果由于无法确定预估量的基础统计分布而无法进行计算，那么非随机选择样本是很难进行精确估计的。这意味着样本单元选择不能完全依赖潜水者或实际从事取样作业的有关人员。样本单元选择中的随机性是应该予以使用的，除非研究是严格描述性的，关于预估量的置信声明是不作要求的，而且(或者)无需在种群之间进行统计上有效的比较。一般而言，我们不建议在评估研究中采用非随机选择。

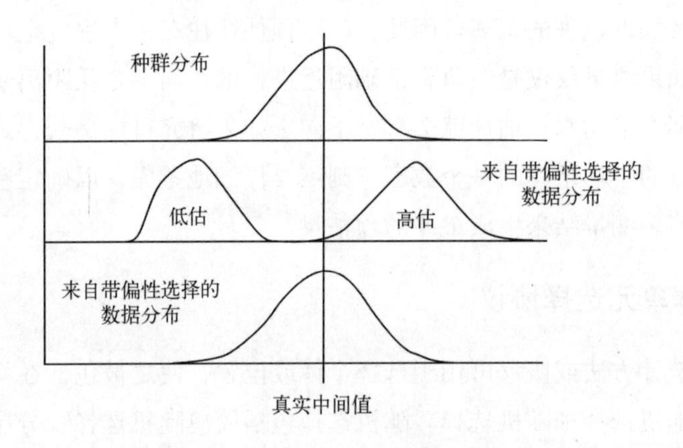

图 2.5　带偏性选择对观察数值分布的影响

单元选择的随机性取决于样本单元的难易程度。假定你希望使用一个 0.5 m^2 的样方作为样本单元测量一处鱼礁表面山的植物生物量。随机选择可以通过首先将由诸多 0.5 m^2 的单元组成的栅格覆盖到鱼礁表面来完成。然后可以对这些单元进行编号，而且可以用随机数发生器来选择实际需要测量的单元[图 2.6(a)]。系统选择协议的一个实例[图 2.6(b)]可以是：按照所有潜在栅格单元的顺序编号每隔 5 个单元进行测量。在使用系统选择协议时，必须小心将随机性直接引入选择过程。这通常是通过随机选择一个起始单元然后根据与起始单元的距离确定所有其他需要测量的单元来完成的。使用系统选择协议选择的样本能够生成不是严格独立的样本测量数值，这就使参数估计和后续数据分析变得更为复杂。现代统计分析工具，如混合效应线性模型(Littell et al，1996)，能够提供这些数据依赖性。如果取样的目标是为了提供足够在一个地理区域上描绘有关特点图形(Andrew，Mapstone，1987)、评估一组特点的空间模式或者检查海景(地形)特点的信息，系统选择协议是有效的。

在大型区域必须以小型样本单元进行取样时，我们建议使用多阶段选择协议。请考虑对底部沉积物的取样，以确定化学或微型底栖种群。通常以一个小直径(比如 10 cm)圆形核心确定样本单元。这些是需要从围绕鱼礁的一个相当大的海床区域抽取的。在多阶段选择[图 2.6(c)]中，栅格单元，比如尺寸为 1 m^2，是在整个调查区域上确定的，而且每个单元都会被赋予一个独一无二的编号数字。这个栅格定义了被称为第一阶段样本单元的事物。特定数量的这些单元(栅格单元)是经过随机选择的，构成了第一阶段样本。然后采用更细栅格(比如尺寸为 0.1 m^2)对每个第一阶段样本单元进行进一步细分，以此生成一组第二阶段的样本单元。一个或更多的这些第二阶段单元然后会被随机选择，并构成第二阶段样本。从每个第二阶段样本单元中收集一个或多个核心，通常以潜水者确定的位置为起点。这种分层分割和辅助随机选择在使选择过程具有随机性的同时，限制了必须取样的位置数量。最后的选择协议是非常有效的。

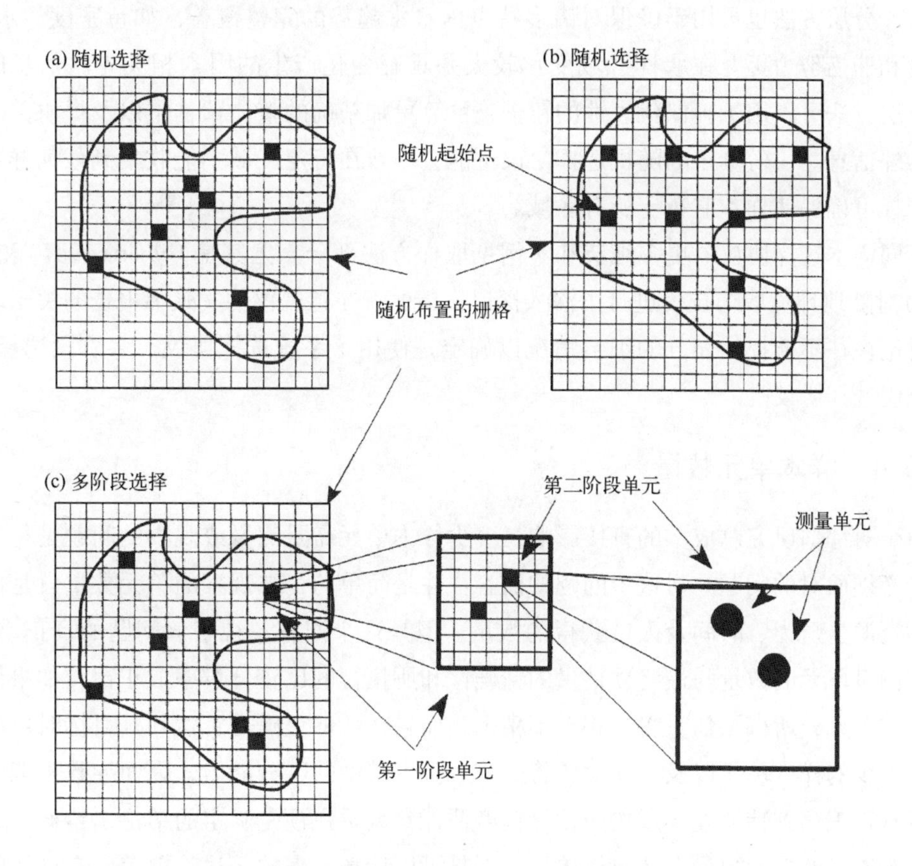

图 2.6　用于在鱼礁上对环境特点取样的空间选择方法

处理从单个样本单元收集来的材料的成本往往是相当高的。例如，请考虑一下进行沉积物样本的复杂化学分析所需的时间或者技术人员列举随机采集的样本中微型底栖生物所需的时间。为了降低这种处理成本，从在空间上相互靠近地方收集的样本是被组合起来的，而且仅一组测量数值是为组合样本而生成。这些组合样本被称为复合样本。样本复合是一种普遍的实践，主要是因为它能降低成本，同时也能增加每个样本所代表的区域面积。使用复合样本时缺失样本间变化相关的信息，因此我们需要小心，以确保重要研究问题仍然是能够以由复合物提供的信息予以回答的。应使用多重复合样本，以提供统计比较所需的变异性信息。

系统选择协议和多阶段选择协议在评估人工鱼礁的社会经济层面也是有用的。例如，一项鱼笼调查可能会要求每隔 3 艘船采访回到码头的渔民(系统选择)。此外，采访可能发生在 2 周内，同时采访行为均匀分布在白天。为了确保白天的所有时间都用于调查，每一天可以被分成 4 ~6 个时间段，其中只有一个或两个时间段是在任何一天被使用的，但是所用时间段是经过平衡化的，使得在为期 2 周的时期内每个时间段被使用的次数是一样的(多阶段选择)。这类设计实现了对资源的有效利用，同时提供了对有关种群的良好的代表性覆盖。分层方法也可用于确保对诸多特点内日常趋势的完整覆盖，如鱼密度、水流量、光级度和捕捞努力等。在取样区域变化较大并具有变化产生的因素相关先验信息的情况下，分层方法可以用于确保代表性的覆盖，计算更加精确的整体预估量以及提供关于每个层的额外信息。一份真正的随机选择协议可能会导致在特定区域不能收集到任何样本，但分层选择可确保使样本遍布于所有区域。

不同样本选择协议的更多细节和实例见取样方法部分。尤其是 Gilbert(1987)和 Green(1979)对陆地环境取样技术进行了深入探讨。请注意在鱼礁评估文献中报告的关于取样协议的讨论往往不能提供充分的细节情况以确定是使用了系统选择协议、多阶段选择协议，还是分层选择协议。

2.3.5.4 样本单元数量

由于对评估研究总成本的直接影响，多少样本单元需要测量或观察的问题是每个研究设计者必须面对的问题。对这个问题的回答往往是简单的：被观察的单元数量就是使用研究可用资源、财力、时间及人员获得的数量。但是这个回答忽视了该问题的真正重要性，因为被测量单元的数量与最终预估量的精确性和所执行的比较分辨率成正比。如果使用太少的样本单元，所得预估量将会相对不精确，而且在评估鱼礁是否达到其目标时可能无法使用。太少的样本单元以及所作比较将会只有微乎其微的区分能力，因而导致不能清晰确定是否真正观察到特征差异。按照预设精度估计参数及在预先确定的结论出错概率范围内进行比较所需的单元数量在特定简单情况下是可以计算出来的。尽管覆盖所有可能的情况是不可能的，以下所描述的方法可以扩展到在鱼礁评估中遇到的许多更加普遍的情况。

我们以认识到这一点为起始点：即每个特点所收集的测量数据将在分析阶段使用统计量如平均值或方差来总结。这些数值代表了整个种群可以被取样时真实平均或方差会是整个种群的预估量。因为一个样本不是一个完整的普查，预估量只会逼近真实的基础数值。如果测量方法或者取样协议生成了系统性的低量计数或测量，或者高量计数或测量，结果性的预估量将会具有偏差性。这意味着即使样本大小增加了，计算的统计量并不会等于真

实的种群数值。

假定可能在同一时间同一区域内以给定的样本大小一次次重复某个特定的取样选择协议。每次重复该协议时，所测量的样本单元以及因此产生的样本数据将是不同的，而且结果性预估量也会略有不同。预估量中的这种变化要归因于取样中存在的第三不确定性源，被称为取样变化性，也被称为取样误差。使用重复样本集中的数据计算的统计值的相对分布被称为预估量的取样分布。这种分布的扩展反映了与生成有关预估量的取样协议和所用的样本大小有关的取样误差水平(图 2.7)。根据较小相关取样误差进行取样分布的预估量被称为精确估计。

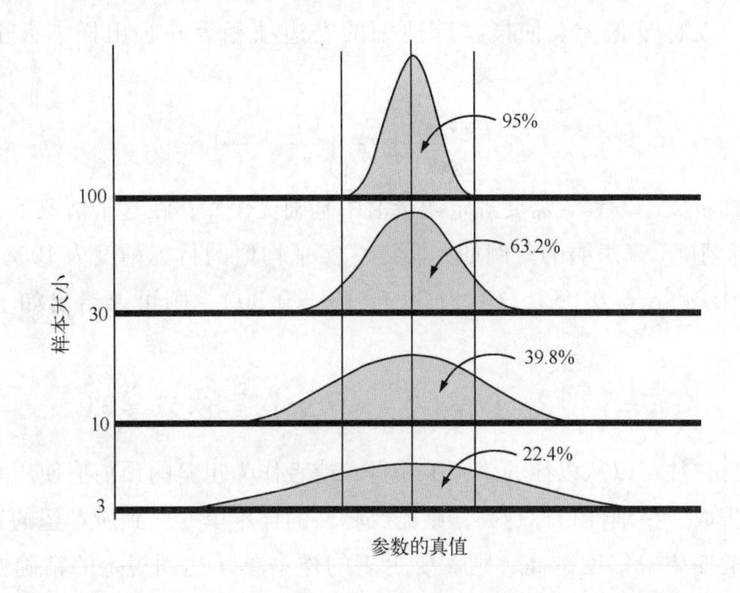

图 2.7　随着样本大小的增加，根据取样分布曲线的展开范围计量的预估量的相对精度也会增加

需要预估数值的精确性目标应该在研究的设计阶段予以确定。这些精确性目标能够确定所需的样本大小。精确性目标是由两部分构成的：①精确性目标水平；②样本中精确性目标已达到的预期置信水平。例如，一项研究的精确性目标可被宣称为："平均鱼密度的预估量应该在真实密度的 10% 范围之内，且只有 5% 的机会超出或低于这个数值。"在这种情况下，精确性目标水平是相对于真实的但又未知的密度规定的。5% 的机会性声明明确了置信情况，也就是声明了如果取样研究被重复 20 次，20 个样本平均值中有 1 个样本比真实平均值大或小 10% 是可以接受的。这两个声明是与统计学的中心极限定理组合起来使用的(见 Zar，1996)，这个定理会将样本数值内基础变化性的预估量联系于达到规定的精确性水平所需的样本大小。

最简形式的中心极限定理规定根据其标准误差计量的平均值精度即为数值的标准偏差除以用于做平均计算的样本数量数值的平方根($\bar{\chi}$ 的标准偏差就是 $\sigma/\sqrt{n}$，其中 σ 就是总体方差）。中心极限定理进一步规定样本平均值与真值之间的差值除以标准误差即为标准正态离差，即以零为中心且方差为一的一种钟形分布。以这个信息为基础，精确性声明可以用下式表示：

$$P(|\bar{\chi}-\mu| > r\mu) < 0.05 \tag{2.1}$$

其中 μ 是真实的未知平均值；r 是目标相对精度（如 0.1 代表 10%）；$\bar{\chi}$ 是样本平均值。根据中心极限定理，我们得到如下公式：

$$P(|\bar{\chi}-\mu| > z_{1-\alpha/2}\sigma/\sqrt{n}) = \alpha \tag{2.2}$$

其中 $z_{1-\alpha/2}$ 是 $100(1-\alpha/2)\%$ 的标准正态分布；n 是样本大小；σ 是根据所有潜在有关特性测量计算出的真实标准偏差。使概率陈述中的右边项相等并解出样本大小 n 后，我们得到：

$$n = \left(\frac{\sigma z_{1-\alpha/2}}{\mu r}\right)^2 = \left(\frac{CV\, z_{1-\alpha/2}}{r}\right)^2 \tag{2.3}$$

请注意：这个样本大小方程式需要规定测量值中基础变化性，在这个情况下，是以变化系数 CV 以及目标精度 r 来声明的。例如，假定真实平均值的目标精度为 10%（$r = 0.10$），其中置信度为 95%（$\alpha = 0.05$），CV 为 30%（$CV = 0.30$），则可以给出如下的预估样本大小：

$$n = \left(\frac{CV}{r} z_{1-\alpha/2}\right)^2 = \left(\frac{0.30}{0.10} \times 1.96\right)^2 = 34.57 \approx 35 \tag{2.4}$$

变化性信息往往可以从以往的研究中获得，或者作为粗略的预估值使用来自小型试验性研究的数据生成。精确性目标越高，则需要越多的样本单元达到所希望的置信水平。同样地，预估量的期望置信度越高，则需要更多的样本单元达到规定的精确性目标。实际上，必须根据所有极其重要的特征进行样本大小计算，而且得出的最大样本量被用作研究设计中的目标值。研究设计通过这种方式使所有特征具有可接受的精度，而不只是具有较小取样变异的特征。在中心极限定理不能提供对关于预估量的取样分布的最佳描述的情况下，大量的更加复杂的样本大小公式已经被开发出来处理此类情况。这些方法中的一些是在统计学文本里提供的（例如，Gilbert，1987）。特殊的方法在 Kraemer 和 Thiemann（1987）以及 Peterman（1990）中有详细的讨论。Aronson 等（1994）提供了关于怎样选择用于研究的样本大小的明确描述。比较相关的样本大小问题见下节。

另外一个样本大小问题与样本单元的实际尺寸有关。样本单元的大小几乎总是由普遍实践决定的。第 3 章到第 6 章说明了诸多取样方法，并提供了关于样本单元大小的指南。在开发一种新的取样方法时，需要开展一些关于样本单元大小的试验，以给出关于最优样本单元大小的信息化建议。

2.3.5.5 比较研究特有的问题

前一节讨论的问题在所有类型的评估中都会遇到。如果评估研究设计以比较来自若干情况的特点为其主要目标，则这种评估研究设计具有需要讨论的更多层面。这些层面，如因素定义、假设公式、统计检验和重复等，共同确定了良好比较性研究的必要条件。

2.3.5.5.1 因素和测量性和操控性实验

在一项鱼礁研究涉及比较两个或更多种群、情况或群组时，使这些群组有所不同的那些特点被称为因素，而且这样的研究被称为实验。一个因素就是一个鱼礁特点，该鱼礁特点被假定为能影响或在某种程度上改变其他鱼礁特点的平均值。认识到存在两种需要考虑的因素是重要的。操控性实验涉及代表由试验者强加的变化构造的不同情况的因素。测量性或观察性实验涉及确定不同自然发生条件下取样引起的比较的因素。

在操控性实验中，调查者积极以这样的方式建立研究条件：使比较能直接处理有关因素的效应。在 Bohnsack 等(1994)研究中，鱼礁是用 1 ~ 8 个标准模块建造的。此处，驱动比较的研究因素就是鱼礁尺寸。以每种尺寸水平建造的重复鱼礁在所有其他层面都是经过标准化的，以去除不包括尺寸的其他诸多因素对被测量特点的影响。Bortone 等(1994)同时检查了两个因素对鱼类集聚物发展的影响。一个因素是用于建设鱼礁的塑料塔芯的高度(两水平)。另外一个因素是塔芯制造时所用的孔洞大小(三水平)。6 种可能的人工鱼礁类型是被重复用于该试验的。Fabi 等(1989)描述了一个试验，该试验探究了不同鱼礁结构(因素)对贝类培育的影响。初始研究设计阶段也通常通过实验来确定采用哪种测量方法。关于检查鱼类计数方法的试验，请见 Thresher 和 Gunn(1986)。

在测量性实验中，有关因素不会涉及对条件的控制，但是会在不同条件下取样过程中出现。Bombace 等(1994)在对亚得里亚海的 5 个不同区域的鱼礁比较中进行了测量性实验。在这种情况下，位置因素确定了有关的比较。

操控性实验与测量性实验之间的区别在于研究者在比较时所具有的控制量。在操控性实验中，充分控制可用于创造直接比较有关因素水平所需的情境，同时将其他外部因素也考虑进去。操纵性实验通常以具有尽可能类似于彼此的位置、情况或材料为起始点。对这些相似元而言，反应不同研究因素水平的处理措施是被随机分配或应用的。在测量性研究中，研究者所能做得最好的就是直接以这种方式进行取样：使得不同水平的有关因素能够进行比较，但是这些比较可能不是完全摆脱不能控制的其他外部因素的影响。

因素的影响是使用在就诸多水平的有关因素上抽取的样本上测量的响应情况进行预估的。比较的是在不同因素水平样本单元之间平均响应情况当中的差异。在一些情况下，一个鱼礁特点可能会被视为一个因素，而在另外的情况下，则可能被视为一种响应情况。例如，在一项操纵性研究中，鱼类资源量可能为有关响应，而在不同的底栖生物群落的测量性研究中，研究鱼礁可能通过具有不同的鱼类资源量(因素)来定义。将特点分隔成因素和响应能够促进研究设计，并为后续分析指明方向。我们建议就关于评估和生态学的试验性设计的讨论可以采用 Underwood(1990)，而 Box 等(1978)则可以作为用于一般性试验性设计的文本。

2.3.5.5.2 假　设

对于比较研究中的每个实验因素，零假设和备择假设是可以形成的。假设就是对实验因素水平发生变化时相关特征或关系的预期变化进行的陈述。零假设陈述的问题假定不会观察到任何变化或影响，也就是说会保持原状。备择假设陈述的问题即为对预期变化或影响的一种确认。因此，例如，在 Bortone 等(1994)文献中高度和空隙空间就是研究因素。相关问题，即"一处鱼礁的高度和空隙空间会影响鱼类集聚吗?"就被转化为一个零假设，即鱼类集聚不会受到该鱼礁的高度和空隙空间的影响；一个备择假设，即鱼类集聚会受到该鱼礁的高度和空隙的影响。

在比较研究的设计阶段，零假设和备择假设是重要的，因为它们准确规定了哪些影响是我们必须预估的或哪些比较是我们必须作出的。目标往往是反对零假设支持备择假设。如果数据是以这样方式收集的：多重因素可能被用于描述所观察到的差异，那么有关假设就被视为不可检验的。对于一个能够被检验的假设而言，对所发现的差异的唯一可能的解释就是仅仅在该假设中那些有关因素内存在的差异。我们可以假定我们在两处鱼礁之间发现了鱼类资源量上的差异。如果一处鱼礁是用巨型集群的残骸建造的，而另一处鱼礁是用小型分散的残骸建造的，那么关于残骸尺寸(巨型的和小型的)的假设是不能独立于关于残骸分布情况(集群的和分散的)的假设进行检验的。在这种情况下，不管是残骸尺寸假设，还是残骸分布情况假设都是不能以这些数据检验的。明显的是在不同类型的试验中，关于这些因素的假设是能够被检验的。

在涉及操控性或测量性实验的鱼礁评估研究中，仅可检验的假设是人们感兴趣的，因为只有通过一次检验假设才能被确定是否能得到支持。通过有利检验证明的假设通常被视为真实假设。当多位研究者独立地检验并发现对一个假设的支持时，这个假设就成为可以接受的事实。对良好的研究和评估而言，良好假设生成的重要性是如何强调都不为过的。大多数报告试验结果的学术论文都会提供一个关于需要被检查的假设的简短列表。关于假设是怎样联系于试验性设计的优良讨论是 Underwood(1990)给出的。关于在海洋生物多样性、海洋保护和管理方面的一些当前零假设和备择假设的更广泛评述可以在 Bohnsack 和 Ault(1996)著作中找到。

2.3.5.5.3 重　复

在试验中，需要比较的基本情况或因素水平必须是可以被重复的。重复物就是具有类似因素水平的两个或更多个情况、位置或群组。在比较性研究中，例如鱼礁尺寸对鱼类群落的影响的比较性研究，需要根据比较中所选鱼礁尺寸建设和部署多处鱼礁(重复物)(如 Bohnsack et al，1991；Bombace et al，1994)。需要在相似的环境中更加努力地部署这些鱼礁，以使诸多鱼礁之间的差异只归结于鱼礁尺寸，而不归结于任何其他事物。

在操控性实验中，重复物是容易确定的，因为它们是直接与被控制的因素有关的。确定用于一次测量性研究的重复物则变得困难得多。调查者具有更少的可控性，而且有关的

因素往往是根据地理学确定的，也就是由在哪里抽样确定的（如Clark，Edwards，1994；Reimers，Branden，1994；Ecklund，1997）。此处，真正的重复就是具有有关因素的类似水平且距离足够远以致测量可以被假定为独立的诸多地点。确定用于测量性研究的重复物中存在的危险性与选择非独立的取样位置有关，在这种情况下，重复物不是真正的重复物，而是伪重复物（Underwood，1981；Hulbert，1984；Stewart - Oaten et al，1986）。因为伪重复物显示了特点之间的依赖性，与真实重复物相比，伪重复物之间的鱼类计数更为相似，与来自这些数据的预估值有关的变化性与在真实重复物上测量数据的预期变化性相比往往是更小的。真实重复物上测量值之间的变化性是用于所有统计性假设检验和就关于因素影响的统计重要性所作出决定的标准。使用来自伪重复物的测量值会出现在并无实际因素影响的情况中关于因素影响的统计重要性的发现结果，进而导致错误的结论和决定。

测量性实验中伪重复物与真实重复物之间的不同最好采用实例进行说明。我们假定对确定贝类密度（特点）变化作为用于建造该鱼礁类型本底（因素）的一个函数感兴趣的。假定需要检查三种类型的基底，在一次良好的测量性试验中，若干鱼礁（真实重复物）会按照每种类型基底予以建造。在每处鱼礁上，若干0.25 m^2 的样方将被随机选择出来，然后从这些样方上收集贝壳类动物的计数[图2.8（B）]。估计每处鱼礁的平均密度。在以同种类型建造的所有重复物鱼礁上得出的平均密度将作为统计量被用于比较基底类型。如果不是用多处鱼礁代表每种基底类型，而是仅一处鱼礁是按照特定基底类型建造的，那么每个基底类型就只有一个有效的平均值[图2.8（A）]。在这种情况下，就不存在一种基底类型内平均值之间的任何预估值，而且不存在用于统计性检验的关于变化性的任何统计量。如果该检验是使用一处鱼礁内样本单元之间变化情况作为关于变化性的统计量来执行的，那么有人就已经用真实的重复变化性代替取样变化性，并成为伪重复的牺牲品。

真实重复物或伪重复物的构成取决于研究结果的广泛应用程度。如果有人只是对研究某个特定位置的某个特定鱼礁感兴趣，那么从该地点选择的样本单元上得到的测量值提供了用于检验的合适信息，并因此样本单元是真实的重复物。在另一方面，如果来自研究的发现将被应用或延伸到超越了特定鱼礁或特定地点，那么仅在一处鱼礁上取样就不充分了。例如，在检查鱼礁高度和空隙空间尺寸对鱼类集聚物的影响的试验中（Bortone et al，1994），根据每6个因素组合建设并测量了多处鱼礁。在这种情况下，真实重复涉及因距离足够远而被视为独立的每个因素组合下的多处鱼礁。

重复、伪重复以及一定程度上的多阶段选择协议都是互相关联的概念。凭借现代统计分析软件，在用于检验有关假设的统计分析模型中可以就观察数值之间的依赖性作出某些调整处理（Littell et al，1996）。然而，开展的没有真实重复的任何研究在呈现可信统计检验结果方面都会有些问题，而且很可能会无法达到所有研究目标。

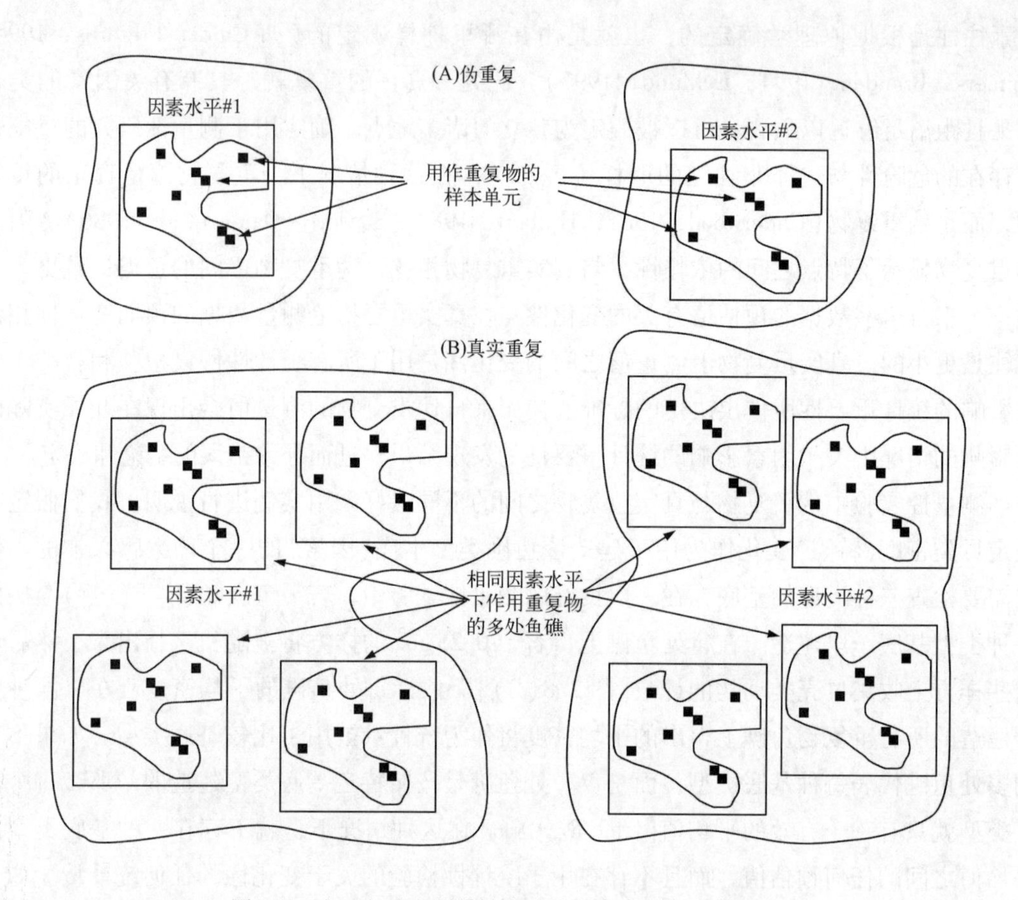

图 2.8　人工鱼礁上测量性实验中的真实重复和伪重复

2.3.5.5.4　统计检验

人们进行假设检验是为了确定零假设或备择假设是否能被观察情况支持。假设检验就是用于统计比较在试验因素水平范围内有关特点的预估值的方法。所有统计检验将估计量的取样分布作为比较标准，但假定零假设是对有关情况的真实描述。与这种取样分布有关的变化性是使用在被检查的每个因素水平内从重复物到重复物所得的预估值当中的波动进行计算的，因此使用真实重复物而不是伪重复物的重要性就显现了。

人们已经开发出了各种不同的统计方法去检验假设。包括从简单的 t - 检验(或者符号秩检验)、比较一个因素的两个水平之间的平均值(中间值)及使用复杂取样设计检验关于所观察多个因素之影响的假设的混合效应一般线性模型。各项检验的目的均在于对具体类型的测量尺度(二元的，分类的，顺序的或连续的)进行比较，而且每个都会做出能够执行有关检验的假定。理解和确认对成为为研究设计而提议的任何检验之基础的有关假设的支持是相当重要的。可用于数据分析的统计方法是不可能在几张图表内就轻易分类和描述的。若干统计学文本(如 Box et al，1978；Snedecor，Cochran，1980；Peterson，1985；Kish，1987；Zar，1996)都提供了关于执行评估研究中所遇到的大多数检验的细节。Ricker(1975)提供了关于用于鱼类种群研究的统计分析方面的指南。复杂的研究需要专业统计学家的指导，但是一般而言，基本统计方法的谨慎应用往往能生成与评估有关的决策所需的所有数据分析。

2.3.5.5.5　统计检验中的决策误差

在假设检验中使用的统计量是从样本数据计算而得的，而且是受取样变化限制的。因为这一点，总存在假设检验所得出的结论是错误的可能性。再多的额外取样，只要没有一个完整的普查，也不能生成一个没有误差的决策过程。在从一次统计检验得出某个结论时，存在我们可能制造的两种类型误差(图 2.9)。如果零假设(以 H_0 表示)是被否决的，而实际上该零假设是正确的，那么就出现了类型Ⅰ误差。如果零假设是被接受的，或者更加准确地说是未被否决的，而实际上备择假设是正确的，就出现了类型Ⅱ误差。这些误差中的一种或两种出现的可能性越小，则研究设计就越好。

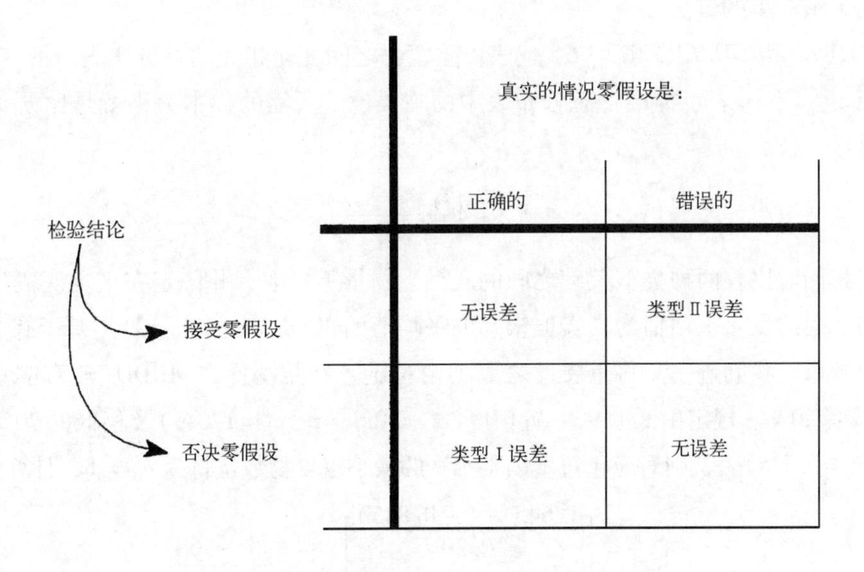

图 2.9　假设检验相关的决策误差

普遍的实践是这样定义一个良好的研究设计的：在这个研究设计中，人们制造类型Ⅰ误差的概率，以希腊字母 α 表示，是在0.01～0.05之间。这意味着在被检验的诸多因素中实际上不存在任何差异(即 H_0 是正确的)。如果同样的研究(同样的选择协议、同样的环境等)被执行100次，这些研究中1～5次之间的研究将生成不准确的结论，即存在某种影响或差异。一次检验的置信度被定义为 $1-\alpha$，而且往往用一个百分比即 $(1-\alpha)100\%$ 来表示。

以希腊字母 β 表示的类型Ⅱ误差的概率与各个因素水平下所用的重复物的数量密切相关。良好的比较设计一般有比 0.5 小得多的数值，通常在 0.2 左右。这意味着如果在研究因素之间确定某种差异，而且试验在同样条件下重复 100 次，在这些研究的 20 个研究当中，我们可能会错误地认定并不存在任何因素差异。检验效能是以 $1-\beta$ 来定义的，而且也是以一个百分比即$(1-\beta)100\%$来表示的。类型Ⅱ误差比率在设置比较性研究所需的重复物之数量方面是重要的。在实践中，样本大小是根据与特定备择假设有关的一系列效能值计算的。这不足以说明在因素水平影响的诸多预估值之间存在差异。相反，必须指定被视为在不同实验因素水平下对预估值之间的检测至关重要的最小差异。以 MSD 表示的最小显著性差异也可被指定为某个阈值或总平均值的一个分数，在这种情况下，它也被称为最小相对可探测差异或者 MRDD。用于 MSD 或 MRDD 的数值将取决于被分析的特点和被比较的水平数量(Fairweather，1991)。

2.3.5.5.6 重复物数量

各个水平的实验因素所需的重复物数量取决于所选的类型Ⅰ误差和类型Ⅱ误差的概率和有关 MSD 或 MRDD 数值(Mapstone，1995)。若干方法可以用于预估为了达到这些准则所需的重复物数量(见 Gilbert，1987)。通过假定在就一个连续特点比较两个群组，我们在下文说明了最简单的方法。

定义 $D = MRDD/CV$，其中 CV 代表以重复物之间变化相关的百分比表示的变化系数。此外，令 $z_{1-\alpha/2}$ 和 z_β 表示标准正态分布表中的临界值。所需的样本大小就是比 n_0 大的下一个最大整数，计算如下：

$$n_0 = 2\left[\frac{z_{1-\alpha/2} - z_\beta}{D}\right]^2 \tag{2.5}$$

假定我们对比较两种类型鱼礁之间的底栖生物量感兴趣，并假定在平均底栖生物量方面重复物之间的变化被预估为真实但未知的平均值的30%($CV = 0.30$)。基于有关文献当中的发现结果，我们进一步将重要性之最小相对显著差异设置为 MRDD = 真实总平均值的0.20或者20%。规定稍低的90%置信度($\alpha = 0.1$，$z_{1-\alpha/2} = 1.645$)及稍低的70%效能($\beta = 0.3$，$z_\beta = 0.525$)后，则对应于每个因素水平的最小重复物数量将为 $n_0 = 6$，计算如下：

$$n_0 = 2\left[\frac{1.645 - (-0.845)}{\frac{0.30}{0.20}}\right]^2 = 5.5 \approx 6 \tag{2.6}$$

这意味着为了比较两种类型鱼礁之间的平均水下生物量，我们需要在每类鱼礁处建设并抽取6种重复物。

这种简单的方法可以用于获得鱼礁评估中最简单比较研究所需的重复物数量的粗略预估。对于需要考虑更多因素且研究设计更加复杂的研究而言，确定重复物数量可能需要由专业的统计学家来完成。

2.3.5.6 相关性和预测性研究特定的问题

带有相关性和预测性目标的研究通常比其他评估研究更具研究取向。相关性研究旨在调查生物群落之间以及生物群落和周边环境之间的关系。在其基础方面，相关性研究致力于对系统怎样随着时间的变化以及环境因素的变化而变化和生物群落自身怎样改变这些环境因素进行建模。预测也需要这种模型。

2.3.5.6.1 测量相关性

相关性分析解决了物种之间的相关性问题。这可能会像确定哪些物种一般会被同时发现和哪些物种一般从不会被同时发现那样简单。关系分析解决了更加复杂的问题，如“一个物种或群体中的密度随着时间发生的变化会怎样与另一物种或群体中的密度随着时间发生的变化产生联系?”(如 Moffitt et al，1989；Falace，Bressan，1994)。可从生态和统计文献中获得解决这些问题的一系列联结指数(见 Green，1979；Gauch，1982；Pielou，1984；Ludwig，Reynolds，1988)。皮尔逊积矩相关系数是在分析具有连续测量值的诸多特点之间的相关性时使用的标准指标(Steele，Torrie，1980；Sanders et al，1985)。在观察值的相对等级上而不是在其实际数值上计算这种指标将会生成斯皮尔曼等级相关系数或者肯德尔系数(Anderson et al，1989；Greene，Alevizon，1989；Hueckel，Buckley，1989；Buckley，Miller，1994)。基于对诸多样本(其中有两种物种会同时出现和两种物种只会单独出现的情况)的数量的计数，独立性的测量则会引致对诸如杰卡德系数(Ludwig，Reynolds，1988；Krebs，1989；Falace，Bressan，1994；Potts，Hulbert，1994)或者索伦森系数(Sorenson，1948；Brower et al，1990；Ardizzone et al，1989；Pike，Lindquist，1994)等一致性指数的使用。

多个特点需要在每个样本上测量时，则需要尝试一种相关性结构的多变数分析。人们已经开发出多变量统计方法去处理大量的问题。这些方法可以分为三类。探索性多变量分析的目标就是梳理出数据中的相关性结构。基本技术方法包括主成分分析(Pimentel，1979；Patton et al，1985)和对应分析(Hill，Gauch，1980；Bortone et al，1994；Ardizzone et al，1997)，这两种程序在统计学中都被归类为降维技术。关系分析的目标则是将来自一组特点的数值关联于另外一组特点的数值。用于这个目的的统计方法包括典型相关分析、典型对应分析和因素分析(Mardia et al，1995)。

第三种类型的多变数分析是直接针对一个检验或推断目标的。在这个类别内，统计方法包括一整套多元/多变数回归(Johnson，Wichern，1992)、一般线性模型(Neder et al，1996)方法以及用于类别响应的特殊方法如多重逻辑回归(Hosmer，Lemeshow，1989)或结构方程模型(Hair et al，1998)。尽管构成这些分析类型基础的概念是直接的，正确执行这些分析、检查假定和解释检验结果却不是如此。

2.3.5.6.2 计算预测

一些研究目标旨在利用这些特点的当代值和/或与其他易于衡量的特点之间的关系来预测鱼礁特点的未来值(Gulland，1969；Beddington，Cook，1983；Edwards，Megrey，1989)。关于某个目标特点的预测是通过使用在一定时间和空间跨度上对诸多特点的测量和关于该特点怎样联系于描述未来情况、环境或情形的其他特点的知识而实现的。预测主要是一种预估形式，但是一种可以将我们带出现有数据之范围(外推法)的预估形式。

预测只能通过一个数学或统计模型的使用来完成。该模型是基于一组明确声明的或隐含接受假定的。目标特点(响应)和预测特点(有时被称为因素)之间的相互作用是以正规数学方程式陈述的。该模型必须针对具体研究的情形使用观察数据进行校准，从而估计模型参数。在大多数情形下，为了使这个过程能够成功，必须收集大量具有合理精确性的数据，而且必须实际上存在相关关系。如果不存在相关关系，或者关系的强度是非常微弱的，那么不管取样数量多大，都不会产生一个精确的预测。

设计一个带有预测目标的研究是非常困难的。它需要以这样的方式收集关于多个参数的数据：这种方式必须使这些参数之间的相互作用或相关性的性质能够被量化。对一组参数有所了解(如物理背景)会帮助我们预测对另外一组变量而言将会发生什么(如鱼密度)。关于这些研究的最好建议就是在尽可能广泛的条件下在尽可能长的时间范围内进行取样，努力收集能够捕捉到开发预测模型所必需关系的强度和性质的数据。

对人工鱼礁的当前理解是这样一种情况，以致即使是服务于研究的预测目标也是不够真实的。我们不了解曾在任何最基本的水平下尝试预测时所进行的研究。随着研究继续梳理人工鱼礁上生物的和非生物的种群会发生什么以响应对各种因素的控制，准确性预测的能力也会随之提高。

2.3.6 数据收集和管理

每一项评估研究都会生成大量的数据。如何管理和报告这些数据是成功研究的关键。如果数据在被初始抽取时不能被正确地记录下来，那么以后不大可能作出纠正，进而使统计分析复杂化，并危及整个研究。良好的数据管理并不困难。它由以下部分构成：①清楚地确认必须记录什么测量数值；②限制对非关键数据的记录；③合理设计有关记录格式；④质量控制和质量保证程序；⑤处理程序。下文有关于数据收集和管理各方面的通用指南。遗憾的是关于数据收集和管理方法之细节的最佳来源都是技术报告和研究报告，而这些报告往往是难以获得的。

2.3.6.1 分离关键信息和非关键信息

除非我们已经在以前执行过一次类似调查，有时我们是难以准确知道哪些信息对有关项目的成功而言是关键的，而哪些信息只是有了是好的，但是对项目成功而言并非一定是关键的。想记录每一件事情是普遍的，但是这种想法在面对有限资源时，特别是在面对有限时间时，很快就变成是不可持续的。此外，记录太多的非关键信息会导致数据记录过程降级，而这种记录过程对研究目标是相当关键的。

研究目标的良好陈述有助于集中于关键数据。同样地，开发一个统计分析计划，即使是在收集数据之前，有助于准确识别出所需的信息。如果可能，应该执行一次初步研究，以此明了你认为应该收集的数据是否能够实际上在现场进行收集。许多时候会发现为陆地设计的数据收集过程是无法在开放海域上执行的。

最后，关于何处、何时以及怎样收集数据的记载必须是永久性研究记录的一部分。当无法再利用最初的数据收集小组时，这些元数据在未来会帮助其他人理解这些数据，并合适地评估是否历史性数据能够满足他们的需要。此外，这些元数据能促进使用不同取样方法学和选择协议的诸多研究之间的比较和调整。

2.3.6.2　现场表格和记录格式

合理设计的现场表格或记录格式能大大地促进正确和具有时效的关键研究数据记录。这种格式有助于标准化数据收集，确定测量值记录精度的必要水平及解决了数值中的任何模糊性。合理设计的格式也促进了将数据转化为用于后续报告和统计分析的计算机文件。

一个良好的记录格式具有如下特征[从 Saville(1981)中摘取]：

- 易于使用，有足够的空间输入必需的数字和文本；
- 组织形式遵从记录人员的自然操作；在记录人员进行必需测量时，数据输入可以从上到下有序进行；
- 在需要记录什么方面是明确的，且有足够的标签、标题和文本，以此准确提醒记录人员哪个现场正在发生什么；
- 以简单的格式布局，使获取信息的用户可以快速扫描该表格，并能识别出记录中的明显错误；
- 需要最少量的信息和数据；
- 能实现将有关数据输入到计算机文件，使之能直接从现场记录表格执行，而无须转录到另外一种中间文件，以此增加效率，并消除另外一种误差来源；
- 提供让记录人员成员就数据收集过程任何方面进行评论的空间，这会提高对被收集的数据的理解；不鼓励过多的评论，但是关键评论往往有助于解释为什么在特定样本位置的观察数值会与预期数值有所偏离。

不同的测量任务可能需要不同的数据记录格式。决定使用多少表格取决于数据收集过程的具体范围。例如，一个表格可以由潜水者用于鱼礁上可视化鱼类计数，而另外一个独立的表格在实验室用于记录鱼长度、重量和其他信息。在现场收集的样本的识别编号应该在实验室表格上记录，同时在未离开现场之前将标识单贴在样品上。

相对便宜、轻型的而且易于使用的全球定位系统(GPS)设备通过促进每次现场观察和所收集样本的地理位置的记录彻底改变了陆地取样。数据的地理位置然后被用于地理信息系统(GIS)，以此分析和处理取样数据。GIS 系统业已成为用于大多数环境研究的正式数据管理和数据可视化的标准计算环境，因为地理编码研究数据显著强化了其对于未来研究者和自然资源管理者的价值。在水产和海洋取样中，GPS 技术目前还不能为水下样本提供准确的位置信息。技术变化的速度表明这仅仅是一个短期限制。研究设计者应跟上这种技术，并在具备可靠性及成本效益后尽快将其用于数据收集方案。

用于大型鱼类取样和用户调查的数据表格的实例是 Bazigos(1974)和 Saville(1981)给出的。请记住这些表格是在个人电脑、GPS 和 GIS 出现之前被创建的，因此这些表格必须予以修改，以此将地理编码考虑进去，并促进转化成计算机文件。此外，对带有长期重复取样情况的非常大型的研究而言，如 ICLARM 鱼礁基础调查(McManus et al，1997)，印刷特殊数据记录表格是具有成本效益的，这可以直接被扫描到计算机。特殊表格和有关的扫描软件的成本会继续降低，而且我们可以想象到在未来这将成为人们偏好的数据记录方法。同样地，在水密情况下，小型手持计算机和/或数据记录器也可用于直接数据输入。这些装置的初始成本仍然是相当高的，但是其可复用性和易于重新编程性能意味着它们可以用于多项研究。这两种高科技方法的可靠性目前是较低的，表明手动信息记录或收集时的物理性数值印出仍需备份计划。

2.3.6.3 质量控制

良好的专业实践需要做到：测量作业被文件记录下来，并以这样的方式予以执行：即使得结果数据能在置信度较高的情况下予以使用。每一项研究应有一份清楚说明这些质量保证和质量控制(QA/QC)程序的文件，而这些程序将被用于检查数据收集时的数据质量。质量保证和质量控制(QA/QC)是一个术语，用于描述所承担的那些操作，以确保所记录的测量值实际上就是所测量的事物。这包括：①在每次取样之前后，校准有关仪器；②复核现场所作书面记录，以使错误能在人们记忆仍清晰时得到纠正；③立即重新抽取有问题的测量值；④在同样样本上抽取多个测量值(分段取样)，然后使用记录最为一致的数值。当这些程序已经就绪，我们就可以说该项目是“在控制当中”。如果系统误差(偏性)以及在一定程度上测量误差需要被保持在允许的限制范围之内，则控制是必需的。调查者必须持续监控质量保证和质量控制(QA/QC)程序，以确保可能的最好数据被记录下来用于未来分析。

质量数据集的正式定义可能会因地区而异。例如，在美国，许多自然资源管理和监管机构具有质量控制和质量保证程序的详细规定，并且其出资的任何研究中都必须遵守这些规定。联合国粮农组织出资的项目中也有类似指南。同时，许多国家才刚刚开始开展正式的自然资源研究，而且还没有编制质量保证和质量控制(QA/QC)程序。在这些情况下，研究协作者将必须定义并采用他们自己的程序。关于质量保证和质量控制(QA/QC)程序问题在渔业科学中的讨论，请见文献 Geoghegan(1996)。

2.3.6.4　处理程序

处理现场和实验室数据应该在数据收集活动完成之后立即进行。这是一个多阶段任务，由以下部分构成：①由监管者和专家对完成的记录表格进行视觉化重新检查，以识别是否有错误；②输入到计算机文件；③对计算机打印件针对记录表格进行复核，以验证计算机输入过程的正确性；④通过箱形图和直方图对频率分布和可视化进行初始计算，以识别必须进行有效性检查的极端数值；⑤正式的统计分析；⑥创建用于最终研究报告的图表。请注意步骤①—④可能相当耗时，但是对确保数据进入统计分析以及最终研究报告尽可能“无瑕疵”且准确无误而言却是相当关键的。

2.3.7　数据分析和报告

现场和实验室数据只有在通过统计分析评价之后才能成为有用的信息。对许多人来说，统计分析是由研究数据的最简单描述构成的，一般以一张样本统计量表格规定，这些统计量包括平均值、标准偏差、最小值、最大值、中间值和范围。图形化描述，包括箱形图、柱形图、直方图、饼形图、散点图等，往往被用于显示和比较不同组别观察数值的频率分布。如果研究设计涉及短期或长期周期性取样，这些相同的表格和图形显示将被用于演示所测量特点当中的时间趋势和/或变化(Chambers et al，1983；Fabi，Fiorentini，1994)。

除了简单的统计量，一整套统计分析程序可用于分析评估研究数据。若干这些程序，如统计假设检验、一般线性模型和方差分析、相关性和关联性度量、多变数和多重回归分析，已经在关于比较设计和相关性/预测性问题的诸节提到过。除了这些之外，我们可以将正式时间序列分析(Box，Jenkins，1976；Priestley，1981；Fabi et al，1989)、分类数据分析(Agresti，1990；Sokal，Rohlf，1969)以及空间分析(Cressie，1993)包括进去，作为地理信息系统中普遍执行的分析方法。这些统计分析的范围由简而繁。每个统计程序都会带有一组假定，而这些假定在每次使用该程序时都必须进行检查。

统计分析中最困难的部分是在分析目标和数据集给定的情况下正确确定将采用的适当统计方法。关于这个任务的一些指南是可获的(例如，Chatfield，1988；Gilbert，1989)，但是，一般而言，了解和执行的统计越多，任务就会变得越容易。在近几年，随着用于个人计算机上的统计分析软件包、电子表格和数据管理系统的可获性，统计学的计算机层面变得容易得多。同样地，数据的图形化分析通过使用在所有这些软件包里提供的图形化工具也是可以被执行的。统计学家和其他科学家普遍使用的更加综合的统计和数学分析软件包列表在表2.2中给出。

表 2.2 统计学家和其他科学家普遍使用的综合统计和数学分析软件包的有限列表之联系信息

产品	世界范围联系
BMDP	BMDP Statistical Software, Inc., 1440 Sepulveda Boulevard, Suite 316, Los Angeles, CA 90025 U. S. A.
GAUSS	Aptech Systems, Inc., 23804 S. E. Kent - Kangley Road, Maple Valley, WA 98038 U. S. A.
GENSTAT and GLIM	NAG (The Numerical Algorithms Group) Ltd, Wilkinson House, Jordan Hill Road, Oxford, OX2 8BR, U. K.
MACSYMA	Macsyma Inc., 20 Academy Street, Arlington, MA 02476 - 6436 U. S. A.
MAPLE	Waterloo Maple, Inc., 57 Erb Street W., Waterloo, Ontario, Canada N2L 6C2
MATHEMATICA	Wolfram Research, Inc., 100 Trade Center Drive, Champaign, IL 61820 - 7237 U. S. A.
MATHLAB	The MathWorks, Inc., 24 Prime Park Way, Natick, MA 01760 - 1500 U. S. A.
NCSS	NCSS Statistical Software, 329 North 1000 East, Kaysville, UT, 84037 U. S. A.
SAS	SAS Institute Inc., SAS Campus Drive, Cary, NC 27513 - 2414 U. S. A.
SPSS and SYSSTAT	SPSS Inc., 444 N. Michigan Avenue, Chicago, IL 60611 U. S. A.
STATGRAPHICS	Manugistics, Inc., 2115 E. Jefferson Street, Rockville, MD 20852 U. S. A.
STATISTICA	StatSoft, 2300 E. 14th Street, Tulsa, OK 74104 U. S. A.
STRATA	Strata Corporation, 702 University Drive E., College Station, TX 77840 U. S. A
S+, MATH CAD and AXUM	Math Soft International, Knightway House, Park Street, Bagshot, Surrey GU19 5AQ, U. K.

注：本列表并未包括所有目前可获的统计的和数学的分析软件产品。研究者和鱼礁评估者应对他们就数据分析目的可获的所有软件的质量和有效性自己进行评价。

2.4 设计原则

在前面诸节讨论的问题可以简短概括为以下 20 条设计原则：

(1)以编制一份关于鱼礁目标和评估成功准则的清晰的书面声明为设计过程的起点。

(2)决定研究目标，记牢鱼礁目标、鱼礁成功准则以及可获的资源。

(3)确定哪些鱼礁特点需要测量以及有关的测量方法。记牢每种测量方法的成本和已知偏性。

(4)规定精确性的目标水平以及对满足研究目标而言关键的所有特点的有关置信情况。

(5)计算满足针对每个主要特点的规定精确性和置信情况所需的样本数量。研究中的样本大小将取所有值中的最大值。

(6)规定与评估准则和可获资源一致的样本选择协议。

(7)规定与评估准则和可获资源一致的取样时机。

(8)对描述性研究而言，规定测量值是怎样予以总结的。

(9)对比较性研究而言，识别起到用于比较目的因素之作用的那些鱼礁特点。每个因素限定了一系列实验条件。

(10)定义每种实验条件下所用的重复物数量。

(11)对比较性研究而言，声明与每次关键比较有关的零假设。确定与实验条件的比较并确定假设是否可检验的。

(12)规定针对所有可检验假设的类型Ⅰ和类型Ⅱ误差的概率。

(13)对每个主要假设，规定用于比较的最小显著差异。

(14)选择用于检验每个假设的统计方法。

(15)计算达到在第(12)条定义的置信水平和在第(13)条定义的用于与每个假设有关的比较的最小显著差异所需的重复物数量。

(16)如果可能，识别在数据已经被收集的情况下须应用的统计检验，并使用这些检验来检查是否规定的重复和样本大小足够去观察被认为是显著的量级差异。

(17)对相关性研究而言，识别将用于联系有关特点的关联性统计度量。

(18)对预测性研究而言，描述将怎样开发和验证预测模型。

(19)编制数据记录格式、过程计划和一份质量控制/质量保证计划。现场测试数据记录格式，而且在必要时作出一定修改。

(20)重新检查最终研究计划，以确定该研究是否如所设计的能够合适地处理所声明的目标。在执行之前的最后评审对确保将要执行的研究能够满足研究目标是非常重要的。

尽管根据这个列表检查研究设计并不能保证一次成功的执行，它能提供某种确保：即所进行的测量和分析可解决有关真实问题。

参考文献

Agresti A. 1990. Categorical Data Analysis. John Wiley & Sons, New York. 558 pp.

Ambrose R F, T V Anderson. 1990. Influence of an artificial reef on the surrounding infaunal community. Marine Biology, 107: 41 – 52.

Anderson T W, E E DeMartini, D A Roberts. 1989. The relationship between habitat structure, body size and distribution of fishes at a temperate artificial reef. Bulletin of Marine Science, 44(2): 681 – 697.

Andrew N L, B D Mapstone. 1987. Sampling and the description of spalial pattern in marine ecology. Oceanography and Marine Biology Annual Review, 25: 39 – 90.

Ardizzone G D, M F Gravina, A Belluscio. 1989. Temporal development of epibenthic communities on artificial reefs in the central Mediterranean sea. Bulletin of Marine Science, 44(2): 592 – 608.

Ardizzone G D, A Belluscio, A Somaschini. 1997. Fish colonization and feeding habits on a Mediterranean artificial habitat. //L E Hawkins, S Hutchinson, eds. The Responses of Marine Organisms to Their Environments. Pmceedings, 30th European Marine Biology Symposium. University of Southampton, Southampton, England: 265 – 273.

Aronson R B, P J Edmunds, W F Prect, D W Swanson, D R Levitan. 1994. Large-scale, long-term monitoring of Caribbean coral reefs: simple, quick, inexpensive techniques. Atoll Research Bulletin, 421: 1-19.

Badalatnenli F, G D'Anna. 1997. Monitoring techniques for zoobenthic communities: Influence of the artificial reef on the surrounding infaunal community. //A C Jensen, ed. European Artificial Reef Research. Proceedings, First EARRN Conference, Ancona, Italy, March 1996. Southampton Oceanography Centre, Southampton, England: 347-358.

Bazigos G P. 1974. The design of fisheries statistical surveys — inland waters. FAO Fisheries Technical Paper, 133. 122 pp.

Beddington J R, J C Cook. 1983. The potential yield of fish stocks. FAO Fisheries Technical Paper, 242. 47 pp.

Bohnsack J A, J S Ault. 1996. Management strategies to conserve marine biodiversity. Oceanography, 9: 73-82.

Bohnsack J A, D L Johnson, R F Ambrose. 1991. Ecology of artificial reef habitats and fishes. //W Seaman, L M Sprague, eds. Artificial Habitats for Marine and Freshwater Fisheries. Academic Press, San Diego: 61-107.

Bohnsack J A, D E Harper, D B McClellan, M Hulsbeck. 1994. Effects of reef size on colonization and assemblage structure of fishes at artificial reels off southeastern Florida. Bulletin of Marine Science, 55: 796-823.

Bombace G, G Fabi, L Fiorentini, S Speranza. 1994. Analysis of the efficacy of artificial reefs located in live different areas of the Adriatic Sea. Bulletin of Marine Science, 55(2-3): 559-580.

Bortone S A, T Martin, C M Bundrick. 1994. Factors affecting fish assemblage development on a modular artificial reef in a northern Gulf of Mexico estuary. Bulletin of Marine Science, 55(2-3): 319-332.

Box G E P, G M Jenkins. 1976. Time Series Analysis: Forecasting and Control. Holden-Day, San Francisco. 575 pp.

Box G E P, W G Hunter, J S Hunter. 1978. Statistics for Experimenters: An Introduction to Design, Data Analysis, and Model Building. John Wiley & Sons, New York. 653 pp.

Brower J L, J H Zar, C N von Ende. 1990. Field and Laboratory Methods for General Ecology. 3rd Ed. Wm. C. Brown, Dubuque, 1A. 237 pp.

Buckley T W, B S Miller. 1994. Feeding habits and yellowfin tuna associated with fish aggregation devices in American Samoa. Bulletin of Marine Science, 55(2-3): 445-459.

Chambers J M, W S Cleveland, B Kleiner, P A Tukey. 1983. Graphical Methods for Data Analysis. Wadsworth Publishing, Belmont, CA. 395 pp.

Chatfield C. 1988. Problem Solving: A Statistician's Guide. Chapman & Hall, London. 261 pp.

Clark S, A J Edwards. 1994. Use of artificial reef structures to rehabilitate reef flats degraded by coral mining in theMaldives. Bulletin of Marine Science, 55: 724-744.

Cressie N A C. 1993. Statistics for Spatial Data: Revised Edition. John Wiley & Sons, New York. 899 pp.

Davis N, G R VanBIaricom, P K Dayton. 1982. Man-made structures on marine sediments: effects on adjacent benthic communities. Marine Biology, 70: 295-303.

Ecklund A M. 1997. The importance of post-settlement predation and reef resources limitation on the structure of reef fish assemblages. //H A Lessios, I G Macintyre, eds. Proceedings, 8th International Coral Reef Sympo-

sium. Smithsonian Tropical Research Inst itute, Balboa, Panama. Vol. 2: 1139 – 1142.

Edwards E F, B A Megrey, ed. 1989. Mathematical Analysis of Fish Stock Dynamics. American Fisheries Society, Bethesda, MD. 214 pp.

Fabi G, L Fiorentini. 1994. Comparison of an artificial reef and a control site in the Adriatic Sea. Bulletin of Marine Science, 55(2 –3): 538 –558.

Fabi G, L Fiorentini, S Giannini. 1989. Experimental shellfish culture on an artificial reef in the Adriatic Sea. Bulletin of Marine Science, 44(2): 923 –933.

Fabi G, F Grati, F Luccarini, M Panfili. Indicazioni per la gestione razionale di una barriera artificiale: studio dell'evoluzione del popolamento necto-bentonico. Biologia Marina Mediterranea. (In press.)

Fairweather P G. 1991. Statistical power and design requirements for environmental monitoring. Australian Journal of Marine and Freshwater Research, 42: 555 –567.

Falace A, G Bressan. 1994. Some observations on periphyton colonization of artificial substrate in the Gulf of Trieste (northern Adriatic Sea). Bulletin of Marine Science, 55: 924 –931.

Fricke A H, K Koop, G Cliff. 1986. Modification of sediment texture and enhancement of interstitial meiofauna by an artificial reef. Transactions of the Royal Society of South Africa, 46(1): 27 –34.

Gauch J G, Jr. 1982. Multivariate Analysis in Community Ecology. Cambridge University Press, Cambridge. 298 pp.

Gilbert N E. 1989. Biometrical Interpretation—Making Sense of Statistics in Biology. 2nd Ed. Oxford University Press, Oxford. 146 pp.

Gilbert R O. 1987. Statistical Methods for Environmental Pollution Monitoring. Van Nostrand Reinhold, New York. 320 pp.

Geoghegan P. 1996. The management of quality control and quality assurance systems in fisheries science. Fisheries, 21 (8): 14 –18.

Green R. H. 1979. Sampling Design and Statistical Methods for Environmental Biologists. John Wiley & Sons. New York. 257 pp.

Greene L E, W S Alevizon. 1989. Comparative accuracies of visual assessment methods for coral reef fishes. Bulletin of Marine Science, 44(2): 899 –912.

Gulland J A. 1966. Manual of Sampling and Statistical Methods for Fisheries Biology: Part I. Sampling Methods. FAO Manuals in Fisheries Statistics No, 3. FRs/M3. 87 pp.

Gulland J A. 1969. Manual of Methods for Fish Stock Assessment: Part 1. Fish Population Analysis. FAO Manuals in Fisheries Statistics No. 4. FRs/M4. (FAO Fisheries Series No. 3). 150 pp.

Hair J F, Jr, R E Anderson, R L Tatham, W C Black. 1998. Multivariate Data Analysis with Readings, 5th Ed. Macmillan, New York. 730 pp.

Herrnkind W F, M J Butler, IV, J H Hunt. 1997. Artificial shelters for early juvenile spiny lobsters: underlying ecological processes and population effects. //Technical Working Papers from a Symposium on Artificial Reef Development, Tampa, Florida. Special Report No. 64, Atlantic States Marine Fisheries Commission, Washington, D. C: 12 –17.

Hill M O, H G Gauch, Jr. 1980. Detrended correspondence analysis: an improved ordination technique. Vegetation 42: 47 - 58.

Hosmer D W, S. Lemeshow. 1989. Applied Logistic Regression. John Wiley & Sons, New York. 307 pp.

Hueckel G J, R M Buckley. 1989. Predicting fish species on artificial reefs using indicator biota from natural reefs. Bulletin of Marine Science, 44: 873 - 880.

Hulbert S H. 1984. Pseudo replication and the design of ecological field experiments. Ecological Monographs, 54: 187 - 211.

Jensen A C, K J Collins, A P M Lockwood, J J Mallison, W H Turnpenny. 1994. Colonisation and fishery potential of a coal-ash artificial reef, Poole Bay, United Kingdom. Bulletin of Marine. Science, 55(2 - 3): 308 - 318.

Johnson R A, D W Wichern. 1992. Applied Multivariate Statistical Analysis. Prentice - Hall, Englewood Cliffs, NJ. 642 pp.

Kish L. 1987. Statistical Design for Research. John Wiley & Sons, New York. 267 pp.

Kraemer H C, S Thiemann. 1987. How Many Subjects: Statistical Power Analysis in Research. Sage Publications, Newbury Park, CA. 120 pp.

Krebs C J. 1989. Ecological Methodology. Harper & Row, New York. 654 pp.

Linquist W J, L Pietrafesa. 1989. Current vortices and fish aggregations: the current field and associated fishes around a tugboat wreck in Onslow Bay, North Carolina. Bulletin of Marine Science, 44(2): 533 - 544.

Lindquist D G, L B Cahoon, I E Clavijo, M H Posey, S K Bolden, L A. Pike, S W Burk, P A Cardullo. 1994. Reef fish stomach contents and prey abundance on reef and sand substrata associated with adjacent artificial and nat ural reefs in Onslow Bay, North Carolina. Bulletin of Marine Science, 55 (2 - 3): 308 - 318.

Littell R C, G A Milliken, W W Stroup, R D Wolfinger. 1996. SAS ® System for Linear Models. SAS Institute, Cary, NC. 633 pp.

Ludwig J A, J F Reynolds. 1988. Statistical Ecology: A Primer on Methods and Computing. John Wiley & Sons, New York. 337 pp.

Mapstone B D. 1995. Scalable decision rules for environmental impact studies: effect size, Type Ⅰ and Type Ⅱ errors. //R J Schmidt, C W Osenberg. eds. Detection of Ecological Impacts: Conceptual Issues and Application in Coastal Marine Habitats. Academic Press, San Diego: 67 - 80.

Mardia K V, J T Kent, J M Bibby. 1995. Multivariate Analysis. Academic Press, London. 518 pp.

McManus J W, M C A Ablan, S G Vergara, B M Vallerjo, L A B Menez, K P S Reyes, M L G Gorospe, L Halmarick. 1997. Reef Base Aquanaut Survey Manual. International Center for Living Aquatic Resource Management, ICLARM Educational Series 18, Manila. 61 pp.

Moffitt R B, J A Parrish, J J Polovina. 1989. Community structure, biomass and productivity of deepwater artificial reefs in Hawaii. Bulletin of Marine Science, 44(2): 616 - 630.

Neder J, M H Kutner, C J Nachtsheim, W Wasserman. 1996. Applied Linear Statistical Models. 4th Ed. Richard D. Irwin, Chicago. 1408 pp.

Nelson W G, T Neff, P Navratil, J Rodda. 1994. Disturbance effects on marine infaunal benthos near stabilized oilash reefs: spatial and temporal alteration of impacts. Bulletin of Marine Science, 55(2-3): 1348.

Pamintuan I S, P M Alino, E D Gomez, R N Rollon. 1994. Early successional patterns of invertebrates in artificial reefs established at clear and silty areas in Bolinao, Pangasinan, Northern Philippines. Bulletin of Marine Science, 55: 867-877.

Patton M L, R S Grove, R F Harman. 1985. What do natural reefs tell us about designing artificial reefs in Southern California? Bulletin of Marine Science, 37(1): 279-298.

Peterman R. 1990. Statistical power analysis can improve fisheries research and management. Canadian Journal of Fishery and Aquatic Sciences, 47: 2-15.

Peterson R G. 1985. Design and Analysis of Experiments. Marcel Dekker, New York. 429 pp.

Piclou E G. 1984. The Interpretation of Ecological Data: A Primer on Classification and Ordination. John Wiley & Sons, New York. 263 pp.

PikeL A, D G Lindquist. 1994. Feeding ecology on spottaii pinfish (Diplodus Holbrooki) from an artificial and a natural reef in Onslow Bay, North Carolina. Bulletin of Marine Science, 55(2-3): 363-374.

Pimentel R A. 1979. Morphometries: The Multivariate Analysis of Biological Data. Kendall - Hunt, Dubuque, 1A. 276 pp.

Posey M, C Powell, L Gaboon, D Lindquist. 1995. Top-down vs. bottom-up control of benthic community composition on an intertidal tide Hat. Journal of Experimental Marine Biology and Ecology, 185(1): 19-31.

Potts T A, A W Hulbert. 1994. Structural influences of artificial and natural habitats on fish aggregations in Onslow Bay, North Carolina. Bulletin of Marine Science, 55(2-3): 609-622.

Priestley M B. 1981. Spectral Analysis and Time Series. Vol. 1: Univariate Series. Academic Press, New York. 308 pp.

Priestley M B. 1981. Spectral Analysis and Time Series. Vol. 2: Multivariate Series, Prediction and Control. Academic Press, New York. 736 pp.

Reimers H, K Branden. 1994. Algal colonization of a tire reef—influence of placement dale. Bulletin of Marine Science, 55: 460-469.

Relini G, N Zamboni, F Tixi, G Torchia. 1994. Patterns of sessile macrobenthie community development on an artificial reef in the Gulf of Genoa (Northwestern Mediterranean). Bulletin of Marine Science, 55: 745-771.

Rhodes R J, J M Bell, D Laio. 1994. Survey of recreational fishing use of South Carolina's marine artificial reefs by private boat anglers. Project No. F-50 Final Report, Office of Fisheries Management, South Carolina Wildlife and Marine Resources Department.

Ricker W E. 1975. Computation and interpretation of biological statistics of fish populations. Bulletin of the Fisheries Research Board of Canada 191: 382 pp.

Samoilys M A, ed. 1997. Manual for Assessing Fish Stocks on Pacific Coral Reefs. Department of Primary Industries, Townsville, Queensland, Australia. 79 pp.

Samples K C. 1989. Assessing recreational and commercial conflicts over artificial fishery habitat use: theory and practice. Bulletin of Marine Science, 44(2): 844-852.

Sanders R M, Jr, C R Chander, A M Landry, Jr. 1985. Hydrologieal, dial and lunar factors affecting fishes on artificial reefs off Panama City, Florida. Bulletin of Marine Science, 37(1): 318 – 328.

Saville A. 1981. Survey methods of appraising fisheries resources. FAO Fisheries Technical Paper 171. 76 pp.

Snedecor S W, W G Cochran. 1980. Statistical Methods, 7th Ed. The Iowa University Press, Ames. 507 pp.

Sokal R R, F J Rohlf. 1969. Biometry. W. Ⅱ. Freeman, San Francisco. 776 pp.

Sorensen T. 1948. A method of establishing groups of equal amplitude in plant sociology based on similarity of species content and its application to analysis of the vegetation on Danish commons. Biologiske Skrifter Kongelige Dansk Videnskahernes Selskab, 5(4): 1 – 34.

Steele R G, H H Torrie. 1980. Principles and Procedures of Statistics. 2nd Ed. McGraw – Hill, New York. 633 pp.

Stewart – Oaten A, W W Murdoch, K R Parker. 1986. Environmental impact assessment: 'psuedorepli-cation' in time? Ecology, 67: 929 – 940.

Szmant A M, A Forrester. 1996. Water column and sediment nitrogen and phosphorus distribution patterns in the Florida Keys, USA. Coral Reefs, 15: 21 – 41.

Thresher R E, J S Gunn. 1986. Comparative analysis of visual census techniques for highly mobile, reef-associated piscivores (Carangidae). Environment Biology of Fishes, 17(2): 93 – 116.

Underwood A J. 1981. Techniques of analysis of variance in experimental marine biology and ecology. Oceanography and Marine Biology Annual Review, 19: 513 – 605.

Underwood A J. 1990. Experiments in ecology and management: their logics, functions and interpretation. Australian Journal of Ecology, 15: 365 – 389.

Zar J H. 1996. Biostatistical Analysis, 3rd Ed. Prentice – Hall, Upper Saddle River, NJ. 898 pp.

第 3 章

人工鱼礁选址评价

Y. Peter Sheng

3.1 概 述

本章说明了用于评价鱼礁物理情况及其周围水生环境的方法。3.2 节呈现了鱼礁设计的基本目标，并定义了鱼礁研究的“物理特点”和“工程设计”。3.3 节解释了为何应对鱼礁选址的大尺度物理变量进行测量。3.4 节开展了鱼礁的工程设计方面的研究，探讨了包括选址考虑、鱼礁稳定性、物理过程对鱼礁性能的影响以及投放鱼礁对环境的影响等方面的内容。3.5 节从 3 种不同深度探讨了在鱼礁研究过程中的复杂问题。3.6 节提供了最重要的物理变量评估方法。3.7 节提供了几个鱼礁监测的案例分析。本章以用于未来鱼礁研究的诸多建议作为结论。

3.2 简 介

由于物理过程会影响水生环境中化学的和生物学的过程（Wolanski，Hamner，1988；Sheng，1998，1999），因而将物理特点的测量纳入鱼礁监控项目尤为重要。在鱼礁投放前，确定适合投放鱼礁的地点，对鱼礁选址的物理特性进行适宜性评估。若将鱼礁投放于一个海浪和水流影响较强烈的地点可能会导致鱼礁被迅速掩埋。一旦鱼礁已经被安置于某个地点，应长期对该鱼礁区及其环境进行监测以确定鱼礁的存在情况和对环境的影响效果，通过对比分析得出为什么鱼礁能够起到养护与修复生态环境的预想效果。此部分研究包括了对鱼礁及其周边环境的物理、化学和生物学特性的平行监控。因此，监控鱼礁地点的物理特点应能显著强化我们建造“成功的”人工鱼礁的能力。成功的鱼礁部署部分取决于合适的工程设计原则的应用。

3.2.1 目　标

本章处理了物理特点的监控问题，包括鱼礁区投放的鱼礁和环境。人工鱼礁投放在沿海、入海口和淡水水体中，以提高鱼类的集聚和渔业生产(Seaman，Sprague，1991)。人工鱼礁规模式地投放在靠近海岸的区域，可消解破碎波的能量，并保护海滩使之免受侵蚀(Bruno，1993；Dean et al，1997)。人们已经知道海港和海岸保护工程，如防波堤和防浪堤以及电站的引入和排出设备，能强化植物和鱼类种群(Helvey，Smith，1985)。本章的目标：①介绍与人工鱼礁性能有关的物理特点(水循环、波浪、沉积动态学和鱼礁结构)；②建议用于鱼礁地点物理特点监控的取样方案。

3.2.2 定　义

在本章中，物理特点是指：①鱼礁的物理性成分，可以是一个混凝土结构、一个遗弃物或者一艘废弃船只、一个石油平台或者预制的钢制或玻璃纤维结构物；②鱼礁投放海域环境的物理性因素，包括大型和小型人工鱼礁区域环境。

大型礁区环境是指在鱼礁区附近空间上达到几十千米乃至几百千米的范围内发生的大型水循环、海浪气候和沉积动态。它也可以被称为远场环境。小型礁区环境(或近场环境)是指在鱼礁附近中小区域内的物理环境特点，包括在鱼礁区的水流和波浪特点、温度、盐度和悬浮及海底沉积物等特征因子。

在本章中，工程设计包括以下方面：①选择合适的鱼礁地点；②设计和监控“稳定的”鱼礁；③理解物理特点和鱼礁性能之间的相互关系；④适当使用从①—③所获得的知识继续建造成功的鱼礁。这部分内容可为第1章定义的一般性鱼礁目标提供技术支持。

3.3 鱼礁的物理性成分——为什么需要监控物理性变量?

人工鱼礁一般是被安置在较浅的海岸(大陆架)和入海口水体，也会被安置在湖泊和河流内。人工鱼礁还会被安置在较浅的海滩上，用于防侵蚀控制。安置在海洋或入海口海床上的鱼礁易受制于水流的作用力。由风、潮汐和密度梯度缓慢生成变化的水流，其变化周期为1~24 h。波浪会诱发轨道波流，其周期大约为1 s到超过10 s。与缓慢变化的水流有关的垂直水流一般较小，但是短波浪能够产生相较于水平水流而言显著的垂直水流。组合起来的这些水流会在海床和鱼礁结构物上产生较大压力(图3.1)。通过获取某大型鱼礁区的水循环和波浪等实测数据，可识别水底压力不适合鱼礁安置的“高能量”区域。盐度和温度的变化会导致水密度的变化，从而导致水流和海底压力的变化。

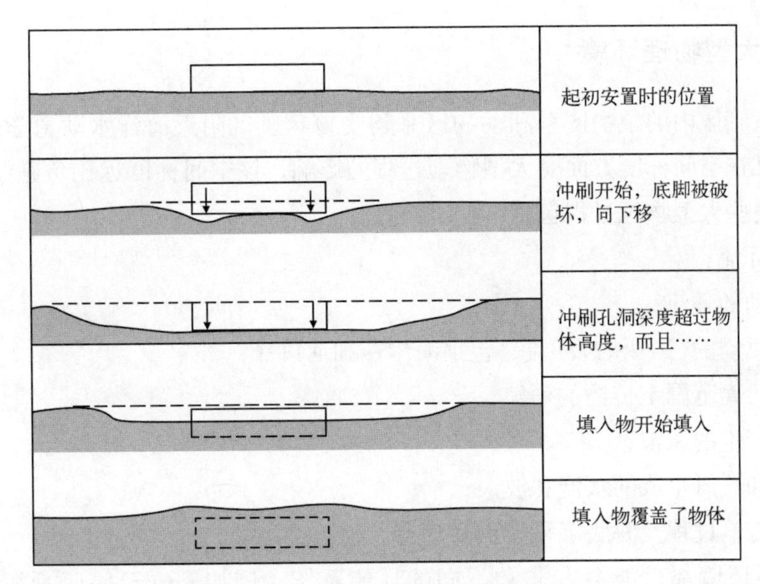

图 3.1　受冲刷影响的小型结构物可能的掩埋机制(根据 Tian，1994 修改)

同时，进入入海口或大陆架的富含营养物质的海域是一个有利于鱼礁建设的自然环境，而且通过人工鱼礁的投放能改变海水中水循环和沉积/营养物质动态情况。例如，尾流可能会在鱼礁后方产生，以吸引特定鱼类物种，而且，通过再悬浮和上升流，沉积和/或养分可能会被带入上层水柱，因此影响生物学过程(见第 4 章)。目前，只有少量的结论性数据能够准确表明水循环和沉积/养分动态如何影响人工鱼礁的性能。关于鱼礁的物理动态的一些信息可以在 Seaman 和 Sprague(1991)的文献中找到。人们预期在最近数年出现的大量先进现场调查仪器必将显著增加对鱼礁周围物理环境的监控。

3.3.1　鱼礁结构

鱼礁结构是指鱼礁结构材料的物理性和这些材料的结构设计情况。正如在第 1 章中描述的，不同类型鱼礁在形状、尺寸和建造材料方面是存在显著差异的。具有代表性的实例包括立方体、圆柱体等结构材料，包括废弃船只和轮胎。对于成功的鱼礁性能而言，确保通过以下措施使鱼礁留在原位是相当关键的：①抵抗当地水流；②不得超过基础沉积支撑的鱼礁结构物重量能力；③人工鱼礁材料的结构完整性。对于在环境意义上合适的鱼礁性能而言，应确保鱼礁材料不会对环境有任何污染。

3.3.2　物理环境

人工鱼礁的大尺度环境包括此鱼礁所在的大陆架区域或整个河口区域。有关实例包括墨西哥海湾、日本海、地中海和美国的切萨皮克湾。这些大型环境有着非常不同的物理特点，而这些特点又会影响鱼礁附近小型环境内的物理动态。

3.3.2.1 大型物理环境

在人工鱼礁区内的植物区系和动物区系均受该鱼礁区附近海洋水动力学条件的影响，同时，后者又在空间标度方面受大型物理过程的影响，该空间标度远比鱼礁结构物所构成的大得多。这些大型物理过程包括：

- 潮汐环流；
- 风驱动的环流；
- 密度驱动的(斜压的)环流，包括海岸锋和河口锋；
- 在远距离范围上传播的涌浪；
- 当地产生的风浪；
- 海啸和飓风生成的水流和波浪；
- 沉积传输过程及海底沉积特点和动态。

每个大型环境都可能会有非常不同的环流系统。例如，位于墨西哥海湾内广阔的(100 ~ 200 km)西部佛罗里达大陆架上的环流受到混合的(白昼的加上半日的)潮汐、风、海洋锋和环形水流(Mitchum，Sturges，1982)的影响，而且与在狭窄的(5 ~ 70 km)东部佛罗里达大陆架上的环流明显不同，后者是受墨西哥海湾洋流以及半日潮汐和风的影响(Lee et al，1988)。在日本太平洋海岸上的环流与在日本海海岸水体内的环流是明显不同的(Stommel，Yoshida，1972；Ichiye，1984)。在较浅的(10 ~ 15 m)台湾海峡内的环流也是与在较深的台湾东部海岸内(6 600 m)的环流有着显著不同(Nitani，1972；Fan，1984)。

在给定区域内的大型环流一般存在着显著的季节性变化。例如，位于西部佛罗里达大陆架的萨旺尼地区鱼礁系统(SRRS)(Lindberg，1996)，冬季环流是以显著的垂直性混合环流为特征，也就是沿海岸风驱动水流和沿海岸、岸上 - 离岸潮汐性水流的混合。相比而言，夏季环流是以带有显著垂直分层的斜压环流为特征。

波浪气候也会随着大型环境和季节的不同而出现显著变化(Hubertz，Brooks，1989)。波浪可以由大型风场或从遥远区域传播来的风场而生成。波浪会在水层中生成显著的轨道水流，并导致鱼礁单体的移动或沉积物的再悬浮。在飓风、台风和海啸时期，水层中会生成强烈的波浪和水流。因此，对需要布置在历史上易于频繁出现飓风、台风和海啸等区域的鱼礁，我们应当谨慎考虑。

水底沉积物必须能够在各种水动力学条件下支撑鱼礁结构物的重量。因此，在人工鱼礁礁区的选址的和开发之前，要对水底沉积物的成分、粒级和强度等数据进行分析。带有大部分污泥水底(未固化的沉积物)的区域一般而言需要避免，因为淤泥底质会导致鱼礁单体的不均匀沉降(以及与悬浮沉积物有关等不利因素)。

3.3.2.2 小型物理环境

鱼礁附近中度距离内的小型物理环境主要受当地气候、大型物理过程以及鱼礁结构物

与其周围水体和沉积物柱层之间相互作用的影响。我们在此处提供一些例子。

3.3.2.2.1 局部上升流

在与水平水流运动相比时，海岸水体内的垂直水流运动一般是可忽略的，除非是在冲浪区域。然而，处于水流方向上的一个大型鱼礁结构物会在局部产生显著的垂直上升水流（Otake et al，1991）或者上升流，这种上升流可能是具有与水平水流可比的量级。这种局部上升流会将沉积物和营养盐分从底部水层运送到表面水体。显著的垂直水流和材料的垂直运输可以引起鱼类在鱼礁地点上的集聚（Otake et al，1991）。

3.3.2.2.2 沉积物再悬浮或冲刷

一个大型鱼礁结构物在带有显著水流的海岸区域内的出现可以在靠近鱼礁结构物上游一侧产生一个向下的水流。当这个向下的水流到达水底时，一个马蹄形涡流（图3.2）就会形成，并可以导致鱼礁底部周围沉积物的再悬浮或冲刷。再悬浮的沉积物会部分被传输到上部水层（而且部分会被传输到鱼礁的背面，在那里水流较弱），并沉降在那里。如果长期被重复，这个过程可能导致鱼礁的不稳定性，甚至被掩埋（Tian，1994）。对最小化鱼礁周围的沉积物的冲刷，需要特别的考虑。鱼礁的掩埋也是受承载能力（Rocker，1985）和沉积物的可压缩性（Lamb，Whitman，1969；Tian，1994）影响的。

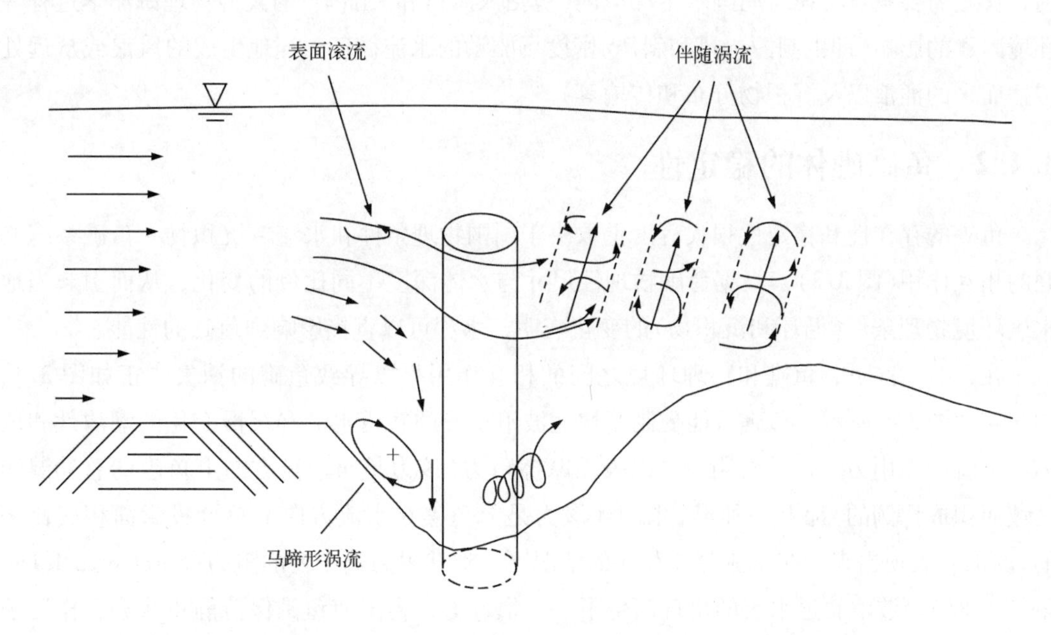

图3.2 一个柱状结构物附近的水流模式和当地冲刷

3.3.2.2.3 尾流区域

在较浅水体内，鱼礁与主导水流之间的相互作用通常会导致尾流区域的形成，在鱼礁下游会产生一定的涡漩，通过提供庇护、索饵、产卵、休憩或者中途停留的场所，它可以吸引特定物种（Takeeuchi，1991）。另一方面，在尾流区域之外的涡旋和涡流产生的上升流，可以吸引特定鱼类物种，因为沉积物及营养盐分的沉降，尾流区域能为特定鱼类物种提供遮蔽物，同时涡流会扰动沉积物及营养盐分的沉降(Wolanski，Hammer，1988)。通过充分收集水流的流速流向等信息，为鱼礁结构物的设计以能够充分形成鱼礁尾流区域的效果范围，提供了技术基础支撑。

3.4 鱼礁的工程设计方面

在人工鱼礁规划工程设计中的重要原则包括：①选择合适的鱼礁投放地点；②鱼礁配置模式的稳定性设计；③利用物理过程强化鱼礁性能；④尽量减少鱼礁对环境的不利影响。人工鱼礁工程设计方面的应用为人工鱼礁的建设提供技术基础支撑。

3.4.1 选址考虑

鱼礁一般是被安置在相对较浅深度(在2~100 m之间)的水体底部，鱼礁区的选址是否合理取决于大型周围物理过程能否对鱼礁性能和当地渔业有重大影响。因此，建造一个大型综合性的人工鱼礁区，如在西部佛罗里达大陆架(墨西哥海湾东部)或台湾海峡海域内，首先需要重点考虑对周围水生环境内(包括入海口和大陆架)的大型物理海洋学过程等环境因素的影响(即由潮汐、风和斜压/密度场驱动的水流循环，当地生成的风浪或从远处传播而来的涌浪以及沉积物分布和传输等)。

3.4.2 鱼礁礁体的稳定性

鱼礁的存在性和稳定性很大程度上取决于周围物理条件和水流-沉积物-鱼礁系统之间的相互作用(图3.3)。根据鱼礁物理性尺寸与水体深度不同比例的变化，从而引起当地水生环境物理条件(循环和沉积物)的变化表明，水深可以直接影响到鱼礁的性能。

在一些情况下，鱼礁和物理环境之间的相互作用可以导致鱼礁的消失。正如图3.3、图3.4和图3.5所示，鱼礁可能受制于快速波浪诱发的轨道水流和缓慢变化的潮汐性和风驱动水流的作用力，这种作用力是以表面摩擦阻力(该力是与水流方向上鱼礁的总计湿润区域面积成比例的)加上一种形状阻力(该力是与鱼礁在水流方向上总计投影面积成比例的)的形式表现出来。在水流分离存在的情况下，形状阻力是主要的阻力(Sarpkaya，Isaacson，1981)。波浪轨道水流的出现产生了一个惯性力，为了使鱼礁保持静止状态，作用于鱼礁单元上的阻力和惯性力的总和必须由土壤的阻力进行平衡(这取决于水底沉积物的结构和成分)，而升力必须由鱼礁重量和浮力之间的差异进行平衡。因此，重量较轻的鱼礁在一些水流和/或波浪的作用力强劲的地点上很有可能会被冲走。同时，由于风暴或海洋锋经过有关的波浪和水流产生的强力可以移动、掩埋或者破坏被安置于较浅水体中的鱼礁。

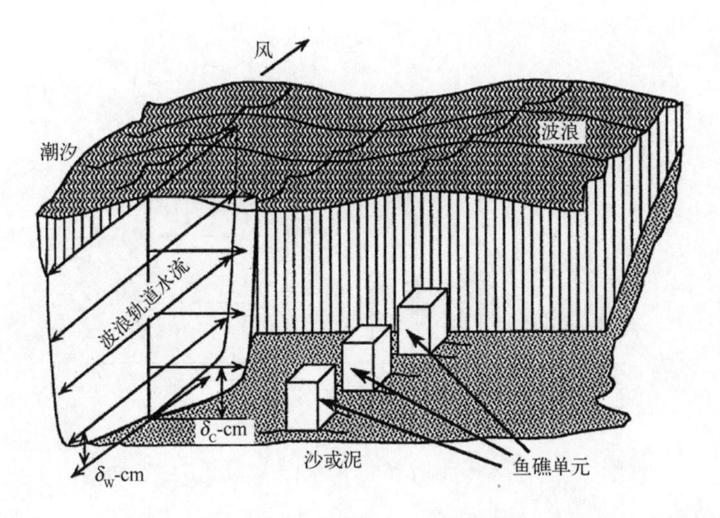

图 3.3　一个海岸鱼礁系统。鱼礁单元受制于缓慢变化的带有边界层(δ_c)约为 1 m 的水流和带有更薄边界层(δ_w)约为数厘米的快速波浪轨道水流之作用力。波浪被假定为处于风力的方向上

δ_c：水流底部边界层厚度，约为 1 m；δ_w：波浪底部边界层厚度，约为数厘米

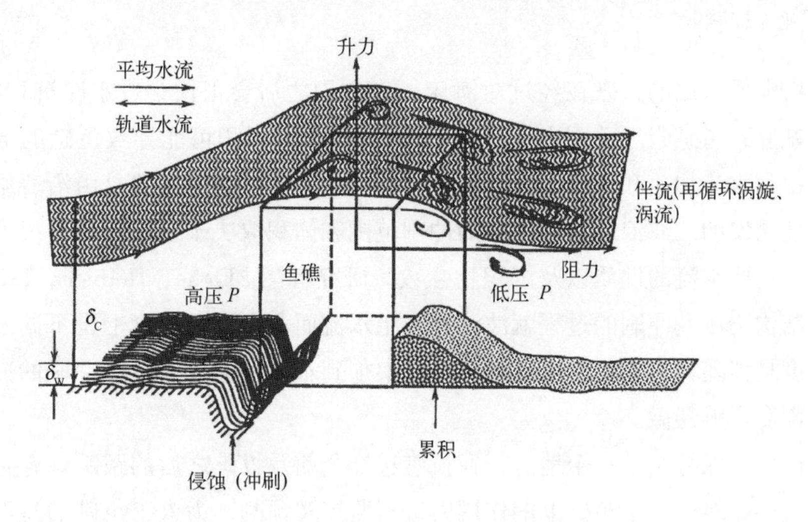

图 3.4　水流 - 鱼礁 - 沉积物相互作用。在平均水流的下游，一个伴流区域会在鱼礁后面形成。沉积物的累积通常会在伴流区域出现，而侵蚀通常在鱼礁的上游一侧发生。在鱼礁范围内的压力降产生了一个正态的阻力(形状阻力)，该力支配了切向力(表面摩擦阻力)。一个垂直的升力是由鱼礁的重量进行平衡的。在较浅的水体内，波浪为当地水流和作用力提供了重要的修改

δ_c：水流底部边界层厚度；δ_w：波浪底部边界层厚度；P：压力

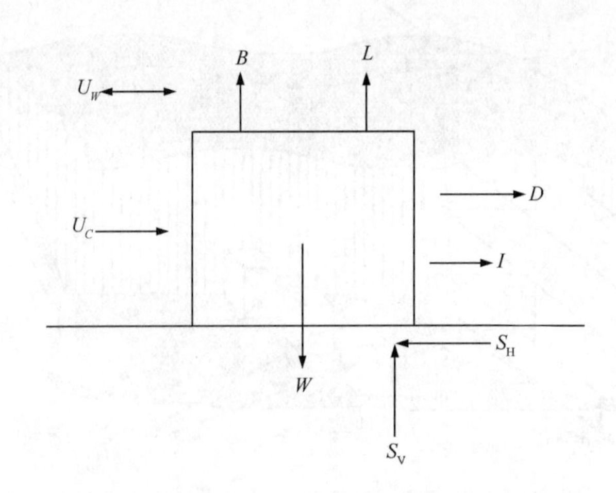

图 3.5 作用在鱼礁单元结构上的力

U_C：底部水流；U_W：波浪轨道水流；W：鱼礁单元重量；B：作用于鱼礁单元的浮力；L：升力；D：阻力(包括轮廓阻力和表面摩擦)；I：归因于波浪的惯性力；S_H：水平土壤阻力；S_V：垂直土壤阻力

安置在淤泥质水底的鱼礁在经过对海床压力作用之后会很快穿过水底沉积物沉下去。即使是硬质基底，鱼礁附近范围内沉积物的冲刷/侵蚀和累积可能导致鱼礁的部分或完整被掩埋。冲刷是水流加速和在结构物周围分离的结果，而马蹄形涡流是由沿着结构物前缘垂直压力梯度诱发的。波浪或水流诱导的冲刷范围和体积取决于鱼礁形状、尺寸和相对于底部的位置、主要水流的性质以及沉积物参数。研究者(如 Eadie，Herbich，1987)得出这样的结论：结构物诱发冲刷的过程就波浪和稳定水流而言在某种程度上是不同的，而且最大的冲刷深度是伴随稳定水流而出现的，将波浪加到水流上会加速鱼礁冲刷的速率，但是对最大冲刷深度影响甚微。

为了确保鱼礁保持位于一个地点，在投礁选址之前及投礁之后的跟踪调查是极其重要的，应设置监测点对作用于鱼礁上的作用力进行监控及预测，为人工鱼礁的建设提供技术指导(见本章后面部分讨论的方法)。

3.4.2.1 作用于鱼礁结构物的水平作用力

作用于鱼礁结构物的水平作用力可以通过使用现有的技术(实验室试验、现场试验和建模)进行预估，而这些技术具有一定的复杂程度。我们会在下面给出一些实例。

Myatt 等(1989)在新泽西海岸海域的两处轮胎鱼礁上开展了一个为期 10 个月的研究，以此确定在渔业强化项目中使用废弃轮胎以及为使有关鱼礁单体能保持稳定的设计准则的可行性。测试单元是基于鱼礁所移动的距离以数字进行打分，然后通过这些分数会结合其他各种的单元参数进行比较分析，以确定稳定鱼礁单元的共同设计特点。由美国气候服务局预测的有关测试区域的日常波浪高度被用于具体分析。研究者建议为在 18 ~ 24 m 水深的新泽西鱼礁建造过程使用5单元类型，并为新单元建立最少设计准则；同时建议为在深度小于 18 m(约为60 ft)的鱼礁开展额外的测试，因为在该水深条件下波浪对鱼礁的影响更加显著。

Kim 等(1981)就波浪对水下的预制轮胎鱼礁的作用力进行了一次试验性研究，以此确定关于在严重波浪和水流条件下远海地区鱼礁的设计准则。研究发现，预测作用于轮胎鱼礁的作用力是可行的，尽管存在三维的形状和对波浪的弹性响应，可通过莫里森方程式(Morison et al，1950)，用于预估作用于某个固定物体的波浪作用力，见下：

$$F = F_D + F_I = C_D \frac{\rho}{2} A\mu \mid \mu \mid + C_I \rho V \frac{du}{dt} \tag{3.1}$$

其中 F_D是形状阻力；F_I是惯性力；F 是作用于物体的总计作用力；u 是水流流速；$\frac{du}{dt}$是水的瞬时加速度；ρ 是水的密度；A 是物理在水流方向上的总投影面积(图3.6)；V是物体排开的体积；C_D是形状阻力的系数；C_I是惯性(或质量)系数。阻力系数取决于雷诺数($Re = UD/\nu$，其中 U 代表速度；D 代表长度标度；如鱼礁直径；而 ν 是运动黏度)和库雷根 - 卡朋特(Keulegan - Carpenter)周期参数($KC = U_{max}\ T/D$)，其中 U_{max}是最大波浪轨道速度；T 是振荡波浪的周期；D 是沿着主导水流方向的鱼礁尺寸。为了预估最大设计作用力，应该使用以下方程式：

$$F_{max} = C_f \frac{\rho}{2} A\mu_{max}^2 \tag{3.2}$$

其中 U_{max}是最大水底部速度；C_f是最大作用力系数(Sarpkaya，1976)，该系数取决于鱼礁结构物的形状。在有波浪和水流出现的情况下，方程式(3.2)中的 U_{max}是用 $u_o + u_m$代替的，其中 u_o是平均水流；u_m是最大轨道水流。Grove 等(1991)建议 C_f的一般范围应在2 ~4之间。一般而言，C_f是可以根据针对任意形状的鱼礁的实验性试验确定的。

就设计考虑而言，鱼礁地点的波浪和水流应根据鱼礁的设计寿命的具体风暴回归周期(如20年或50年)进行预测。底部水流的最大流速可以基于线性波浪理论和边界层理论进行评估。在周围水流方向上的投影面积 A 可以根据 Seaman 和 Sprague(1991)对鱼礁测量方法进行预估。最大的作用力系数 C_f可以从文献研究和/或实验性试验进行预估。然后就可以使用方程式(3.2)预估作用于鱼礁的最大水平作用力。

我们需要指出方程式(3.1)和方程式(3.2)是基于工程设计考虑的，而且已经主要以从简单结构物上获得试验性数据进行校准。因此，在任意形状鱼礁物体的情况下，这些关系的使用可能会在现场应用中包含太多的不确定性。为了更加精确地预估作用于鱼礁上的作用力，需使用复杂的湍流 - 海底 - 边界 - 层模型(如 Sheng，Villaret，1989)。

3.4.2.2 鱼礁和水底沉积物之间的垂直作用力

作用于鱼礁礁体上的垂直作用力包括其自身的重量、海床的垂直阻力和由水流对礁体产生的升力。在鱼礁安装投放过程中，鱼礁礁体是自由落体般穿过水层并冲击海床的，这产生了巨大的物理性负载(Huang，1994；Tian，1994)。如果鱼礁块体作用于海床上的作用力超过土壤的强度，这种冲击会导致海床局部出现下沉。在投放后，如果海床强度足以支撑鱼礁礁体的重量，且鱼礁礁体的重量比由水流对礁体产生的升力大，则鱼礁礁体会保持着其初始的冲击力(Tian，1994)。

3.4.2.3 结构和材料的稳定性

由于在鱼礁冲击海床时存在作用于结构物上巨大的物理性负载，鱼礁礁体可能会出现结构性损坏。Grove 等(1991)描述了根据日本人工鱼礁建设规划指南的准则计算在鱼礁礁体通过自由落体降落在海床时作用于鱼礁礁体上的冲击负载的一种方法[JCFPA(日本海岸渔业推广协会)，1989]。

鱼礁材料的纹理和成分也会影响鱼礁性能。混凝土、钢材、铸铁、橡胶、木头甚至煤灰(Kuo et al，1995)已经被用作鱼礁材料。由于海洋水体存在对礁体材料之间的腐蚀等化学作用，会导致发生鱼礁礁体材料的不稳定性现象。例如，礁体可能会因为钢材或铸铁的腐蚀(Nakamura，1980)和以螺母和螺栓连接的鱼礁零件的分解[JCFPA(日本海岸渔业推广协会)，1984]而导致礁体结构坍塌。台湾学者(Kuo et al，1995)研究表明了稳定化的煤灰替换混凝土，用作鱼礁材料，不会对投放鱼礁海域的环境造成污染破坏。

3.4.3 物理性能对鱼礁效果的影响

考虑到鱼礁和当地物理环境之间的相互作用可能会影响鱼礁效果是合理的。正如图3.6和图3.7所示，鱼礁的出现可能会导致带有涡漩和涡流的一个大型尾流区域在鱼礁下游一侧产生。通过提供遮蔽物，尾流区域可以吸引鱼类的聚集。在尾流区域边缘出现的紊流可以聚集特定的中上层鱼类。同时上升流对沉积物/营养盐的带动对特定的中上层鱼类产生重要作用。

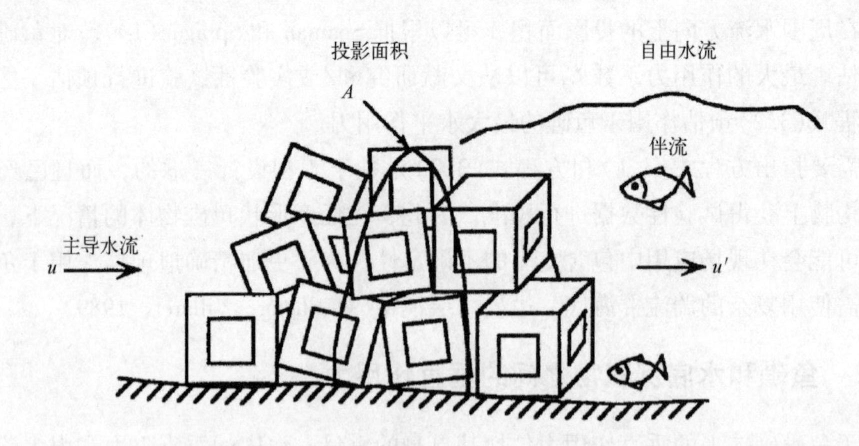

图3.6 在鱼礁岩石背面的伴流[根据 JCFPA(日本海岸渔业推广协会)(1986)修改]

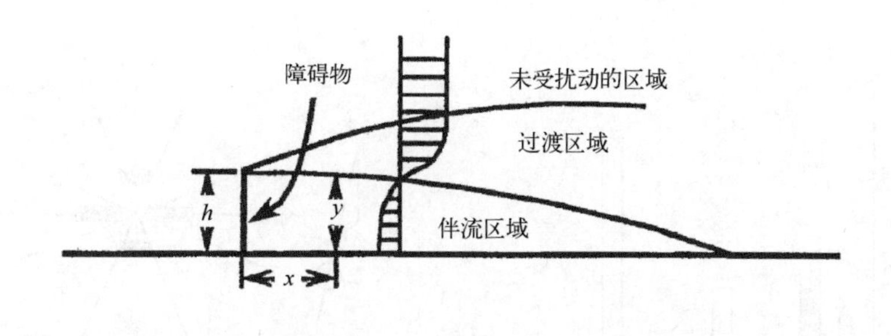

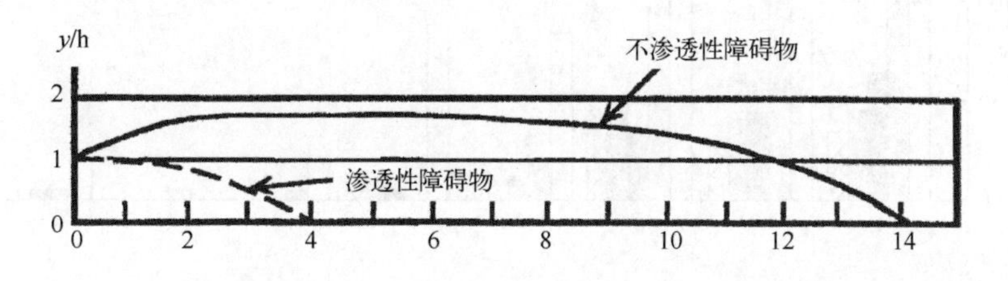

图 3.7　归因于二维障碍物的水流扰动范围

考虑鱼礁的尺寸、形状和间隔以及水流和鱼礁之间的相互作用能够影响在鱼礁地点的物理条件(如水流、紊流涡漩/涡流、水密度和沉积物侵蚀/沉降)，并因此会影响鱼礁有效性，这是合理的。然而，目前的数据仍未能表明在渔业或生境强化措施和水流 - 鱼礁 - 沉积物相互作用之间存在一个普遍有效的关系。为促进水流 - 鱼礁 - 沉积物相互作用和鱼礁有效性/性能之间的因果关系的研究，对鱼礁礁区的渔业综合性物理数据的研究很有必要。

3.4.3.1　如何定义水流对鱼礁定向的影响因素

Lindquist 和 Pietrafesa(1989)与 Baynes 和 Szmant(1989)曾报道：船舶残骸和当地水流场之间的相互作用可以改变鱼礁在强化鱼类集聚和群落结构方面的有效性。然而，因为缺乏完整的数据，这两份研究的结果在怎样最好利用当地水流条件方面并不完全一致。

日本已经开展了诸多关于水流 - 鱼礁定向方面的深入研究。Nakamura(1985)认识到由于不同原因被吸引到鱼礁上来的三种类型的鱼(见第 5 章)。Nakamura(1980)曾报道：鱼礁厚度/宽度和周围水流的乘积超过了 100 cm^2/s，从鱼礁流泻的涡流会出现，而且特定鱼类会在鱼礁的背面或荫凉处得到庇护。JCFPA(日本海岸渔业推广协会)(1986)曾报道：当鱼礁为 10% 的水深时，紊流达到水柱层的 80%。Otake 等(1991)曾报道：在人工上升流结构物周围产卵的鱼群(以回音探测器测量的)与冲击性潮汐潮流的方向和速度互为相关(图 3.8 和图 3.9)。通过利用安置在水流和围绕离岸堤坝形成的由波浪诱导的环流中的一个物体之后形成的伴流，Toda(1991)改进了供幼体鱼利用的定居机会。

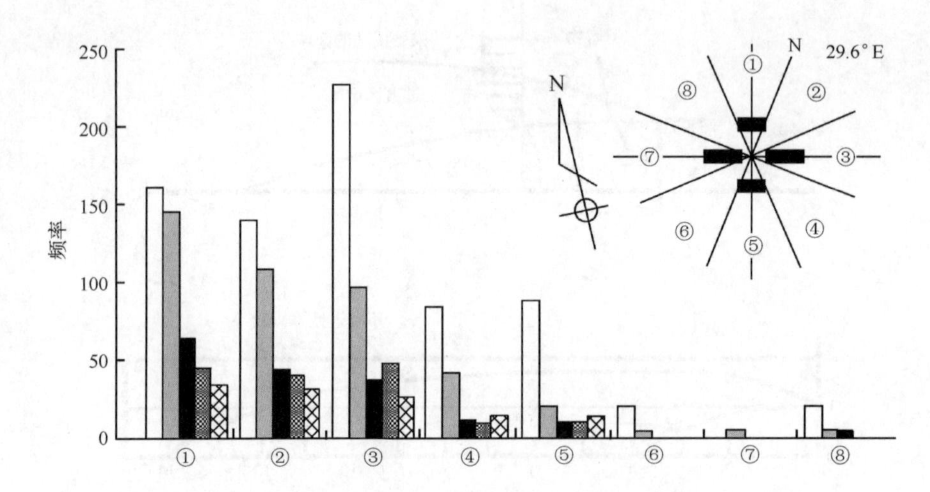

图 3.8　在人工上升流结构物附近，水流方向相对于鱼群出现的数量[根据 Otake 等(1991)修改]。如果存在足够的紊流，鱼类更可能向结构物的下游游动

□水流方向的频率；▨所有水层内出现的鱼群；■在 12～18 m 水深范围没有鱼群出现；▩在 18～24 m 水深范围没有鱼群出现；⊠在 24～30 m 水深范围没有鱼群出现

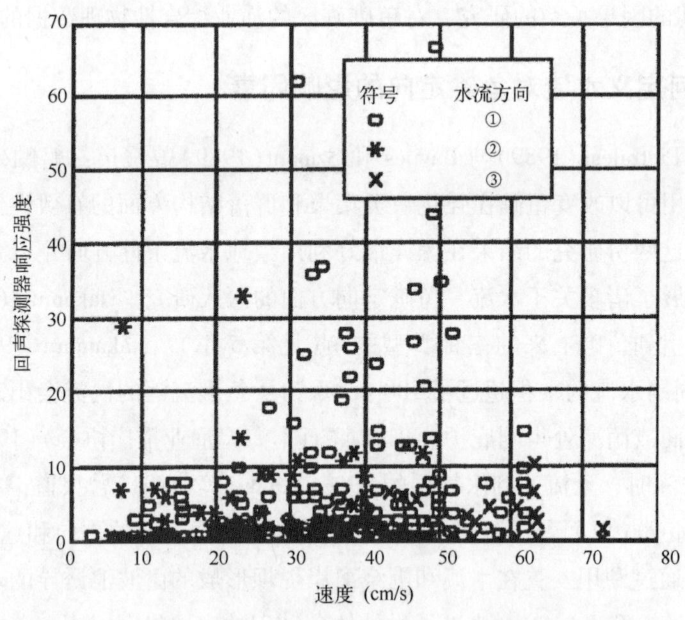

图 3.9　回声探测器响应强度(鱼群出现)相对于在人工上涌结构物附近的水流速度[根据 Otake 等(1991)修改]。水流方向①、②和③对应于图 3.8 中的方向

如果水流方向随着时间的变化会出现显著的变化，控制鱼礁定向以强化鱼礁性能就会更加困难。在潮汐、风和波浪会产生不同时间标度上的水流的海岸水体内，确定“水流”可能有困难，因为它可能意味着是平均或高峰潮汐性、轨道性或季节性水流。我们需要进一步研究，以此阐明水流－鱼礁定向的相互影响。

3.4.3.2　用于强化鱼礁性能的可能物理过程控制

尽管人们目前还不能很好地理解在鱼礁地点上的物理的、化学的和生物学的过程之间的绝对因果关系，但我们需要意识到利用此等信息在某天控制物理过程去强化鱼礁性能的可能性。凭借极大改进的数据收集技术，现在我们同时在鱼礁地点收集物理的、化学的和生物学的数据是可能的。以设计良好的鱼礁为研究对象，收集足够的数据，结合利用复杂的数值模型，作为开发这些因果关系的基础。然后，凭借在某一鱼礁地点上测量的物理变量和一个数值模型，我们可以尝试设计带有所希望伴流区域的一处鱼礁。同样地，关于上升流和底部水流的知识可以被用于创建所需的再悬浮和沉积物及营养盐的垂直混合模型，以提高初始生产力和鱼礁性能。

3.4.4　人工鱼礁对周围环境的影响

鱼礁单元的安置不仅会导致物理性（水流和沉积）条件的变化，同时对当地化学和生物学的条件也可能会造成一定的影响。例如，如果鱼礁的安置会导致明显的沉积物侵蚀或再悬浮，预期营养盐分（氮和磷）通过再悬浮和/或扩散也会被释放到水柱层当中（Simon，1989；Sheng，1993；Sheng et al，1993）是合理的，这可能导致海藻浓度的增加和水质量的变化（如溶解氧浓度）。为了确保减少鱼礁安置对环境的不利影响，我们建议：对物理性条件应伴同鱼礁地点上关键化学和生物学等参数一起进行监控。

使用煤燃烧固体残渣建造人工鱼礁看起来会导致负面的环境影响（Kuo et al，1995；Leung et al，1995）。

3.5　鱼礁的评估和分析

3.5.1　评估类型

一个综合性的监控计划应该生成足够的数据以满足三个目标：①开发一个关于大型环境物理过程的综合性数据库，以促进鱼礁选址的科学开发；②验证鱼礁的存在性；③鱼礁物理性的相互作用，测量鱼礁在优化渔场产量或改善生境方面的有效性和验证鱼礁为什么能起作用或会失效。

正如本书第 1 章的介绍说明，存在多种根据鱼礁地点物理性变量予以开展的类型评估。这些“类型的评估”旨在作用于开发鱼礁地点的评价。某个鱼礁研究所需的评估类型取决于具体的研究目标，不同类型评估的分类并不意味着是刚性的。

第一种类型的评估具有描述性：

(1)在鱼礁地点上，水流和波浪条件如何？

(2)水流和波浪在时间和空间上怎样变化？

(3)底部沉积物类型和尺寸分数如何？

(4)沉积物类型和尺寸分数在时间和空间上怎样变化？

第二种类型的评估用于分析和比较：

(1)什么是鱼礁地点上近场水流和沉积物条件的原因？

(2)它们怎样影响鱼礁地点上营养盐分布和浮游生物动态学？

(3)鱼礁地点上沉积物冲刷的原因有哪些？

(4)鱼礁结构如何影响沉积物冲刷情况？

(5)在两个不同鱼礁地点上物理条件与其性能的差异情况如何？

第三种类型的评估包括相互作用和预测：

(1)最佳的鱼礁处于大型海岸区域什么地方？

(2)人工鱼礁区域关于增强营养盐分布和提高浮游生物、聚集鱼类产量的鱼礁设计准则是什么？

(3)在复杂多变的气象和水文条件下，鱼礁地点上可能需要的物理条件是什么？

表 3.1 列举了这三种类型的评估。

表 3.1　用于物理和工程设计鱼礁评价的评估类型

第一种类型——基本鱼礁描述
第一种类型 A——部署前监控
需要问的问题：
这个地点是一个良好地点吗？
这个地点上的物理特点(水流、波浪、温度和底部沉积物)适合投放特定鱼礁吗？
所用方法：
测量水深、潮汐、在第 1 深度和第 2 深度的水流、波浪高度和周期，收集底部沉积物的样本，用于比较分析，密度和尺寸分数。
第一种类型 B——部署后立即开展监控
需要问的问题：
投礁时，鱼礁投放的具体位置在哪里？投放情况如何？
所用方法：
潜水者使用手持仪器观察和测量鱼礁位置和情况。
第一种类型 C——存在性和筛选监控
需要问的问题：
鱼礁仍然在那里吗？

续表

如果鱼礁不在那里了，为什么呢？ 鱼礁是否有沉降？是否有位置移动？是否偏离初始位置？是否遭受结构性退化或损坏？
所用方法： 每半年或一年，收集在数小时和一次潮汐循环之间持续的物理数据。
第二种类型——分析和比较
需要提问的问题： 鱼礁能实现所声明的目标吗？ 如果是，为什么呢？如果否，又为什么呢？ 鱼礁的出现会怎样影响当地的大型物理过程？ 在两个不同地点的物理过程会有什么不同？ 为什么位于两个邻近的不同地点的鱼礁会有不同的性能？
所用方法： 除了用于第一种类型 C——监控的数据之外，还需收集盐度、温度、浑浊度和近场水流数据。
第三种类型——相互作用和预测
需要问的问题： 在鱼礁地点上，物理的过程与化学和生物的过程之间的相互作用？ 如何确定鱼礁区域内的最佳投礁地点？ 给定在某个拟投礁地点的波浪和水流条件，如何设计鱼礁的结构性能，可使鱼礁周围的营养盐分布和浮游生物产量达到最好？ 物理过程可能对鱼礁地点上的鱼类集聚的影响情况如何？ 如何选择一个投礁地点，使得鱼礁不会沉降或被掩埋？
所用方法： 在一个更长时间段内同时收集物理的和化学的/生物学的数据；进行试验和数值建模，以增强评估效果。

3.5.1.1　第一种类型评估——基本鱼礁描述

第一种类型评估所需收集的信息数据，包括在投礁前监控过程、投礁后立即监控过程和建礁后期的存在性/筛选的监控。需要回答的问题是相对简单的：

(1)人工鱼礁拟建礁地点的选址是否最佳？

(2)人工鱼礁区设计规划时，如何确定鱼礁具体的投礁位置？

(3)鱼礁是否可见(即浮式鱼礁)？

(4)若鱼礁为不可见，则设计鱼礁的依据是什么？

(5)人工鱼礁初步建造方案完成后，鱼礁的空间分布和其他情况如何？

人工鱼礁选址和鱼礁投放后，应该开展在数日之后、6 个月后及每年度的监控工作。

3.5.1.1.1 部署前监控

将鱼礁投放于某个特定地点，须列举阐述选择合适地点的依据和归纳此合适地点的具体情况。有关当事方应努力回答以下典型问题：

(1)这个地点是否为良好的建礁地点?

(2)此地点的物理特点(如水流、波浪、温度和底部沉积物)是否适合投放特定鱼礁?

将鱼礁结构投放于某个拟建礁地点之前，我们建议收集以下数据：

- 水深(m)；
- 潮汐(cm)；
- 水流量级(cm/s)和方向(程度)，以两个深度(表面和靠近底部)中最小的为准；
- 波浪高度(cm)和周期(s)或水下压力(psi)；
- 底部沉积物成分和密度(g/cm^3)；
- 现有自然或人工鱼礁材料的情况。

这些数据可用于评估带有特定尺寸、形状和间隔的鱼礁单元的适合性。我们必须展开分析，以此确定鱼礁能否承受鱼礁地点上的水动力以及鱼礁单元是否会被沉积物掩埋。目前，尚未对鱼礁投礁前期开展此常规性的监控和分析。

在投放鱼礁前期，我们应该通过验潮仪、测流计和波浪传感器等设备的长期监测，长期收集鱼礁地点附近的潮汐、水流和波浪等数据。潜水者提供的瞬时数据不包含物理过程所固有的时间和空间变化性，因此，其价值是有限的(沉积物条件和水深除外)。如果可能，应收集温度和盐度的监测数据，并结合水流和波浪等数据。

为选址评价所收集的数据可能在目前当地的市政府(如市或县)找不到所需的信息和资源。例如，在美国佛罗里达州和其他州的大多数沿海郡县都没有能力通过长期系泊测流计开展鱼礁监控工作，也不掌握该地区沿海和入海口水循环的详细信息。从而，获得用于选址评价的数据的最经济成本的方式就是从其他研究机构处搜寻现有的关于地区沿海和入海口水循环的信息，并利用潮汐、水循环和波浪等数学模型以生成综合性分析所需的物理数据。

对选址而言，实际所需收集的数据应该为鱼礁区海域数百米范围的实测数据，以提供一份具有空间异质性的评估。在理想情况下，数据收集所需的时间周期为一年。如果不存在这些数据，则需要在每个不同季节(如夏季和冬季，理想的情况应该是一年)最少 2 ~4 周的时间段上收集有关数据，以呈现时间上的变化性。如果存在足够的数据，我们仍然建议在至少一个潮汐周期到不超过 2 ~4 周的时间段上收集有关数据(见表 3.2；这些方法的细节将在 3.6 节讨论)。

表 3.2　第一种类型部署前评估所需收集的数据

参数	方法	取样时期	取样频率	取样间隔	水平分辨率或样本编号
地点/位置	罗兰海图 GPS(全球定位系统)	瞬时		一次	覆盖鱼礁管束区域的各个角落
水深	回声测深仪	瞬时		一次	足以确定 1/4 m 的轮廓线
潮汐	验潮仪 水下压力传感器 数值模型	12 h 到 4 周	15 min 到 2 h	夏季 冬季	1
水流	测流计 数值模型	12 h 到 4 周	15 min 到 2 h	夏季 冬季	2 个垂直位置
波浪	波浪传感器 水下压力传感器 数值模型	12 h 到 4 周	1 ~ 6 h	夏季 冬季	1 ~ 2
可见性	透明度测定板	瞬时			4 ~ 5
底部沉积物:					
垂直结构	核心样本 探杆	瞬时		一次	在鱼礁管束区域上 5 × 5 栅格
尺寸分布	抓取取样和筛选	瞬时		一次	
粗糙度/波纹	相机和视频				

3.5.1.1.2　部署后立即监控

为了促进在鱼礁部署后的鱼礁性能的评估，我们需要在鱼礁安置后立即创建一个新的关于该鱼礁系统的数据库。鱼礁数据库可以用后续的监控数据进行扩展。如果鱼礁消失了，或者经历了从其初始位置或条件而来的显著变化，数据库中的监控数据可以用于确定有关原因。除了基本的海洋学测量外，该数据库还应包含鱼礁的精确位置和详细的测绘图。因其瞬时性的特质，在这个时间开展的海洋学测量一般包含潜水者的观察情况和使用手持的相对简单又不那么准确的仪器所测得的测量数值。这样的测量数值不得取代在部署后监控阶段进行的更加严谨的长期海洋学的测量数值。关于部署后立即监控的变量和方法在表 3.3 和表 3.4 中列出。这种程序的一个实例一般是由佛罗里达州杰克逊维尔斯库巴娜慈鱼礁研究团队预测的(Seaman et al, 1991)。

表 3.3　第一种类型部署后立即评估所需收集的数据

协议	参数	方法
安置位置	时间延迟	罗兰海图(如果没有使用 GPS)
基准	纬度/经度	GPS 或由罗兰海图转换而来
水体描述	表面和底部温度	温度计 -0.50℃到45℃
	变温层深度	深度计和温度计
	盐度(表面)	液体比重计
	盐度(在具体深度)	折射计
	在表面和底部的可见性	20 cm 直径的透明度测定板，白色的和黑色的
	水流方向(至)	磁性充油指南针
底部描述	沉积物深度	玻璃纤维杆刺探沉积物
	筛选和称重的沉积物样本	用于抽取 50 g 样本的取芯器。筛网尺寸 6、20、40、100，称盘
	底部深度	充油深度计或水下计算机
	波纹标记	在主要长轴上的可视化备注和指南针方向

表 3.4　第一种类型部署后评估所需收集的代表性数据

协议	参数	方法
鱼礁单元、鱼礁组或鱼礁群安置描述*	建造材料选择(水泥、塑料、钢材等)	视觉评估——计数、测量和/或照片
	部署设计图(单个鱼礁单元)	视觉描述——照片、尺寸、主要尺寸方向
	部署设计图(多个鱼礁单元)、鱼礁组或鱼礁群	在6个方向距离基准 50 m 在安置边缘之外的测量数值
	安置日期和时间	观察者记录日历日期和当地时间
生物学描述	轮廓	到鱼礁单元或鱼礁组的底部和最高点的测量深度、深度计或水下计算机
	材料条件(破损情况)	视觉检查
	自然生态底部	视觉检查和照片
	鱼礁材料(有任何之前的污垢吗?)	视觉检查和照片
	植物区系	视觉检查和照片/样方
	动物区系	视觉检查和照片/样方

* 有关说明见第 5 章，图 5.4。

3.5.1.1.3　存在性和筛选监控

需要监控的物理变量包括所有在前面两节提及的变量，包括鱼礁位置和条件。监控需要在初始部署 6 个月后开展，然后是每年监控一次。在每次监控期间，数据收集的持续时间可以在数个小时到一个潮汐循环之间，可能会受潜水者停留海底的时间(深度依赖性)的限制。对更加综合的分析，海洋学过程的时间性和空间性变化需要更长时间的监控。需要收集的数据在表 3.5 当中予以概括。

表 3.5 第一种类型存在性和筛选评估所需数据

参数	方法	取样时期	取样频率	取样间隔	水平站点编号	垂直站点编号
鱼礁地点/位置	罗兰海图 GPS(全球定位系统)	瞬时		在安置处，6个月之后，然后是每年一次	1	
鱼礁条件	相机 视频 潜水者观察	瞬时		在安置处，6个月之后，然后是每年一次	1	
水深	回声测深仪	瞬时		在安置处，6个月之后，然后是每年一次	1	
潮汐	验潮仪 水下压力传感器 模型	1~12 h 次	15 min 到 2 h 次	安置后每年一次	1 次	
水流	测流计 模型	1~12 h 次	15 min 到 2 h 次	安置后每年一次	1 次	
波浪	波浪传感器 水下压力传感器 模型	1~12 h	1~6 h	安置后每年一次	1	
可见性	透明度测定板	瞬时		安置后每年一次	1~2	2
底部沉积物：						
垂直结构	核心样本 探杆	瞬时		安置后每年一次	1~2	1~2
尺寸分布	抓取取样和筛选	瞬时			1~2	
粗糙度/波纹	相机和视频					

就第一种类型的评估而言，需要开展大量数据分析研究。例如，如果鱼礁已经被掩埋或更替了，则需要进行一次详细的分析，以此预估作用于鱼礁结构上的作用力和鱼礁底部的阻力，并最终确定鱼礁被掩埋或更替的原因。作为一个结果，在初始选址分析中可能的错误可以被确定下来。如果鱼礁遭受了结构性损坏或重大的海洋生物学污垢情况，则需要通过分析与鱼礁材料和海洋学条件有关的数据确定有关原因。

3.5.1.2 第二种类型评估——分析和比较

第二种类型评估旨在回答更加复杂的问题，如：

(1)鱼礁能否满足评估的目标？如果可以，为什么呢？如果不可以，为什么呢？

(2)鱼礁的出现对当地大型物理过程有何影响？

(3)两个不同地点的物理过程会存在怎样不同的特征？

(4)为何两个邻近不同地点的鱼礁会有不同的性能?

要回答这些更加复杂的问题必需收集大量综合性数据。

表3.6提供了需要监控的所有变量和关于这种监控的验证情况。除了那些在第一种类型存在性和筛选监控过程中建议的变量外，我们还建议监控以下变量：

- 盐度；
- 温度(℃)；
- 浑浊度(浑浊度单位或NTU)或者总计悬浮固体(TSS)浓度(mg/L)
- 水流-鱼礁相互作用(伴流区域和/或上升流的延伸)。

表3.6　物理变量和监控人工鱼礁上变量的原因

协议	参数	监控原因
位置	纬度、经度	用于选址和即将监控的参考点
气候	风	在水柱层中产生水流和垂直混合
	气温	影响风压和水柱层的加热或冷却
水柱层描述	温度	影响水柱层中的水流、垂直混合以及可能的鱼类行为
	盐度	影响水柱层中的水流、垂直混合以及可能的鱼类行为
	悬浮沉积物浓度	影响水柱层中可见性和养分浓度以及底部沉积物
	水流	在鱼礁和底部施加作用力，并可以影响鱼类集聚情况；导致沉积物或养分的侵蚀
	波浪	导致轨道水流，并在鱼礁和底部施加作用力
	潮汐	导致水流和水深的周期性变化(以12 h或24 h为周期)
	底部粗糙度	影响底部压力
底部沉积描述	筛网分数	影响沉降速度和底部的阻力
	成分	影响底部的阻力和养分/动态学
	密度	影响底部的阻力和养分/动态学
	生物区系	生命态底部不适合于鱼礁部署

第一年期间，我们应收集第二种类型的数据共两次，在此之后，每年收集一次。在每次监控时间过程中，数据收集时期应该在一个潮汐循环(如果鱼礁看起来起到了设想的作用)到2周(如果鱼礁没有起到设想的作用)之间，以提供分析和比较所需的足够数据。收集数据的站位点应设有2~3个以及在各个站位点上收集1~2个深度的梯度数据，这取决于鱼礁和水深情况。除非在非常浅的水深情况下(<1 m)，物理变量(水流、温度、盐度和悬浮沉积物浓度)的垂直梯度一般而言会在水柱层当中呈现。例如，能够阻止营养盐和氧气垂直混合的一个密度跃层(具有稳定密度梯度的一个水体薄层)往往能够在水柱层当中发现，特别是在静水流情况下，更为明显。因此，监控水柱层当中的物理变量的垂直结构并确定其密度跃层的存在性和位置尤为重要。

表3.7中对第二种类型评估所需要测量的物理变量进行了详细的概括，在此基础上，

需要对相关数据进行更深入的分析。例如，如果在鱼礁附近没有发现鱼类集聚，那么是否可以理解为这种结果的出现可能由物理过程导致。由于存在物理过程以及其对生物体和生境相互影响的复杂特性，我们建议应建立一个由物理学家、化学家和生物学家构成的跨学科的团队。第二种类型评估的实例包括在 3.7 节呈现的案例研究和那些由 Baynes 与 Szmant (1989) 以及 Lindquist 和 Pietrafesa (1989) 创建的案例研究。

表 3.7　用于第二种类型评估的数据

参数	方法	取样时期	取样频率	取样间隔	水平站点编号	垂直站点编号
鱼礁地点/位置	罗兰海图 GPS(全球定位系统)	瞬时		在安置处，6 个月之后，然后是每年一次	1	
鱼礁条件	相机 视频	瞬时		在安置处，6 个月之后，然后是每年一次	1	
水深	回声测深仪	瞬时		在安置处，6 个月之后，然后是每年一次	1	
潮汐	验潮仪 水下压力传感器	1 潮汐循环到 2 周	15 min 到 2 h	安置后每年一次	1～2	2
水流	测流计	1 潮汐循环到 2 周	15 min 到 2 h	安置后每年一次	1～2	2
波浪	波浪传感器 水下压力传感器	1 潮汐循环到 2 周	1～6 h	安置后每年一次	1～2	2
底部沉积物	抓取取样 相机 视频	瞬时		安置后每年一次	1～2	2
水温度	温度传感器	1 次潮汐循环	15 min 到 2 h	安置后每年一次	1～2	2
盐度	导电传感器	1 次潮汐循环	15 min 到 2 h	安置后每年一次	1～2	2
悬浮沉积物浓度	光学后向反射传感器 水取样器	1 次潮汐循环	15 min 到 2 h	安置后每年一次	1～2	2
风	风速计	1 次潮汐循环到 2 周		安置后每年一次	1～2	1～2
光强度	测光计 透明度测定板	1 次潮汐循环		安置后每年一次	1～2	2

3.5.1.3　第三种类型评估——相互作用和预测

在此基础上，需要回答的问题非常复杂，包括：

(1)在鱼礁地点，阐明物理过程与化学和生物过程可能发生的相互作用是什么？

(2)该鱼礁地点是否为此区域或入口区域内所有可能的地点当中最好的地点？

(3)如果此地点失效了，是否存在其他地点可用？

(4)设计鱼礁对该地点而言是否最合适的鱼礁类型？

(5)给定在某个拟建礁地点的波浪和水流等条件，为能够控制营养盐流量和浮游生物产量，我们应该如何设计鱼礁以达到最佳鱼礁性能？

(6)如何定量分析物理过程可能对鱼礁地点上的鱼类集聚的影响情况？

(7)鱼类集聚减少是否由鱼礁和周围水流之间布置不合理产生伴流区域的降低而引起？

(8)鱼类集聚减少是否由于鱼礁在水柱层中引起沉积物冲刷产生的可见度或营养盐浓度降低？

在不同类型鱼礁上监控多个地点的物理条件，或者同时监控一处鱼礁上物理学的、化学的和生物学的条件，可能是必需的。在每个地点上，需要监控的物理变量应包括那些针对第二种类型的所有变量加上为了描述时间性变化在一个更长取样期间(1 d 到 2 周)和比较性取样间隔(每 6 个月或每一年)内测量的风条件(这一般是在附近陆地基站提及的)。必须在 2 ~ 3 个地点以及每个地点的 1 ~ 2 个深度上抽取数据，以使之能够代表空间异质性(表 3.8)。在比较来自一处发达地点的物理数据和来自一处不发达地点的物理数据时，我们务必小心谨慎——来自发达地点的物理数据应该从距离鱼礁足够远的位置收集(即 10 倍于鱼礁尺寸)。

表 3.8　用于第三种类型评估的数据

参数	方法	取样时期	取样频率	取样间隔	水平站点编号	垂直站点编号
鱼礁地点	罗兰海图 GPS(全球定位系统)	瞬时		每年一次	2 ~ 3	
鱼礁条件	相机 视频 潜水者观察	瞬时		每年一次	2 ~ 3	
水深	回声测深仪	瞬时		每年一次	2 ~ 3	
潮汐	验潮仪 水下压力传感器 模型	2 周	15 min 到 2 h	每年一次	2 ~ 3	2
水流	模型、测流计	2 周	15 min 到 2 h	每年一次	2 ~ 3	2

续表

参数	方法	取样时期	取样频率	取样间隔	水平站点编号	垂直站点编号
波浪	波浪传感器或 水下压力传感器 模型	2周	1~6 h	每年一次	2~3	2
底部沉积物:				每年一次	2~3	2
垂直结构	核心样本	瞬间				
尺寸分布	探杆					
粗糙度/波纹	抓取取样本和筛网 相机和视频	瞬间				
水温度	温度传感器	2周	15 min到2 h	每年一次	2-3	2
盐度	导电传感器	1次潮汐循环	15 min到2 h	每年一次		2
悬浮沉积物浓度	光学后向反射传感器, 水取样器	1次潮汐循环	15 min到2 h	每年一次	2-3	2
风	风速计	1次潮汐循环到2周		每年一次	2-3	1-2
光强度	测光计 透明度测定板	1次潮汐循环		每年一次	2-3	2

为了全面回答针对第三种类型评估的诸多问题，利用现场监控、试验性分析和数值建模是必需的。此外，第三种类型评估的初始活动应在地方性和地区级的范围内收集关于物理学的、化学的和生物学的过程之间相互作用的量化信息。例如，为了强化在入海口或大陆架上的鱼礁性能，我们建议生成一种地域性数据库、一个地域性循环的模型和关于整个地域内合适鱼礁地点的一张地域性综合测绘图。比如，路易斯安那州曾经在其大陆架上开展过关于底部沉积物类型的一次性测绘工作，该测绘图具有一个大约为2 km(约1.2英里)的空间分辨率。完成一次第三种类型评估的目标往往需要一个跨学科的团队的集体努力。因此，我们建议各级政府努力寻求来自在海洋物理学监控方面知识丰富的各个大学和有资质公司的技术协助。此外，我们还建议在这些工作中安排和使用可获得的关于地域性循环的数值模型和数据库。

3.5.2 样本设计

取样设计取决于监控的复杂程度。随着复杂程度的不断增加，取样的空间性和时间性考虑也会增加，因此样本的数量也需要不断增加。

对第一种类型监控而言，服务于部署后立即监控和后续的部署后监控的取样设计有所不同。部署后立即监控即开展详细的鱼礁测绘及相对简单的海洋学测量。相比后续的部署后监控而言，则需要更加准确的海洋学测量。一般而言，为了能够充分代表大型过程，样本应该从特定鱼礁地点的附近海域进行(如半径为数百米的范围)抽取，并非从较靠近鱼礁结构的区域进行(如在半径为1 m的范围内)抽取。在数千米范围上，水位一般不会出现显著变化；然而，水流却会受当地海洋测深情况影响较大，且在1 km范围内会出现显著变化。例如，典型的较浅的佛罗里达入海口之内，在较深导航通道和附近较浅平坦部分之间水流当中通常会有显著差异，从而会导致鱼礁结构上游的水流与鱼礁结构下游的水流有着明显的不同。然而，对第一种类型监控而言，这种关于鱼礁结构尺度的细节一般是不需要的。主导物理过程的时间性尺度会决定取样期间和频率。为了定量化潮汐性和风驱动性循环，我们至少为1次潮汐循环到2周的时期上(大小潮变化)抽取一次有关数据，而且在理想情况下，这样的时期应该是完整一年。为了定量化波浪条件，应该至少在一天范围内进行最少每3 h收集一次有关数据。对预期在较短时期内不会出现显著变化的底部沉积物结构，不需要频繁地取样。为了减少数据收集数量，可以利用潮汐表和数值模型进行水位波动、水流和波浪等数值的预估。

对第二种类型监控而言，所收集的样本应能代表大型过程以及小型过程。因此，需要收集更多的数据以展示物理变量的水平性和垂直性的变化。数据收集时期也应该有所增加。应该增加开展现场作业的次数，以反映季节性和年度模式的变化。为了确定物理变量是否鱼礁处于或不处于运作状态的原因，样本必须从鱼礁后面的伴流区域进行收集。为了定量化在某个问题鱼礁地点出现的沉积物冲刷，需要对悬浮和底部的沉积物进行密集取样。同时还建议获得紊流变量如均方根波动速度、紊流动能、紊流耗散、紊流质量和盐度流量等测量数值。

对第三种类型监控而言，数据应该从若干鱼礁地点上进行收集，而且物理数据应同时结合化学和生物学的数据一起收集，以增加数据组的有用性，因此会明显增加样本量的大小。取样计划的时期和频率与第二种类型监控应该是可比较的，或者是更加精细的。建议通过设计使用相关物理过程(循环、波浪、底部-边界-层动态以及沉积物动态)的数值模型以减少数据收集成本和指导取样计划。就监控相互靠近的诸多鱼礁地点而言，监控计划应该是相互协调的。

3.5.2.1 可靠性水平和成本

一个物理监控计划的成本包括：①取样计划的设计；②购买或租赁设备；③现场计划的执行；④数据分析；⑤开展工作有关员工的薪水。显而易见，监控计划的成本会随着复杂性水平的增加而增加。预估开展不同类型监控工作的成本是困难的，因为这种成本会随着组织执行该工作而出现显著的变化。

3.5.2.2 参考地点

参考地点的设计是一个重要的问题。例如，为了确定某一处鱼礁的出现会如何改变当

地水流和沉积物的上升流情况，需要建立一个不受鱼礁结构影响且在物理特点上又与有关鱼礁地点相似的参考地点。从某个控制地点到一个参考地点的合适距离会随着具体情况的不同而不同。

3.5.3　数据处理和质量控制

为了促进数据有效准确地存储和检索，应该开发一个基于地理信息系统(GIS)的鱼礁数据库，用于建立地区性海岸和/或入海口系统，将各种来源获取的数据输入到鱼礁数据库，并提供有关科研机构或人员共享，以此促进对鱼礁的研究和管理。长期海洋学数据的处理可能需要使用这些处理包，如 MATLAB、SAS 等。关于数据处理和质量控制的更多详细讨论，请见第 2 章。

3.6　评估方法

3.6.1　一般考虑

人工鱼礁设计过程中，我们必须注意到手边能决定所需数据类型和评估方法的问题。一些问题可能只需要在少数情况下对环境进行“快照”作业，而其他问题则需要在一个长期时段(1 个月或更长)上的连续的原始数据。在选择评估方法时，考虑与各种各样的问题有关的时间性和空间性尺度也是重要的。一旦已经选定了评估方法，所获得数据仅仅包含时间和长度尺度，这可能会限制数据的有用性。

3.6.2　数据收集方法

收集投放鱼礁地点上的物理性和工程设计数据可以通过在原地部署各种各样的传感器和/或通过潜水者使用手持仪器来进行。使用相当基本的仪器，潜水者可以提供对一个鱼礁地点上的位置、水深、水流速度、波浪、水温度、鱼礁条件和底部沉积条件的瞬时单点测量。然而，瞬时数据不能提供足够的关于鱼礁地点上的海洋物理学条件的量化信息(即时间性和空间性的变化)。除了潜水者提供的瞬时数据之外，仍需通过长期时段的监控，收集连续的原始数据。通过布置对投放鱼礁区域的潮汐、水流、波浪、温度和盐度等环境因子进行长期测量(高至一年)需要部署更加复杂的传感器。

关于用于海水物理学的和化学的测量的简化方法的简要评述可以在任何基本海洋学课本或者在 Bulloch(1991)的概述表中发现。更加详细的程序则是在 Parsons 等(1984)文献中给出概述的。人工鱼礁环境评估的一份评述和文献调查可以在 Bortone 和 Kimmel(1991)中发现。关于潜水者监控的有用信息也可以在《人工鱼礁研究潜水者手册》(Artificial Reef Research Divert’s Handbook)(Halusky，1991)发现。在以下诸节中，我们简要说明了用于位置、鱼礁结构、风、气温、波浪、潮汐、深度、水流、盐度、温度、光照、悬浮沉积物和底部沉积物的数据收集方法。第 5 章的表 5.1 列出了普遍需要测量的变量。然而，不是所有所列示的变量都需要进行监控，取决于已知在特定鱼礁地点存在的问题。

3.6.2.1 定 位

水平位置可以用罗兰海图或全球定位系统(GPS)进行测量。罗兰海图能够提供相当准确的相对位置，但不是绝对位置。全球定位系统(GPS)在最近数年已经取得了很快的进展，而且能够给出非常准确的位置(其误差只有数米)。对卫星信号的差分校正能增加准确性，使之达到亚米置信水平，因此与罗兰海图记录的位置相比，我们建议使用前者。

3.6.2.2 鱼礁结构

鱼礁材料配置的准确测绘可以通过使用一系列水下调查和测绘方法由潜水者或从一艘小船在原地完成。所选择的方法将取决于所需的相对准确性和精确度。例如，如果需要一个极度准确的地图(在 1 m^2 的区域上准确到 ±1 m)，我们可以使用由水下考古学家开发的方法(UNESCO，1972)或者使用最新的成像声呐系统，包括旁侧扫描声呐和旁侧扫描及截面扫描声呐。水下考古方法依赖于建立底部上的栅格，成本相对昂贵，而且也需要大量的时间、团队工作和协作才能完成。关于水下测绘方法的一般性讨论是在 UNESCO(1972)、NOAA 潜水手册(Miler，1979)和 Burge(1988)当中提出的。旁侧扫描声呐(Tian，1996)和全球定位系统(GPS)能够更加有效和经济地提供了关于鱼礁的较高精度的测绘和调查。

Strawbridge 等(1991)当中提出，用于鱼礁取样的方法包括物理性描述、水体取样、部署后调查和测绘方法，然而上述方法的准确度相对较低。杰克逊维尔斯库巴娜慈鱼礁研究团队(JRRT)的许多方法基于为期 5 年的原地开发。一些方法已经经过现场检验，并在 Seaman 等(1991)文献当中予以讨论。杰克逊维尔斯库巴娜慈鱼礁研究团队(JRRT)的许多部署后测绘方法使用 2 ~3 个由两位潜水者组成的小组，而且在单一潜水日可以在 24 m 的深度测绘一个以 100 m 为半径的圆形区域。

3.6.2.3 风

风会加强大气表面层和海洋混合层之间动能和能量的转移。风会产生表面水流(这种水流通常会在北半球稍许指向右侧，而在南半球稍许指向左侧)和沿着大海表面扩散的表面波浪，并在表面下方产生轨道水流。稳定的风往往会在风的下游方向产生大海表面的隆起，而这种隆起又会在水柱层中生成反向水流。因此，风会在水柱层中产生显著的垂直混合水流情况。在夏季月份期间，更加温暖的表面水和更加冷的底部水会产生稳定的密度梯度，这种梯度能阻止风型混合水流到达底部水体。表面混合层是被一个具有尖锐密度梯度的区域即一个密度跃层与底部水体分开的。长期的风也能产生朗缪尔环流，而这种环流是

由对流的诸多单元构成的，同时，这些对流的单元又是由交变的会聚区和扩散区分隔开的。

风通常是用风速计在海洋表面上方数米范围内的一个或两个垂直水平上测量所得。在缺乏风速计的情况下，来自附近气象站的风力数据也可以使用。

3.6.2.4 气 温

气温会影响海洋表面上的大气表层的稳定性。一个稳定的大气表层(即更温暖的空气在更冷的海水上)能减少空气－海水界面上的动能和能量的转移，而一个不稳定的大气表层(即更冷的空气在温暖的海水上)会加强空气－海水界面上的动能和能量的转移。

气温可以利用一个空气温度计测量海洋表面上方数米范围内的一个或两个垂直水平上的数据。

3.6.2.5 波 浪

波浪可以由当地的风产生或者从遥远的位置(隆起)扩散而来。当风吹过水面，能量就会传输到水体，波浪就会形成。波浪特点取决于风速、风吹过(到达)的长度以及风吹的时间(持续期间)。在特定位置，海水表面可以是平静的，也可以是非常异常的，可以由在单一方向上穿行的波浪构成，也可以由在多个不同方向上穿行的波浪构成。

波浪按照其长度相对于水深的比率进行分类，可分成深水波浪、中级波浪或者浅水波浪。深水波浪是长度低于两倍水深的波浪，浅水波浪是长度等于25倍水深的波浪，中级波浪位于深水波浪和浅水波浪之间。波浪不仅仅影响海水表面，而且会影响下方的水柱层，因为波浪会生成能向下延伸到水体内的振荡水流。在一个深水水体下方的水质点易于移入圆形轨道，而那些在中级波浪和浅水波浪下方的水质点易于遵循椭圆形轨迹。

水质点运动的量级(水质点是具有某个固定同一性水体包)在表面是最大的，而且会随着深度的增加而降低。在浅水波浪的情况下，只会有微乎其微的降低，因为位于底部的水流几乎是和那些位于表面的水流具有同样的强度。在另一方面，深水波浪只会影响向下直至深度大约等于波浪长度一半的水柱层。因此，在潜水者发现不能在15 m的水体(其表面波浪在长度上超过数百米)内工作时，这位潜水者不会意识到波浪在长度上会低于30 m。对鱼礁稳定性的影响也是类似的：深水波浪不会影响鱼礁结构，而中级波浪和浅水波浪实际上可能容易地移动鱼礁结构(和底部沉积物)。

如同水流，波浪可以由潜水者在较短的时间段内通过观察鱼礁结构物上的三件事情来实现观察：预估波浪高度、波浪周期和波浪方向。如果只有一条波系出现，这将是相对简单的，但是如果有两条或多条波系出现，就可能会是更加困难的。由潜水者作出的波浪观察的详细情况可以在Halusky(1991)和Jones(1991)文献中发现。关于这三个参数的进一步描述在以下部分内容提供。

波浪高度——如果波浪是非规则波，每个依次相续的波浪都会是接近于相等的。如果波浪高度是变化的，则应该预估“显著波浪高度”(波浪的最高1/3部分的平均高度)。

波浪周期——也就是相续波浪波峰通过一个固定点所需花费的时间。在测量波浪周期时，需要记录波浪波峰通过所需花费的总计时间n(如11)，然后将结果除以$n-1$，其中n足够大，使周期内变化可以平均化。将结果四舍五入得出最为接近的带两位小数的数值。

波浪方向——波浪来自的方向，而不是它们去向的方向。例如，从东北方向而来波浪会被记录成45°。测量方向为最接近5°。

潜水者观察能够提供关于鱼礁地点上短期时间段内波浪条件的粗略预估。然而，峰值波浪条件和波浪轨道水流一般会在风暴期间出现，而在这样的期间，潜水者是不能作业的。潜水者的观察也可能存在重大的偏性或误差。对定量化和长期波浪测量，我们有必要使用一个水下压力传感器测量水下压力，或者使用一个表面刺穿性波浪传感器测量表面波浪，这种传感器能在鱼礁地点每1~3 h记录一次有关数据。

3.6.2.6 潮 汐

因为存在水体表面和地球-月亮-太阳系统之间的万有引力，潮汐会持续提升或降低海洋水表面。水体表面的垂直潮汐性移动在一些区域(如加拿大的芬迪湾)可以高达数米，每天会有一个(全日的)或两个(半日的)峰值。均衡潮汐理论假定了海洋表面是由一个海洋水同一层构成的，并无陆地质量。这个理论能实现关于潮汐成分的周期的准确计算，这种周期一般为大约12 h(半日)和全日的(大约24 h)。然而，实际上，潮汐作为长波浪会沿着海岸扩散，因此会受到当地海洋测深情况、海岸线几何形状、科氏加速度和风的显著影响。潮汐性水流在较深的远海水体中(低于1 cm/s)一般是可忽略的，但是在海岸水体和入海口水体中是相当显著的，可以超过1 m/s。在一次潮汐循环期间，来回往复运动可以在海岸水体和入海口水体内产生有趣的余流环流(经过潮汐平均化)，而这种环流会影响营养盐、悬浮沉积物和浮游植物的输送。在较浅水体内，潮汐成分之间的非线性相互作用可以产生周期大约为3 h、4 h、6 h和8 h的高阶成分。海岸水体和入海口水体内的潮汐性水流会与风驱动的水流、波浪诱发的水流和内部波浪发生相互作用，以此生成来自海洋底部的沉积物和养分的再悬浮。

潮汐一般是以水位标尺或水下压力传感器测量所得。如果没有使用水下压力传感器，则有必要测量大气压力，这样才可以确定潮汐水位情况。凭借在给定位置获得充分的(如180 d)潮汐数据，就可以构造一个用于未来预估的预测性潮汐模型。

3.6.2.7 水 深

水深可以通过回声测深仪测量。因为存在水位的潮汐性波动，记录测量时间和潮汐性条件以确保深度数据的准确性是尤为重要的。往往在有非固化沉积物层中存在的淤泥区域，确定“真正的”底部在哪里也是重要的。来自回声测深器或回声测深仪的深度读数一般表示了絮凝层的顶部。

3.6.2.8　水　流

水流是影响鱼礁稳定性和鱼礁性能的最重要的因素之一。经过一个鱼礁单元的水流会产生移动鱼礁单元、冲刷或沉降沉积物和减少底部的重量承载能力的水动力。

水流可由潜水者用成本相对较低的手持测流计在短期时间内进行测量。然而，这些手持测流计一般是机械式的，而且不能给出方向性信息。此外，潜水者的物理性存在可能会干扰需要测量的实际水流方向。为了鱼礁监控和设计考虑，测量、预估或者评估在特定鱼礁地点出现的水流的最大流速是极为重要的。最大水流一般是在严重风暴或季节性或高潮汐条件期间出现的，而在这些条件下，潜水者一般是无法进行观察的。因此，为了提高观测的真实性，水流应该以自动记录测流计[电磁测流计或声学多普勒海流剖面仪(ADCP)]在足够长的时期内进行测量。因为存在较低的准确性和短期使用情况，低成本的手持测流计仅能在收集水流数据方面作补充自动记录测流计之用。

水流是由潮汐、风、波浪和密度梯度驱动的。各种各样的时间尺度是被包含在一个长期水流记录当中的：波浪周期(2~10 s)、惯性周期(24~26 h)、潮汐周期(半日潮约12 h，全日潮约为24 h)、风力时间(2~14 d)和大小潮周期(约2周)。为了捕捉影响鱼礁地点上当地水流的各种时间尺度的物理过程，在足够长的时间段(范围从最少1次潮汐周期到1个月)内获得关于水流速度和方向的测量数值是重要的。可以以一个范围从0.5 s(用于波浪轨道水流)到15 min再到1 h(用于潮汐水流)的取样时间段收集有关水流数据。

在水柱层当中，水流会有垂直的变化。在靠近水面的地方，风和波浪的混合会产生一个较薄的边界层(<1 m)，在该层中，水平水流会随着深度的递增而出现对数性递减。在靠近底部的地方(水体/沉积物的界面)，会存在一个底部边界层(<1 m)，在该层中水流在向着底部方向会出现对数性递减。在纯粹潮汐性情况中，在整个水柱层当中水流一般会处于同样的方向。然而，风的出现可能会在水柱层当中建立起一个“回流”。归因于盐度和温度的垂直分层也可以在水平水流中产生重大的垂直变化。因此，对鱼礁监控而言，在超过水柱层当中的不止一个的垂直位置上测量水流尤为重要。我们在鱼礁地点上可以利用声学多普勒海流剖面仪(ADCP)，以垂直分辨率5~100 cm测量水平水流的垂直轮廓，这取决于用户所选取样分辨率模式(Cheng et al，1997)。

对鱼礁稳定性分析而言，需先对在水柱层中1个或两个垂直位置上测量的水流数值进行预估而得到作用于底部沉积物或鱼礁单元的底部压力。关于底部边界动态学，采用相对简单的莫里森方程式[方程式(3.2)]或者更加复杂的数学模型(如Sheng，Villaret，1989)来计算在底部边界层上方的底部在预定的水流和波浪条件下的压力。鱼礁结构物的投影面积是用于预估底部压力的关键参数之一，因此，需要准确测量鱼礁和鱼礁周围水流。

对第二种类型监控和第三种类型监控而言，获得在鱼礁中度附近范围内的水流测量数值尤为关键。基于一个萨旺尼地区鱼礁系统上开展的案例研究（见3.7.4部分）中在鱼礁单元附近收集的水流数据，研究者证明当地水流是受鱼礁影响的。为了测量近场水流的空间结构，应该使用手持测流计增加来自自动记录测流计的时间序列数据。为了预估作用于鱼礁单元上的作用力，我们还需要测量鱼礁的正面面积，即在水流方向上鱼礁单元的截面积。因为在一个波浪周期和一次潮汐周期上水流方向会出现显著变化，预估正面面积是一个艰巨的任务，对更加复杂的鱼礁结构物而言，尤为如此。

3.6.2.9 盐 度

盐度是对水中所溶解固体量的一种测量。盐度一般是以千分率（10^{-3}）表示的，海水通常的盐度为33～37。盐度随着时间和位置的变化会出现动态变化。水密度和盐度可能会大大不同于淡水水源（如河口、潮汐入口和离岸泉水）的密度和盐度。在一个入海口水体或一个海岸水体内，海洋和河流之间的重要水平盐度梯度会导致斜压（密度驱动的）环流，表现为朝向海洋的表面水流和朝向陆地的水流。在缺乏重要垂直混合的情况下，在水柱层中往往会有着显著的垂直盐度分层，表现为低盐度梯度（盐跃层）和密度梯度（密度跃层）。在盐跃层或密度跃层当中存在的尖锐密度梯度通过垂直剪切应力（速度梯度）阻止了扰动混合情况的产生，因此，减少了表面水体和次表面水体之间溶解氧和其他材料的交换。为了测量一个盐跃层或一个密度跃层的存在，因此，在水柱层当中抽取的盐度数据，必须达到足够精细的垂直分辨率（约为1 m）。

在海水的密度、温度和盐度之间存在着独特的关系：知晓了其中任何两个就能确定第三个。如果温度是已知的，盐度通常通过使用一个传感器测量导电性然后再转换成盐度进行间接测量。如同水温，盐度可以通过潜水者或以自动记录仪器进行测量。潜水者可以使用一个温度计和一个比重计在一艘船上或者在陆地上收集水体样本并测量盐度。通过测量水体的折射率，一个折射计使用了可视化方法来确定盐度。通过使用（例如）由Hydrolab或YSI制造的仪器，应该在鱼礁上和在水柱层当中收集水体样本。对在鱼礁地点长期测量盐度而言，应该使用自动记录导电性传感器和温度传感器（如那些由Sea Bird公司或Greenspan技术公司制造的）。

3.6.2.10 水 温

海水温度会随着季节、白日循环、位置和水深的变化而变化。季节性温度的变化幅度可达到10℃左右。在较深水体中，一般可以在表面温度和底部温度之间发现一个差异，而在较浅水体当中，水柱层一般是混合良好的。水温从表面到底部会逐渐下降，或者会通过在两个有区别的水层之间的一个界面（被称为温跃层或密度跃层）陡然下降。在一些较深的水体中，可能会有一个白日温跃层叠加在一个季节性温跃层。温跃层会阻止穿越其间的溶解材料的垂直传输和混合。为了响应风和表面热流量方面的变化，温跃层会在水柱层当中上下移动。

水温作为鱼礁选址或监控潜水的一部分环境因子，可通过使用手持温度计进行测量。在较深的水体中，水温应该在刚刚低于水面的部分、在温度计上方、温度计下方和靠近底部的地方进行测量。我们建议部署长期的自动记录测流计，通过这种测流计能够记录温度。

3.6.2.11 光 线

光线是光合作用的基础，因此是基本生产的主要决定性因素。可见光仅是从太阳照到地球上的电磁辐射全光谱当中的一小部分。对光合作用的一份研究而言，仅考虑具有光合作用积极性的辐射(PAR)，也就是植物光合作用所能获得的太阳光，这是通常的做法，这种光位于光谱的400～700 nm的范围(即可见范围)。随着光线从海水表面穿过水柱层，距离海洋表面的距离逐渐增加，其强度会出现指数式降低。因为存在悬浮颗粒对光线的散射作用和浮游植物、悬浮颗粒物、溶解的材料和海水自身对光线的吸收作用，这种“衰减”就会出现。光线穿透的深度决定了光合作用活动能够出现的深度。光合作用发生的水层，即透光区，在非常清澈的远洋水体中可以延伸到200 m，但是在海岸水体中可以浅到只有数米，在那里可以发现大量的悬浮颗粒物，因为存在河流输入和来自底部由水流和波浪产生的再悬浮。在水柱层底部可获的光线会显著影响水下群落。生活于底部的植物，如海草，必须处于透光区才能存活，而且不能在具有显著光线衰减的海岸区域生长，在这样的区域只有低于20%的入射光线可以到达底部。

光线可以就固有的光学特性(如折射率和单次散射反射率)或明显的光学特性(如光线衰减系数)进行测量。在实践中，在数个垂直水平上的光线，不管是作为全光，还是作为有特定波长的光，都可以用测光计或光度计进行测量。然后，光线衰减系数可以根据光线数据计算出来，并被关联于水质、悬浮沉积物、溶解材料和浮游植物的并行数据。相对鱼礁初步研究而言，可以从一艘小船上用一根绳子将一张透明度测定板(一个白色－黑色象限交变测定板，其半径大约30 cm)降到水里，直到测定板从观察者的视野里消失，以此测量光线衰减深度。这个深度(被称为塞基深度)提供了关于水质、悬浮沉积物和生物活性的初步信息。

3.6.2.12 悬浮沉积物、颜色或浑浊度

浑浊度和透明度都是用于描述水净度的。浑浊度是对水中悬浮颗粒数量的一种测量，而透明度是对水传输光线能力的一种测量。浑浊度增加了，透明度就会降低。这些测量数值会随着水中悬浮颗粒的数量、尺寸和类型的变化而变化，也会随着周围光照的性质和强度的变化而变化。

测量水净度的最简单方法之一就是用透明度测定板测量。海洋学家从一艘船上将测定板降到水里，并记录下看不见测定板的具体深度。潜水者也可以使用透明度测定板，但是使用方法会稍有不同：也就是测量沿着底部到测定板不再可见的一个点位的水平距离，在使用这种方法时潜水者须注意不得搅起底部沉积物。如果水净度是通过潜水测量的，那么这项作业必须是第一个执行的，以使潜水者在其他作业过程中的活动不会影响这种结果（Halusky，1991）。

测量长期悬浮沉积物浓度可以通过在试验室内分析水体样本或者通过在现场使用自动记录光学后向反射（OBS）传感器或者透射计进行测量。然而，收集水体样本以实现试验室和现场校准光学后向反射（OBS）传感器或者透射计是重要的。

与光学后向反射（OBS）传感器有关的问题之一就是仪器对沉积物样本的颗粒尺寸分布的敏感性。使用一个激光衍射方法的新仪器是可获的，而且能够测量现场内的颗粒尺寸分布和悬浮沉积物浓度（Agrawal et al，1996）。

3.6.2.13 底部沉积物

沉积物和基底特点是影响人工鱼礁稳定性的最重要的两个因素。如果底部有较低的强度或者承载能力，或者如果受风暴期间的冲刷和/或液化的影响较敏感的，那么鱼礁成分就会沉降。

一般而言，以原地测试或者试验室测试精确预估底部沉积物的强度或者承载能力是极为困难的。这是因为有关结果取决于所执行测试的类型和取样及测试过程中扰动沉积物样本的程度。然而，在沉积物类型、其对渗透的阻碍情况及其承载能力之间存在一些基本的相关性。

底部沉积物可以由各种类型和尺寸的颗粒组成。黏土、淤泥、沙、砾石、贝壳和岩石是最为普遍遇到的材料。一般而言，在带有强烈水流和波浪的高能区域内通常可以发现更加粗糙的沙质颗粒，而在带有较弱水流和波浪的低能区域内通常可以发现更加精细的泥质沉积物。更加精细的颗粒（黏土和一些淤泥）是有黏着力的，即那些颗粒是由诸多颗粒（这些颗粒可以是基本颗粒，或者作为基本颗粒的聚合物的絮凝物）之间存在的电化学作用力键合在一起的。更加粗糙的沉积物（沙、贝壳和砾石）是没有黏着力的，而且仅仅依赖于诸多颗粒之间的摩擦力获得一定强度。

岩石可以出现在大型构造当中，或者作为碎片悬浮在其他沉积物之上或之中。有时，它可以作为岩层露头在底部出现，但是通常覆盖有厚度从数厘米到 1 m 或更多的沉积物。它们具有变化的强度，而且在一些情况下，它们可能会断裂或容易磨损。砾石是一个用于描述直径范围从数厘米到数毫米的小片状岩石的术语。

沙颗粒是小于砾石的，但是又大于淤泥的。沙和淤泥之间的分界是从 0.05 ~ 0.74 mm，取决于所用的分类系统。大多数在远洋环境中出现的沙级尺寸的颗粒是石英砂颗粒或贝壳碎片。淤泥颗粒比沙级颗粒更小，但是比在尺寸达到0.002～0.006 mm的颗粒更大。淤泥会展示一些黏着特性，但是这通常是因为有少量黏土颗粒出现。黏土颗粒是非常精细的（<0.002～0.006 mm），取决于所用的分类系统最普遍的黏土矿物质是蒙脱土、高岭土和伊利土。在受到扰动时，黏土可以是非常敏感的，容易失去其大量的剪切强度。

3.6.2.13.1　沉积物取样

在表面和表面下方对未固化的沉积物进行取样的最好方法就是遵照在Blake和Hartge（1996）文献当中描述的以一个薄壁核心套管（通常为干净塑料或PVC管子，直径为数厘米）方法进行取样。同时开展取样作业很关键，以此确保在沉积物当中呈现的所有颗粒尺寸都被保留在样本当中，同时对样本的扰动又是最小的。如果仅仅需要表面样本，则核心套管的长度大约须为15 cm。部分地，填充一个更长的套管并不是良好的实践，因为那样会使得样本在套管内移动，同时沉积物结构在处理过程中出现变化。套管应被充分推入底部，以端盖罩住顶部，然后以一个平板密封其底部，或者潜水者用手密封其底部。然后，移出并翻转套管，并以端盖罩住其底部。获取更长核心的程序并没有更多不同，除通常需要将套管插入底部之外。人们已经设计了简单冲击取芯器，以使这种作业任务变得更加容易。

在获取未固化沉积物样本的过程中一个重要考虑就是获取这些样本的位置应该是能够代表被调查区域的位置。来自同样地点的多个样本的联合与单一样本相比是更加具有代表性的。

3.6.2.13.2　抗侵蚀性、承载能力和可压缩性

鱼礁的掩埋是取决于底部沉积物的以下三个特性的：承载能力、可压缩性和抗侵蚀性（来自水流和波浪的侵蚀）（Tian，1994）。承载能力问题关键影响因素仅是在初始安装的冲击阶段，而其他两个特性的时间制约性质是决定性的。承载能力和可压缩性可以遵照海洋岩土工程设计方法进行确定（Richards，1967；Poulos，1988）。我们可以使用一个贯入仪（Jones，1980）或一个十字板剪力仪（Dill，1965）。为了确定沉积物相对于波浪和水流的可侵蚀性，我们可以使用一个试验性引水槽（Sheng，1989）或者一个袖珍型颗粒夹带模拟器（Tsai，Lick，1986）。

3.6.2.14　仪器的精确度和准确度

表3.9列出了用于部署后立即监控的一些仪器的精确度和准确度。表3.10列出了用于后续长期海洋学监控的更加复杂的仪器。

表 3.9 用于部署后立即评估的仪器的精确度和准确度

协议	参数	方法	单位/范围	精确度	准确度	校准
基准(BM)位置	时间延迟(TD)	罗兰海图	μS，±50	±0.1μS，	±0.1μS，	制造商标准
	纬度/经度	GPS或 从罗兰海图转换	°，min，0.01	±0.1 min	±0.1 min	制造商标准，罗兰海图是从时间延迟计算而得
水体描述	表面和底部温度	温度计，-5.0~45℃	℃	±1.0℃	±0.5℃	以NBS认证的温度计
	温跃层深度	测深仪和温度计	m,℃	±0.6	±0.6	以已知的基准上的深度或以水下计算机
	盐度	比重计	千分率	±1.0	±0.82	认证的盐度比重计组合
	盐度	折射计	千分率	±1.0	±1.0	制造商标准
	表面和底部的可见性	直径为20cm的透明度测定板，白色和黑色	m	±1.0	±1.0	标准玻璃纤维水平测杆
	水流方向(至)	磁性充油指南针	方向(至)度数	±2.5	±2.5	制造商标准
底部描述	沉积物深度	玻璃纤维杆刺探沉积物	透入基岩的米数	±0.03	±0.08	标准玻璃纤维水平测杆
	筛选和称重的沉积物样本	用于抽取50g样本的取芯器。筛网尺寸6，20，40，100，称盘	以g为称量单位的筛分粒级	±0.25g	±0.5g	NBS筛选标准和校准的试验标度
	底部深度	充油测深仪或水下计算机	m	±0.6	±0.6	以海滩标记上的已知深度或按照水下计算机
	波纹标记	可视化备注和跨越脊线的指南针方向	指南针上的度数	±2.5°	±2.5°	制造商标准
鱼礁单元、鱼礁组或鱼礁群	建造材料选择（水泥、塑料、钢材等）	视觉评估——计数、测量和/或照片	材料类型、鱼礁单元数量、鱼礁单元尺寸	不适用	不适用	不适用
安置描述	部署地图(单个鱼礁单元)	视觉描述——照片、尺寸、主要尺寸的定向	材料类型——以英尺为单位的长度、宽度和高度，度数、磁力长度	不适用	不适用	不适用
	部署地图(多个鱼礁单元)，鱼礁组或鱼礁群	在6个方向距离基准50m在安置边缘之外的测量数值	以m为单位的长度和距离基准的指南针度数	±3m ±2.5°	±5m ±2.5°	标准玻璃纤维测量胶带和充油潜水者指南针
	安置日期和时间	观察者记录日期和当地时间	年份、月份和日期、当地时间	不适用	不适用	不适用

续表

协议	参数	方法	单位/范围	精确度	准确度	校准
	轮廓	到底部的测量深度和鱼礁单元、鱼礁组的最高点；测深仪或水下计算机	到底部的米数；到所观察最高点的米数	± 0.6	± 0.6	以已知的基准上的深度或者按照水下计算机
	材料条件（破损情况）	视觉检查	客观备注	不适用	不适用	不适用
生物学描述	自然生命态底部	视觉检查和照片	物种列表或样本	不适用	重复物/再占同样站点	重复物/再占同样站点
	鱼礁材料（有任何之前的污垢吗?）	视觉检查和照片	物种列表或样本	不适用	重复物/再占同样站点	重复物/再占同样站点
	鱼类	视觉检查和照片	物种列表或计数	不适用	重复物/再占同样站点	重复物/再占同样站点

表 3.10 所选用于长期海洋学监控的仪器的精确度和准确度

参数	方法/范围	单位	敏感性	准确度	校准
温度	温度计，-1.0 ~ 35	℃	0.000 1℃	±0.1	工厂或其他
导电性	流穿2个端末铂电极电解池，0 ~ 6 西门子/仪表	西门子/仪表	5×10^{-5}	0.001	工厂或其他
水流	电磁仪表 -305 ~ 305 cm/s	cm/s	2 cm/s	±3.0	造波水池
水流	ADCP	cm/s	0.1 cm/s	±0.1	造波水池
水位/波浪	转换器 0 ~ 2 psi	psi	0.005	±0.03	工厂
悬浮沉积物	红外线光学后向反射（OBS）0 ~ 500 mg/L	mg/L	1 mg/L	±0.5 mg/L	悬浮固体的原地取样

3.7 实 例

在这一节，我们按照在3.5.1部分呈现的用于获取信息的方法，给出了三种不同类型鱼礁研究的实例。

3.7.1 第一种类型

大多数人工鱼礁的研究都会归在这一类。例如，Lindberg（1996）从1988年起就已经监控了位于墨西哥海湾佛罗里达州大陆架上的萨旺尼地区鱼礁系统(SRRS)的性能，其主要强调点是常规鱼类的计数，偶尔情况下会有对物理变量的快照式测量。Shao 和 Chen (1992)曾花了 4 年多时间监控了在台湾北部的万里乡的 10 m 深水体中的 100 处煤灰人工鱼礁情况，并发现这些人工鱼礁在吸引鱼类和水底生物体的定居方面与附近的混凝土人工鱼礁相比是同样有效的。尽管在所有万里乡诸多地点上的 10 m 深的水体中存在强烈的潮汐性水流(约 1.5 m/s)，但大多数人工鱼礁礁体是稳定的，除非是在台风情况下。Kjeilen 等(1995)曾报道：在北海开展的“ODIN 人工鱼礁项目”将涉及对废弃石油生产平台 ODIN 地点进行的为期 5 年的连续监控，包括以下变量：人工鱼礁的物理同一性、重金属浓度、浮游生物、水下群落、沉积物、鱼类密度和行为。

3.7.2 第二种类型

Lindberg 和 Seaman(1991)从 1989—1990 年监控了墨西哥海湾东部的诸多人工鱼礁，以调查响应于人工鱼礁单元的变化性散布的鱼类丰裕度和多样性。由混凝土管子构建的鱼礁单体，以 6 个鱼礁单体布局的人工鱼礁群投放在 12 m 深 30 km 长的佛罗里达州离岸水体当中。基于潜水者得出的每月鱼计数，他们发现大多数物种(但不是全部)是以更大的丰裕度出现在集群的鱼礁组上。Ozasa 等(1995)监控了在日本的 24 个地点上的波浪条件和鱼类，并建立以下诸多事物之间的相关性：①波浪高度和所附着生物体和生物量；②波浪高度和主导性所附着鱼类物种；③所附着生物体生物量和结构物形状/材料和关于主导性水流/波浪方向；④所附着生物体物种之间的关系。Huang(1994)通过使用试验室试验和理论建模研究了人工鱼礁的冲击负载，该实验设计了一个全尺寸人工鱼礁，并制造了一个长度比例为 1/30 的模型研究表明，鱼礁模型在造波水池内承受最大的冲击速度为 0.78 m/s，完全符合理论性数值，对一个岩石底部的冲击负载被测量大约为鱼礁重量的 9.7 倍，而在一个沙质底部上，则仅为鱼礁重量的 3.7 倍。Kim 等(1995)试验性研究了由于波浪作用在较浅水体中出现的人工鱼礁的当地冲刷和嵌入型沉降，研究表明：当地冲刷取决于鱼礁的形状，因为鱼礁形状会显著影响当地的水流情况。沙质基底和鱼礁底部之间的接触面积是会因在鱼礁下方产生的水流而减少的，而这种面积减少使得鱼礁出现不稳定，并导致鱼礁沉降。

3.7.3 第三种类型研究

我们只有相对少量的第三种类型研究。Tian(1996)在台湾柳楚屿(Lieu - Chu Yu)(音译)离岸区域开展过一次综合性人工鱼礁选址研究，通过对离岸地点调查数据的监控和评估，筛选出 5 处适合的人工鱼礁地点；纳入该研究的信息包括：地形学、地貌学、沉积物特性和海洋状态；所用仪器包括旁侧扫描声呐、回声测深器、全球定位系统(GPS)、重力取样、声学多普勒海流剖面仪(ADCP)、遥控潜水器(ROV)以及岩土力学测试装置。为了理解物理学、化学和生物学等变量之间的相互关系，Sheng 等(1999)通过收集萨旺尼地区鱼礁的原始数据，系统地开展了一次研究，所测量的变量包括波浪、水流、温度、盐度、悬浮沉积物浓度、紊流、养分浓度、浮游植物、溶解氧、pH、光线衰减、底部沉积物和鱼计数数量，所用仪器包括传统的电磁测流计、压力传感器、光学后向反射(OBS)传感器、紊流微型轮廓仪、水下试验室和用于鱼类监控的水下声学装置。

3.7.4　案例研究

研究目标是确定在鱼礁区长期收集的物理性数据的可行性，分析是否因鱼礁的出现而改变鱼礁附近区域内的水流情况以及如何改变的？研究结果表明，在鱼礁附近潮汐性水流的流速流向发生变化，且在鱼礁上的波浪变化非常显著。然而，关于营养盐和鱼类的同时取样调查的研究尚未开展；因此，关于人工鱼礁对物理过程的变化引起鱼类集聚或产量增加尚未得到有力的支持。本案例将从此方面对人工鱼礁模型进行研究。

3.7.4.1　物理数据长期原地收集的可行性

在1992年2月和3月期间，一次关于物理变量的初步监控计划是在位于佛罗里达州莱维县的萨旺尼地区鱼礁系统南端的一处鱼礁管束区域内开展的。目的是为了检验在鱼礁地点上测量长期原地海洋物理学数据的可行性(和“用户友好性”)。在将仪器包一起放入试验室之后，一个由4位潜水者组成的小组(以一艘小船)在一天之内将这些仪器部署到有关地点，并在2个月后从位于佛罗里达州喜达尔岛(Cedar)西部的这处墨西哥海湾人工鱼礁上取出来。

这个项目的结果是作为一个案例研究在这里进行简要概括的，给读者一个在建立这样一个项目中可能遇到问题和程序的实例(也可以参阅第4章中的关于鱼礁研究的实例)。

两个系泊系统(每个系泊系统均由两个测流计和一个水下压力传感器组成)分别被安置在一个鱼礁块体的靠岸(东北)一侧和离岸(西南)一侧。两个系泊系统之间的距离为9.3 m(大约为30 ft)。水深为14 m(大约为45 ft)。底部测流计和压力传感器(SEADATA/PACER 635－12方向性波浪－潮汐传感器)在离岸站点位于底部上方1.05 m，在靠岸站点位于底部上方1.1 m。表面测流计(ENDECO 174固体状态测流计)在底部上方9.8 m。数据收集从1992年2月3日开始，而且持续了45 d。ENDECO仪表提供了15 min平均水流情况，而SEADATA传感器提供了：每2 h的平均潮汐数据、每6 h的关于水下压力的17 min“突发”数据(1 Hz为频率)以及每2 h的水流和瞬时水流读数。有关结果的一个取样见以下内容。

3.7.4.1.1　表面和底部水流

在靠岸站点和离岸站点的表面水流实际上是相同的。图3.10A展示了靠岸－离岸水流(u)的情况，而图3.10B展示了沿海岸的水流(v)的情况。每个图的上部版块都展示了15 min的时间序列平均水流，包括了风和潮汐的影响。每个图的第二个版块是在应用低通量三阶巴特沃思滤波器(相对于在版块1中的水流数据而言带有2 d截止频率)之后的剩余水流，因此能够代表风驱动的水流。第三个版块是潮汐性水流，这种水流是通过将第一个版块减去第二个版块得到的。第四个版块展示了能量频谱。

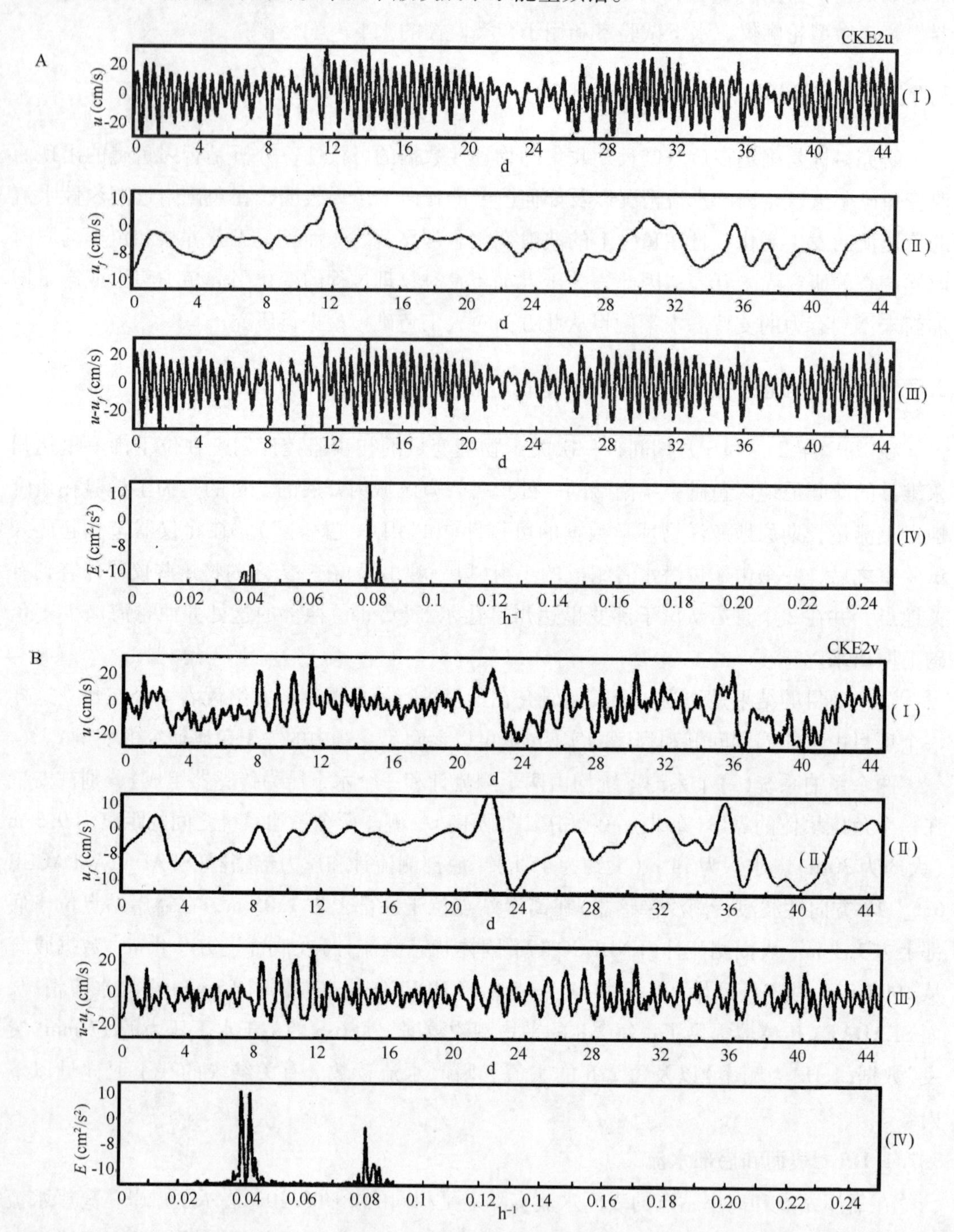

图3.10 A. 1992年2月和3月的一个为期45 d的时间段内在靠岸站点(cke2*u*)测量的靠近表面的水流；B. 在1992年2月和3月的一个为期45 d的时间段内在靠岸站点(cke2*v*)测量的沿着海岸的靠近表面的水流

很明显，靠岸－离岸水流主要是由与风相对的潮汐(仅半日潮汐)驱动的，而沿海岸的水流是由潮汐(全日潮和半日潮)和风的混合物驱动的。

底部水流受鱼礁在场的影响，因为存在鱼礁块体的附近区域(在2.5 m范围之内)。底部水流与表面水流相比是更加弱的。同样地，u 速度主要是潮汐驱动，而 v 速度是由潮汐和风驱动的。然而，在与表面水流相比之时，全日潮的影响是显著被降低的。在离岸一侧的底部水流与靠岸一侧的底部水流是相当不同的，因为在靠岸一侧全日潮信号是被耗散掉的。

3.7.4.1.2　潮汐和风波浪

在靠岸和离岸站点上测量的潮汐基本上是相同的，并展示了一个全日潮汐和半日潮成分的混合物，在大潮汐期间，最高的潮汐范围大约为1.3 m(约4 ft)。

因为风主要是沿着海岸方向，在两个站点上，风波浪是非常相似的，微小的差异仅仅表现在方向上。显著的波浪高度几乎可以达到2 m，而且波浪周期在冷海峰通过期间可以达到11.5 s。

3.7.4.1.3　底部沉积物

在大约海洋底部上方5 cm处的两个样本由潜水者在两个靠近人工鱼礁的仪器位置中每一个位置以手工抽取，总计为4个样本，每个样本重量约为1 kg。

样本是在50℃环境干燥48 h以上。然后，这些样本会被分解为约75 g，用于通过每个都有6筛网的两个堆栈进行筛选，即总计12个不同尺寸的网眼。每个堆栈会由泰勒筛网机器摇动15 min。未被使用的样本部分是被储存的。在对所有筛网的内含物和最后称盘进行称重后，通过第10号筛网的样本的那些部分材料会被重新组合、混合，并分解成一个2～5 g的样本，用于碳酸盐分析。对结果性样本进行称重，然后再被浸入0.5标准盐酸溶液，并周期性搅动，直到不再能看见气泡。然后以蒸馏水清洗该样本，在50℃环境中干燥24 h以上，最后再对其称重。碳酸盐百分比是使用样本的起初重量和最终重量进行计算的，假定了所有质量损失都是移除所有碳酸盐的结果，而且未能通过第10号筛网的部分是纯粹的碳酸盐(这个部分是由需要更长时间才能在酸液中溶解的大贝壳组分组成的)。

分析的结果在4个样本当中只展示了微乎其微的变化。关于一个样本的结果是在表3.11当中概括的，该表说明了组织试验性数据的标准方法。

表 3.11　用于沉积物数据筛选分析的代表性格式

日期：05/11/92	制表人：G. C. C.
土壤样本：	西部袋子 2 土壤样本重量
位置：	喜达尔(Cedar)岛
收集日期：	03/26/92
干燥土壤的重量：72.1 g	测试后干燥土壤的重量：72.0 g

筛网编号 美国标准	筛网开孔 (mm)	土壤重量 (g)	%	%	百分比 (精细化的)
10	2.00	0.6	0.83	0.83	99.17
20	0.850	3.0	4.17	5.00	95.00
30	0.595	5.7	7.92	12.92	87.08
40	0.42	19.8	27.5	40.42	59.58
50	0.297	26.7	137.08	77.50	22.50
60	0.246	6.95	9.65	87.15	12.85
70	0.210	4.3	5.97	93.12	6.88
80	0.177	3.1	4.30	97.42	2.58
100	0.149	1.3	1.81	99.23	0.77
120	0.125	0.3	0.42	99.65	0.35
140	0.105	0.1	0.14	99.79	0.21
160	0.096	0.05	0.07	99.86	0.14
称盘		0.1	0.14	100.0	
		总计		100.0	

注：碳酸盐含量：5.23%。

3.7.4.1.4　案例研究概括

值得注意的是：在鱼礁的两个地点上收集的水流数据表明鱼礁对当地环流有重大影响。悬浮沉积物的浓度和紊流并没有在这个试点研究中进行测量，但是在更加严格的项目中会是重要因素。案例研究是在冬季期间发生的，此时在东部墨西哥海湾里的锋面系统对海岸环流施加了显著的影响，因此，水柱层一般是混合良好的。在夏季期间，可以预期垂直分层会是更加显著的，因为存在对水柱层的加热作用。在同样鱼礁地点开展的后续测量在夏季环流和冬季环流之间可能会表现出显著差异。

对在案例研究期间获得的数据可以进行进一步的分析，以提供关于在案例研究期间作用于鱼礁结构的作用力的预估数值。如果有更多的数据，则可以进行统计分析，以提供关于在一个 10 年一遇或 100 年一遇的风暴期间预期会出现的水动力的预估数值。

波浪数据也是在鱼礁地点上获得的。尽管波浪在振幅上一般是低于 50 cm 的，在三个海锋通过期间，波浪在振幅上可以几乎达到 2 m，而在周期上可以几乎达到 10 s。这样的波浪能够到达底部，并影响底部水流和沉积物的再悬浮和传输。

在鱼礁地点的视觉观察表明：鱼礁看起来在物理方面是功能良好的(在部署 9 年之

后)，只有微乎其微的沉降或移动，并没有受到监控活动的影响。没有收集能促进实现对环流和鱼类集聚之间直接相关性分析的鱼类数量的数据。

成功的案例研究表明：以合理成本就在前述诸节讨论的各种水平目的在鱼礁地点开展长期原地物理监控是可行的。人们已经在萨旺尼鱼礁上开展了包括物理变量、化学变量和生物学变量同时取样的一项研究(Sheng et al，1999)。

3.8　未来发展趋势和方向

3.8.1　综合性地区人工鱼礁数据库开发

与全世界范围出现的人工鱼礁的增长相一致，考虑开发用于未来选址研究、鱼礁效益评估研究、假设检验和进一步分析的一个综合性地区鱼礁数据库是有用的。一个地理信息系统(GIS)可以用于帮助开发包括以下信息的地区鱼礁数据库：几何形状、水深测量、波浪、水流、风、潮汐、底部沉积物、养分和鱼类物种。来自未来监控研究的数据可以持续被输入到该数据库。地区性环流和波浪的数值模型也应该建立起来，以提供用于未来的快速预测。

3.8.2　现场试验和室内试验

需要对现场试验和室内试验进行设计，以此检验诸多假设，并加强我们对鱼礁性能的理解。需要做进一步研究的领域就是将石油平台作为人工鱼礁使用的领域(如 Kjeilen et al，1995)。尽管在墨西哥海湾和北海，石油平台已经作为实际上的鱼类吸引装置和用于植物、无脊椎动物和鱼类定植的地点而起作用，作为人工鱼礁但利用废弃的石油平台建设人工鱼礁尚需进一步的研究，尤其是在结构和材料的稳定性、鱼礁冲刷与被掩埋和环境影响等方面。

室内试验能实现诸多变量的简易控制，而且在确定物理的、化学的和生物学的变量之间的相互关系方面是非常有用的。虽然室内试验不能准确地模拟现场条件但室内试验仍会继续得到使用。因此，对室内试验的结果，我们必须细化分析，特别是在鱼类也被用于试验当中时。通过调整无量纲数(如雷诺数、库雷根 - 卡朋特数和弗劳德数)，确保试验模型和原型之间的有效模拟。

3.8.3　人工鱼礁技术开发指南

随着人们在人工鱼礁等方面的关注和投资的逐渐增加，目前开发人工鱼礁技术指南是海洋渔业发展趋势。在图 3.11 中，我们展示了一幅关于人工鱼礁技术开发和维护的流程图。

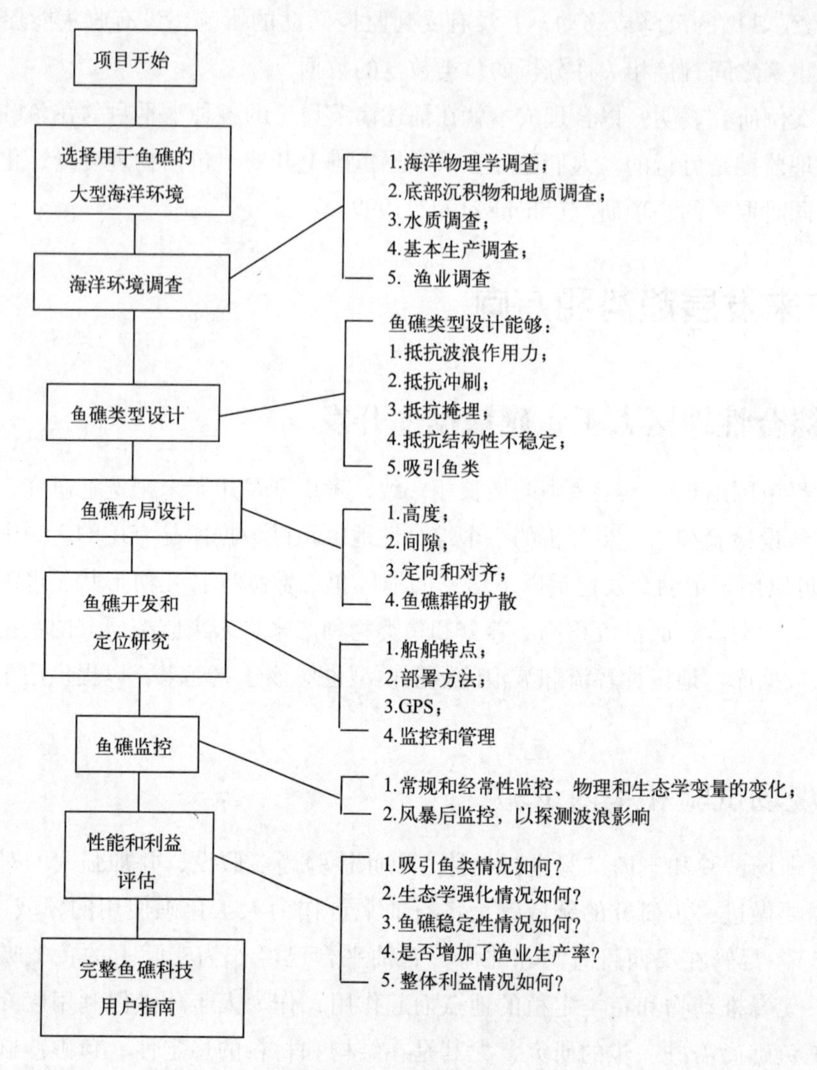

图3.11 开发人工渔业鱼礁技术指南的流程图[根据Huang(1994)修改]

3.9 致 谢

非常感谢W. – M. Tian、C. C. Huang和K. – T. 提供有用的参考文献，感谢Bill Seaman审阅本章诸多版本的手稿，感谢Margaret Miller审阅本章的初级版本，感谢Cynthia Vey输入有关手稿，感谢佛罗里达州海洋援助学院项目提供经济支持(美国商务部NOAA援助编号NA36 RG – 007，用于更早期鱼礁监控研究，正是该研究开启了我涉足人工鱼礁的愉快之旅)。

参考文献

Agrawal Y C, H C Pottsmith, J Lynch, J Irish. 1996. Laser instruments for particle size and settling velocity measurements in the coastal zone. Proceedings, Ocecms '96 1 - 8.

Baynes T, A Szmant. 1989. Effect of current on the sessile benthic community structure of an artificial reef. Bulletin of Marine Science, 44(2): 545 - 566.

Blake G R, K H Hartge. 1996. Physical and mineralogical methods. Pages 363 - 375. In: Methods of Soil Analysis. Soil Science of America, Madison, WI.

Bortone S A, J J Kimmel. 1991. Environmental assessment and monitoring of artificial reefs. //W. Seaman and L. M. Sprague, eds. Artificial Habitats for Marine and Freshwater Fisheries. Academic Press, San Diego: 177 - 236.

Bruno M S. 1993. Laboratory testing of an artificial reef erosion control device. Coastal Zone '93. Proceedings, Symposium on Coastal and Ocean Management 2: 2147 - 2154. American Society of Civil Engineers, New York.

Bulloch D K. 1991. The American Littoral Society Handbook for the Marine Naturalist. Walker Publishing, New York. 165 pp.

Burge J W. Jr. 1988. Basic Underwater Cave Surveying. The Cave Diving Section of the National Speleological Society. Inc. Branford, FL.

Cheng R T, J V V Gartner, R E Smith. 1997. Bottom boundary layers in San Francisco Bay, California. Journal of Coastal Research SI25: 49 - 62.

Dean R G, R Chen, A E Browder. 1997. Full scale monitoring study of a submerged breakwater, Palm Beach, Florida. Coastal Engineering, 29(3 - 4): 291 - 315.

Dill R F. 1965. A diver-held vane-shear apparatus. Marine Geology, 3: 323 - 327.

Eadie R W, J B Herbich. 1987. Scour about a single cylindrical pile due to combined random waves and a current. //Proceedings, 20th International Conference on Coastal Engineering. American Society of Civil Engineers, New York: 1858 - 1870.

Fan K L. 1984. The branch of Kuroshio in the Taiwan Strait. //T lchiye, ed. Ocean Dynamics of the Japan and East China Sea. Elsevier Oceanography Series, Elsevier, New York: 77 - 82.

Grove R S, C J Sonu, M Nakamura. 1991. Design and engineering of manufactured habitats for fisheries enhancement. //W Seaman, Jr, L M Sprague. eds. Artificial Habitats for Marine and Freshwater Fisheries. Academic Press, San Diego: 109 - 152.

Halusky J G. 1991. Artificial Reef Research Diver's Handbook. Technical Paper TP - 63, Florida Sea Grant College Program, Gainesville. 198 pp.

Helvey M, R W Smith. 1985. Influence of habitat structure on the fish assemblages associated with two cooling-water intake structures in southern California. Bulletin of Marine Science, 37: 189 - 199.

Huang C C. 1994. The study of the impact load of artificial reefs during placement. //Proceedings, 16th Conference on Ocean Engineering, Taiwan: D67 - 78.

Hubert J M, R M Brooks. 1989. Gulf of Mexico hindcast wave information. Wave Information Studies on U. S. Coastlines Report 18, Waterways Experiment Station, U. S Army.

lchiye T, ed. 1984. Ocean Dynamics of the Japan and East China Sea. Elsevier Oceanography Series. Elsevier, New York. 423 pp.

Japan Coastal Fisheries Promotion Association (Zenkoku Engan - Gyogyo Shinko - Kaihatsu Kyokai [in Japanese]) (JCFPA). 1984. Coastal Fisheries Development Program structural design guide (Engan - Gyojo Seibi - Kaihatsu - Jigyo Kozobulsu Sekkei - Shishin). (in Japanese.)

Japan Coastal Fisheries Promotion Association (Zenkoku Engan - Gyogyo Shinko - Kaihatsu Kyokai[in Japanese]) (JCFPA). 1986. Artificial reef fishing grounds construction planning guide (Jinko - Gyosho - Gyojo Zosei Keikaku - Shishin). (In Japanese.)

Japan Coastal Fisheries Promotion Association (Zenkoku Engan - Gyogyo Shinko - Kaihatsu Kyokai [in Japanese]) (JCFPA). 1989. Design examples for Coastal Fisheries Development Program structural design guides. (Engan - Gyojo Seibi - Kaihatsu - Jigyo Kozobutsu - Sekkei Keisan - Rei - Shu). 398 pp. (In Japanese.)

Jones C P. 1980, Engineering aspects of artificial reef failures. Notes for Florida Sea Grant's artificial reef research diver training program. NEM AP Fact Sheet 5, Florida Cooperative Extension Service, Gainesville.

Jones C P. 1991. Oceanographic data collection and reef mapping. //J G Halusky, ed. Artificial Reef Research Diver's Handbook. Technical Paper TP - 63, Florida Sea Grant College Program, Gainesville: 19 - 28.

Kim J Q, N Mitzutani, K lwata. 1995. Experimental study on the local scour and embedment of fish reef by wave action in shallow water depth. //Proceedings, International Conference on Ecological System Enhancement Technology for Aquatic Environments. Japan International Marine Science and Technology Federation, Tokyo: 168 - 173.

Kim T I, C K Sollitt, D R Hancock. 1981. Wave forces on submerged artificial reefs fabricated from scrap tires. A final report to The Port of Umpqua Commission and Sea Grant, Report No. RESU - T - 81 - 003, Civil Engineering Department, Oregon State University, Corvallis.

Kjeilen G, J P Aabel, M Baine, G Picken. 1995. Platforms as artificial reefs—advantages and disadvantages, a case study. //Proceedings, International Conference on Ecological System Enhancement Technology for Aquatic Environments. Japan International Marine Science and Technology Federation, Tokyo: 513 - 518.

Kuo S, T Hsu, K Shao. 1995. Experiences of coal ash artificial reefs in Taiwan. Chemistry and Ecology, 10: 233 - 247.

Lamb T W, R W Whitman. 1969. Soil Mechanics. John Wiley & Sons, New York. 533 pp.

Lee T N, J D Wang, J A Loienzzetti. 1988. Two-layer model of summer circulation on the southeast U. S. Continental Shelf. Journal of Physical Oceanography, 18: 591 - 608.

Leung A W Y, K F Leung, K Y Lam, B Morton. 1995. The deployment of an experimental artificial reef in Hong Kong: objectives and initial results. // Proceedings, International Conference on Ecological System Enhancement Technology for Aquatic Environments. Japan International Marine Science and Technology Federation, Tokyo: 131 - 140.

Lindberg W J. 1996. Fundamental design parameters for artificial reefs: interaction of patch reef spacing and size. Final Report submitted to Florida Department of Environmental Protection, Department of Fisheries and Aquatic Sciences, University of Florida, Gainesville.

Lindberg W J, W Seaman, Jr. 1991. Design of habitat size and spacing, with special reference to ecological factors. Pages 189 - 193. In: Proceedings, Japan - U. S. Symposium on Artificial Habitats for Fisheries. Southern California Edison Co. , Rosemead, CA.

Lindquist D, L Pietrafesa. 1989. Current vortices and fish aggregations: the current field and associated fishes around a tugboat wreck in Onslow Bay, North Carolina. Bulletin of Marine Science, 44(2): 533 - 544.

Miller J W. 1979. NOAA Diving Manual. 2nd ed. Stock No. 003 - 017 - 00468 - 6, NOAA, Suppl. of Documents, U. S. Department of Commerce, Washington, D C.

Mitchum G T, W. Sturges. 1982. Wind-driven currents on the west Florida shelf. Journal of Physical Oceanography, 12: 1310 - 1317.

Morison J R, M P O'Brien, J W Johnson, S A Schaaf. 1950. The force exerted by surface waves on piles. Petroleum Transactions. American Institute of Mining, Metallurgical, and Petroleum Engineers. Page 189.

Myatt D O, E N Myatt, W K Figley. 1989. New Jersey tire reef stability study. Bulletin of Marine Science, 44(2): 807 - 817.

Nakamura M, ed. 1980. Fisheries Engineering Handbook (Suisan Doboku). Fisheries Engineering Research Subcommittee, Japan Society of Agricultural Engineering, Tokyo. (In Japanese.)

Nakamura M. 1985. Evolution of artificial fishing reef concepts in Japan. Bulletin of Marine Science, 37: 271 - 278.

Nakamura M, M Uuekita, T lino. 1975. Study on the landing impact of a free-falling object in the ocean. Proceedings, 22nd Annual Japanese Coastal Engineering Conference. (In Japanese.)

Nitani H. 1972. Beginning of the Kuroshio. //H Stommel, K Yoshida, eds. Kuroshio, Physical Aspects of the Japan Current. University of Washington Press, Seattle: 129 - 163.

Otake S, H Imamura, H Yamamoto, K Kondou. 1991. Physical and biological conditions around an artificial upwelling structure. //Proceedings, Japan - U. S. Symposium on Artificial Habitats for Fisheries. Southern California Edison Co. , Rosemead, CA: 299 - 310.

Ozasa, H K Nakase, A Watanuki, H Yamamoto. 1995. Structures accommodating to marine organisms. //Proceedings, International Conference on Ecological System Enhancement Technol-ogy for Aquatic Environments. Japan International Marine Science and Technology Federation, Tokyo: 406 - 411.

Parsons T, Y Maita, C Lalli. 1984. A Manual of Chemical and Biological Methods for Seawater Analysis. Pergamon Press, New York.

Poulos H G. 1988. Marine Geotechnics. The Academic Division of Unwin Flyman, Ltd. , Allen & Unwin, London. 473 pp.

Richards A F. 1967. Marine Geotechnique. University of Illinois Press, Champaign.

Rocker K, Jr. 1985. Handbook of Marine Geotechnical Engineering. Naval Civil Engineering Laboratory, Port Hueneme, CA. 257 pp.

Sarpkaya T. 1976. Vortex shedding and resistance in harmonic flow about smooth and rough cylinders at high Reynolds numbers. Report No. NPS – 59 SL76021, U. S. Naval Post Graduate School, Monterey, CA.

Sarpkaya T, M Isaacson. 1981. Mechanics of Wave Forces on Offshore Structures. Van Nostrand Reinhold, New York.

Seaman W, Jr, L M Sprague, eds. 1991. Artificial Habitats for Marine and Freshwater Fisheries. Academic Press, San Diego. 285 pp.

Seaman W, Jr, J G Halusky, D W Pybas, B Strawbridge. 1991. Enhanced artificial reef database for Florida: Ⅰ. State-level reef database demonstration and Ⅱ. Enhancement and validation of local reef assessment techniques. Sport Fishing Institute, Artificial Reef Development Center, Washington, D. C.

Shao K, L Chen. 1992. Evaluating the effectiveness of the coal ash artificial reefs at Wan – Li, Northern Taiwan. Journal of the Fisheries Society of Taiwan, 19(4): 239 – 250.

Sheng Y P. 1989. Consideration of flow in rotating annuli for sediment erosion and deposition studies. Journal of Coastal Research SI5: 207 – 216.

Sheng Y P. 1993. Hydrodynamics, sediment transport and their effects on phosphorus dynamics in Lake Okeechobee. //A J Mehta, ed. Nearsliore and Estuarine Fine Sediment Transport. American Geophysical Union, Washington, D. C: 558 – 571.

Sheng Y P. 1998. Pollutant load reduction models for estuaries. //M Spaulding, ed. Estuarine and Coastal Modeling. American Society of Civil Engineers. New York: 1 – 15.

Sheng Y P. 1999. Effects of hydrodynamic processes on phosphorus distribution in aquatic ecosystems. //K R Redely, G A O'Connor, C L Schelske, eds. Phosphorus Biogeocliemistry in Subtropical Ecosystems. Lewis Publishers, Boca Raton, FL: 377 – 402.

Sheng Y P, C Villaret. 1989. Modeling the effect of suspended sediment stratification on bottom exchange processes. Journal of Geophysical Research, 94(C 10): 14429 – 14444.

Sheng Y P, X Chen, K R Redely, M Fisher. 1993. Resuspension of sediments and nutrients in Tampa Bay. Final Report to Florida Sea Grant College Program, Coastal and Oceanographic Engineering Department, University of Florida, Gainesville.

Sheng Y P, E Phlips, P Seidle, J Lee, E Bredsoe, T Groskopf. 1999. Hydrodynamic processes at artificial reefs and effects on plankton and bait fish abundance. Synopsis submitted to Florida Sea Grant College Program, University of Florida, Gainesville.

Simon N S. 1989. Nitrogen cycling between sediment and the shallow-water column in the transition zone of the Potomac River and Estuary, Ⅱ. The role of wind-driven resuspension and adsorbed ammonium. Estuarine, Coastal and Shelf Science, 28: 531 – 547.

Stommel H, K Yoshida, eds. 1972. Kuroshio, Physical Aspects of the Japan Current. University of Washington Press, Seattle. 517 pp.

Strawbridge E W, J Brayton, M Barnes. 1991. Underwater methods for the Scubanauts Not – For – Profit, Inc. Reef Research Team. Jacksonville Scubanauts Inc. Reef Research Team, Jacksonville, FL. 31 pp + 9 app.

Takeuchi T. 1991. Design of artificial reefs in consideration of environmental characteristics. Hokkaido Development

Bureau, Sapporo, Hokkaido, Japan.

Tian W. 1994. Burial mechanism of artificial reefs: a geotechnical point of view. //Proceedings, 16th Conference on Ocean Engineering. Republic of China: D79 – 94.

Tian W. 1996. Investigation and evaluation of artificial reef sites: Lieu – Chu Yu offshore area. //Proceedings, 18th Conference on Ocean Engineering. Republic of China: 878 – 888.

Toda S. 1991. Habitat enhancement in rocky coast by use of circulation flow. //Proceedings, Japan – U. S. Symposium on Artificial Habitats for Fisheries. Southern California Edison Co. , Rosemead, CA: 239 – 247.

Tsai C H, W Lick. 1986. A portable device for measuring sediment resuspension. Journal of Great Lakes Research, 12(4): 314 – 321.

UNESCO. 1972. Underwater Archeology: A Nascent Discipline. United Nations Educational, Scientific and Cultural Organization, Paris. 306 pp.

Wolanski E, W M Hamner. 1988. Topographically controlled fronts in the ocean and their biological in fl uence. Science 241: 177 – 181.

第4章

人工鱼礁生产力评价

Margaret W. Miller, Annalisa Falace

4.1 概　述

本章描述了基本营养资源的功能和评估，包括人工鱼礁生态系统内的养分、初级生产、较低水平的次级生产以及有关集聚物。4.2 节阐明了有关目标和本章所用的一些术语的特定定义。4.3 节给出了自然和人工鱼礁生态系统营养动力学的功能生态和生物地理格局的背景资料。4.4 节和4.5 节说明了评估人工鱼礁上养分、初级生产和水底集聚物的一般性指南和特殊方法。本章最后为对以往研究进行的概括和就生态系统功能对人工鱼礁评估方面未来需求的讨论。

4.2 引　言

养分和初级生产机制很少会被囊括进人工鱼礁监控项目当中，因为它们相比于大多数鱼礁建造者一般所能获得的机制往往需要更加技术性的培训和更加昂贵的设备。然而，这些因素是生态系统功能的重要方面，而且应该在未来予以考虑。在一个项目的选址阶段收集养分和初级生产数据对确保有关地点在特定人工鱼礁项目达到成功准则方面的合适性而言特别重要。人工鱼礁目标的两个主要类别为：渔业生产的强化和环境问题缓解（即建造生境，以补偿对自然生态系统的人为损失和破坏）。在后一种情况下，自然鱼礁功能的复制应该成为一个明确的目标。在前一种情况下，人工鱼礁性能是从鱼类生产和基于鱼礁的食物供应（在许多情形下）角度进行考虑的，因为鱼类（Ambrose，Swarbrick，1989；Hueckel，Buckley，1989；Carr，Hixon，1997）是渔业生产的首要决定因素。

4.2.1　目　标

本章的目标是介绍：①养分和初级生产的概念，背景为其如何改善鱼礁营养结构和人工鱼礁的性能；②用于评估人工鱼礁的养分状态、初级生产和有关固着水下群落的取样和分析方法。第一个目标在很大程度上是通过考虑在自然和人工鱼礁(扩展性)上的营养动力学来实现的，包括营养和初级生产机制当中的地理模式。然后，本章提供了一个用于确定较低水平鱼礁营养网络评估的类型和方法的框架，包括无机养分、水下初级生产、水层初级生产的指标和滤食性水下无脊椎动物(较低水平的次级生产者)。这种材料和生物体的复合体形成了人工鱼礁食物网的基础(见图 4.1)，并构成了人工鱼礁性能的首要决定因素。

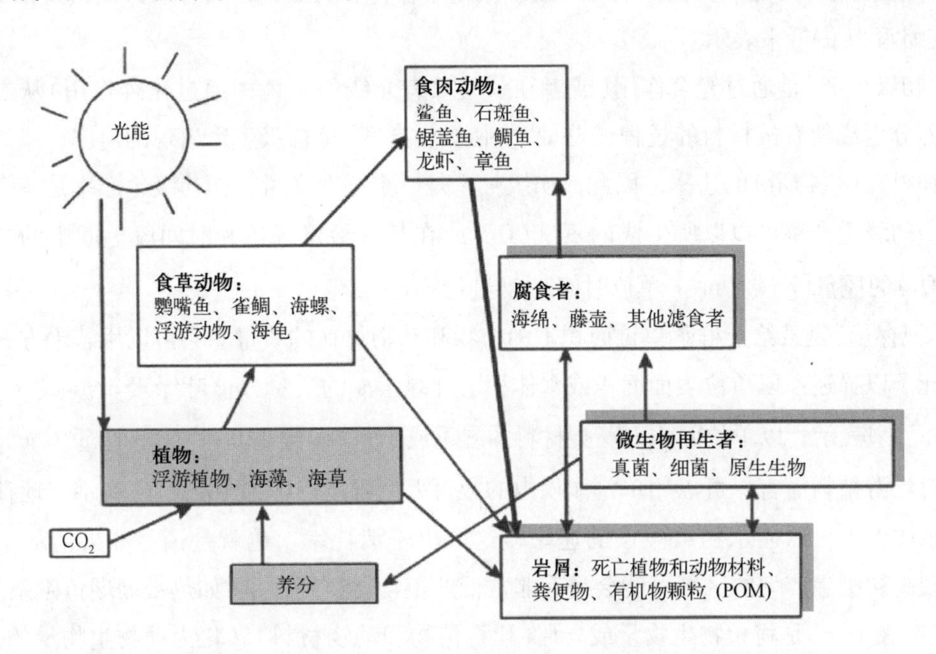

图 4.1　通用化海洋食物网。阴影框表示初级营养水平，是本章中所讨论大多数评估方法的目标水平。投影框表示与特定较低水平次级生产有关的分区[如由固着滤食性("沉积污染")无脊椎动物构成的]，对这些分区而言，类似评估方法也是合适的。请注意所有这些分区可能会有水下成分和浮游生物成分，如，可能存在消耗底栖碎屑颗粒的食碎屑动物(如等足类动物)及消耗悬浮微粒状岩屑的滤食动物

尽管本章的重心是人工鱼礁评估，但大多数方法和生态学背景源于自然鱼礁和硬质底部群落，因此也适用于自然鱼礁和硬质底部群落。关于本章诸多主题的更多背景资料，有用的参考文献包括 Riley 和 Chester(1971)；Levinton(1982)；Nybakken(1982)；Parsons 等(1984a)以及 Valiela(1995)。

4.2.2　定　义

正如 Bohnsack 和 Sutherland(1985)指出的，对有关人工鱼礁"生产率"的术语的不精确使用会在人工鱼礁文献当中产生许多混淆。我们提供以下定义的目的就是为了最小化这种混淆。

术语"养分"一般是指元素氮(N)、磷(P)和硅(Si)的形态，这些都是植物在光合作用

过程中构成基本生物分子如蛋白质、核酸、脂肪、结构材料等所必需的，植物会将这些无机养分和来自大气当中二氧化碳的碳元素(C)组合起来，进而生成复杂的动物能用作能量来源(即食物)的有机材料。在水生环境中，养分能以溶解的和颗粒的形式出现；任一种元素可以是无机态(和氮元素有关的硝酸盐、亚硝酸盐和氨；和磷元素有关的正磷酸盐)或有机态(如氨基酸和磷脂)。养分浓度一般以质量单位体积(mg/L，或者以人们偏好的 μmol/L，其缩写为 μM)来表示。

"初级生产"是通过光合作用(或者在一些没有光线的生境中通过化合作用)从二氧化碳和养分生成的有机材料的过程或总量。"初级生产率"是初级生产出现的速率，或者生产新植物材料(生物量)的速率。因此，初级生产是一个绝对变量，而初级生产率是一个相对变量。初级生产率可以以所生成的氧气(O_2)或在某一给定区域和时间段上固定的二氧化碳(CO_2)的质量[g 碳/(m^2 · 单位时间)]来进行测量。

"现存量"是某给定群落单位面积上的植物和动物材料的质量。它可以用若干方式和若干单元予以描述：以单位表面面积或水体积上叶绿素 a 的质量(mg 叶绿素 a/m^2或 mg 叶绿素 a/m^3)来表示；以单位面积上藻类材料的湿重或干重[g(湿重)/m^2 或 g(干重)/m^2]来表示；对浮游植物而言，可以用单位体积内的数百万个细胞(10^6细胞/m^3)来表示。现存量可以表示或者不可以表示初级生产的速率，这取决于消耗率。也就是说：如果消耗率一样高，较高初级生产率的区域可能会只有非常低的植物材料现存量(如热带珊瑚鱼礁系统)。

"次级生产"是将植物生物量或岩屑(死亡植物和动物材料)转化为动物生物量的过程，而"次级生产率"是这个过程发生的速率。在大多数水下食物网内存在诸多次级生产水平(图 4.1)。例如，海藻草皮会被转化为食草动物(如密斯拉克斯螃蟹)生物量；密斯拉克斯螃蟹然后又被大型濑鱼吞食掉，进而转化为鱼类生物量；濑鱼可能会被一条食鱼的鱼(如石斑鱼)吞食掉；而石斑鱼可能会被鲨鱼吞食掉。这种次级生产的速率，往往就是次级生产的更高水平(如石斑鱼)，即人工鱼礁文献中使用的术语"生产率"所表达的意思。

"附着生物群落"是指能够附着并在硬质结构物(船舶船体、桩基、岩石鱼礁等)上生长的生物体(包括海藻、固着无脊椎动物和微生物)。大型无脊椎动物成分往往以休戚相关的定植滤食动物如藤壶、双贝壳动物、海鞘、水螅和海绵等为主导。

营养动力学用于描述食物网、觅食战略和生态系统内能量转移的分析过程。

4.3 初级生产和鱼礁的有关成分

人们已经知道光线、养分和物理基底都是海洋系统中初级生产的重要决定因素。然而，如果人工鱼礁的目的是增加捕食者鱼类的渔获量，那么为什么评估与人工鱼礁的初级生产和水下群落有关的因素很重要呢？

4.3.1　鱼礁营养动力学——为什么养分和初级生产很重要？

对人工鱼礁实际上是否有助于目标鱼类存量的新生产仍然存在争议(Bohnsack，1989；Bohnsack et al，1997)。两个机制是最为经常引用的，正是通过这两种机制，人工鱼礁实现了增加渔业生产的目标：①如果遮蔽物限制了鱼类生产，由鱼礁提供的额外的遮蔽物可以使得海岸区域的更多资源流入鱼类生物量。这种机制强化鱼类生产的程度将受限于能够从基底和人工鱼礁周围水域内获得的饲料粮。②如果食物限制了鱼类生产，由人工鱼礁培育的新初级生产和附着的水下次级生产(固着滤食无脊椎动物，Fang，1992)将会支持一个新食物网，该网络的一部分会以鱼类生物量为终点。明显的是如果为相关区域鱼类种群数量的限制因素，这些因素仅仅会增加渔业生产。例如，如果为了补充鱼礁渔业存量的幼体供应具有限制性(归因于水动力学因素或其他因素)，则生境结构物和人工鱼礁可能强化了的初级生产都不大可能改进渔业生产。

生境强化机制和初级生产率强化机制并非是互相排斥的。实际上，大多数鱼礁可能是以这两种机制的某种组合运作的(Bohnsack et al，1991)。更加有趣的是：有人表示在营养不足的热带珊瑚礁上存在这两种因素之间的相互作用。增加的结构性异质性提供了各种旮旯、裂缝和缝隙，有利于沉积物和有机材料的累积，并被再次矿物质化(Bray，Miller，1985；Szmant - Froelich，1983，1984；Szmant et al，1986)。除了只是为初级生产者提供表面区域之外，这是另外一个机制，通过这种机制在安置人工鱼礁方面得到强化的结构复杂性可以增加营养不足的系统内的生产率。

鱼类是异养生物，因此需要食物能量源维持生命、生长和繁殖。在营养链的某个点上，鱼类是依赖于初级生产者(浮游植物或水下植物)，而这些初级生产者又会依赖于光线和养分(在光合作用过程中会被复杂化)，这些光线和养分是初级生产所需要的。底栖食草动物对鱼礁初级生产的依赖性是直接的。在另一种情况下，支持浮游生物食者鱼类的初级生产在水层中出现，而且可以从遥远的系统借助水流被输入进来。对更高水平的消费者如食鱼动物而言，对初级生产和支持这种生产的光线及养分的依赖性是更加远离和弥散的(可能会包括来自基于鱼礁和远离鱼礁的资源的水下和浮游生物的初级生产)。

在一个成功的人工鱼礁项目的规划过程中(不管是为了渔业强化，还是为了生境缓解问题)，我们都必须郑重考虑将会支持渔业存量的营养资源和/或人工鱼礁系统的生态系统功能。光级度对潜在的初级生产率而言是最重要的。光照不足(归因于较高的浑浊度或过度的水深)会抑制人工鱼礁的初级生产和生态系统功能，例如在地中海(Falace，Bressan，1994)和智利(Jara，Céspedes，1994)。如果某种特定类型鱼类或无脊椎动物已经成为目标物，应确定其食物需求(如果是食肉动物，确定其偏好的猎物的食物需求)。在一些情况下，人们已经证明人工鱼礁能主要通过提供遮蔽物来增加鱼类资源量，而鱼礁食物资源对常栖鱼类而言并不重要(Ecklund，1996)。这些鱼类和游走无脊椎动物可以是浮游生物的觅食者或者在广阔区域上搜寻食物，包括附近的海草或沙质底部生境(Randall，1965；Steimle，Ogren，1982；Frazer，Lindberg，1994；Lindquist et al，1994；Powell，Posey，1995)。

如果这些鱼类的生产是人工鱼礁项目的目标，那么足够大的饲料基地的可用性(包括附近软基底生境的面积与猎物密度)应该是人工鱼礁选址决策当中的一个准则。Bortone 和 Nelson(1995)确实发现了北墨西哥湾一处人工鱼礁上的目标垂钓用鱼类主要是在远离鱼礁的位置搜寻食物，并导致了可获猎物基础的显著消耗。在其他情况下，基于鱼礁的食物资源十分重要(Hueckel，Buckley，1989；Johnson et al，1994；Pike，Lindquist，1994)。在其中任何一种情况下，对鱼礁和附近区域的初级生产率和较低水平次级生产率的评估将会有助于预估支持常栖鱼礁鱼类的次级生产率的可获食物量。

4.3.1.1 管理初级生产

一些研究者曾建议采取进一步管理干涉措施，以此避免产生对人工鱼礁初级生产率和次级生产率的自然限制。Spanier 等(1990)曾在地中海东南部的较低生产率水体中开展研究工作，主要是试验研究，证明了以鱼组织的每周喂食量形式提高鱼礁的补充生产时，人工鱼礁处商品鱼类的资源量不断增加。明显的是：这种方法是靠近一种较低水平水产养殖活动的(有时被称为“海洋牧场”，Spanier，1989)，而且超出了传统人工鱼礁项目的范围。

相反，人工鱼礁可以用于收纳过量的养分，并为基于人工鱼礁新形成的食物链提供食物能量。一些欧洲人工鱼礁项目(Bombace，1989；Bugrov，1994；Laihonen et al，1996)的一个报道目标曾是通过在附近区域安置人工鱼礁利用来自废水或水产养殖的过量养分供应，以使污损生物(包括滤食动物和植物)能够收纳养分和过量的有机物，增加水下初级生产和次级生产，并可能防止与过剩水层产能有关的水质问题。Parchevsky 和 Rabinovich(1995)曾得出这样的计算：在 1 hm^2 人工鱼礁上生长的海草每 6 个月可以从黑海的富营养化水体中移除 0.5 ~ 4 t 的氮和 50 ~ 100 kg 的磷。Fang(1992)还表示：人工鱼礁能够在具有较高的浮游生物生产率的地区通过如下形式增加渔业生产，即实现对由底栖滤食动物产生的生产率的收纳并创建一个“新的”水下食物网以将局部浮游生物生产转入鱼类，而不是使鱼类被平流输送出当地区域之外。

4.3.2 鱼礁生产率和营养动力学的地理模式

就所有植物群落而言，人工鱼礁的初级生产率在很大程度上由两个因素决定：养分和光线(Parsons et al，1984a)。在某种程度上，通过光线和养分机制以及其他地理因素如纬度，可以预测给定鱼礁的主要初级生产者和基于这些生产者的取食网。这种预测有助于将评估工作聚焦于与给定鱼礁的生态学功能和目标有关的鱼礁特点。

对一处人工鱼礁的养分供应是局部水温地理相对于养分来源(沿海径流、离岸上涌和污水排泄)的一个函数。光强度是水深和浑浊度的一个函数。在海岸区域的 30 m 深度下方

(90 ~ 100 ft)部署的人工鱼礁将会支持最少的初级生产(Relini et al，1994；Valiela，1995)，尽管特定光线穿透深度会随着有关地点的浑浊度不同而有所变化(Valiela，1995)。不论多深，照明欠佳的人工鱼礁可能仍然会生成大量的附生滤食性无脊椎动物群落，这种群落能通过集中小颗粒方式以漏斗模式将浮游生物食物资源输送到沉降于鱼礁的鱼类，而大鱼是无法食用小颗粒的。与附生底栖次级生产相比，处于浑浊(养分富集)的入海口和海岸区域的较浅鱼礁可能也会有较低水平的水下初级生产，因为在水层生产率较高的地方，固着无脊椎动物易于胜过海藻。因此，人工鱼礁的水下(和浮游生物的情况相对)初级生产相比于在较浅海岸水体内只有低等到中等养分浓度的食物网具有更大的相对重要性。

海洋食物网可以用以下方式进行分类：①在食物网中，主要食物能量来源是通过光合作用在群落(如珊瑚礁、海草基床和海带林)内产生的底栖植物材料；②在食物网中，初级生产是在水层当中进行的，而水层里有固着滤食性无脊椎动物(附生底栖次级生产)和食浮游生物的鱼类，这些鱼类在游过浮游植物时以之为食物(如桩基群落和较深硬质底部群落)；③在食物网中，基本食物来源是碎屑物质(死亡的植物和动物有机物质)，大多数材料都是从附近群落运来(如能接受陆地、沼泽或红树林碎屑的较深海洋群落和许多入海口和海岸区域)。

在很大程度上，养分的输送、初级生产者的优势种群和基于底栖与浮游生物的食物网的流行情况是可以预测的，但预测是基于水文地理和海洋生产率当中的地理模式(图 4.2)。Birkeland(1988，1997)表示：在热带珊瑚礁(一般仅限于具有较低水层养分浓度的区域)上，初级生产和水下覆盖物是由动物或植物共生物主导的，特别是造礁珊瑚，它们

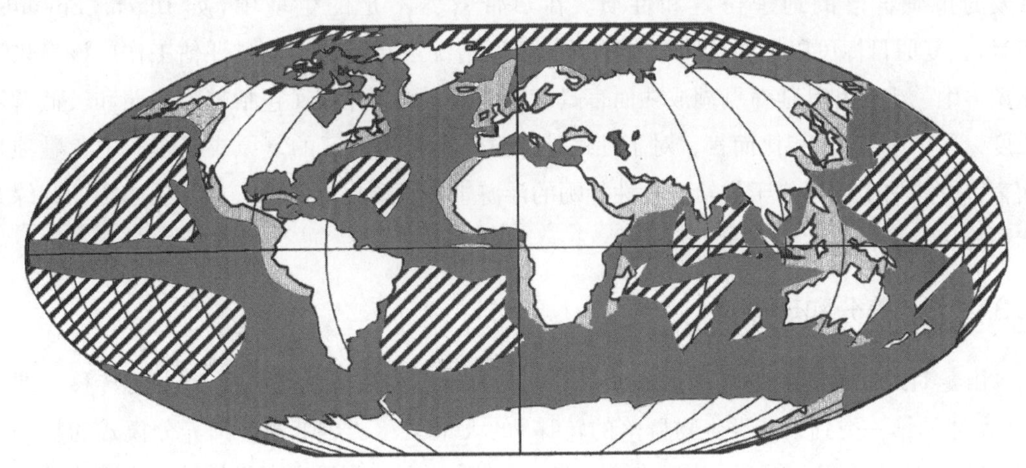

低等生产率(<100 mg $Cm^{-2}d^{-1}$)
中等生产率(100~250 mg $Cm^{-2}d^{-1}$)
高等生产率(>250 mg $Cm^{-2}d^{-1}$)

图 4.2　浮游生物初级生产率的全球模式[根据 Koblentz - Mishke，O. J. 、Volkvinsky，V. V. ，Kabahova，J. G. ，出自 W. S. Wooster 编著的《南太平洋科学探索》(Scientific Exploration of the South Pacific)，第 185 页，1970 年，获得华盛顿哥伦比亚特区国家科学院的许可，进行修改]

是有效的内部养分再循环装置。在具有更高养分装载速率的地理区域内，Birkeland(1988，1997)预测到：初级生产(并因此底栖生物群落覆盖物)将会由底栖大型植物(大多数是海藻)主导。这两种机制都会以基于水下的食物网为特征。在具有非常高的养分装载速率的地理区域(包括许多温带区域)内，较高的水层养分通量会导致高速率的浮游生物初级生产。这种较高的浮游生物初级生产不仅会模糊水下植物的自然光，而且会为滤食性无脊椎动物提供丰富的食物来源。因此，在这些区域内的底栖生物群落一般会有较低的初级生产率和高丰度的滤食性无脊椎动物(如藤壶、双贝壳动物和海绵)。当然，在这些食物网类型之间所有等级都是可以被发现的，特别是在海岸区域，这三种等级可能同时重要。

在建设人工建筑物时，由于处于不同营养环境下的相同模块可能会产生大不相同的群落，从而使生态系统的功能特点不同，根据目标仔细选择地点很重要。在任何给定的地点，藻类区系会受到预先存在的生态条件影响，这些生态条件可以预定由特定物种或群落类型主导的区域。此外，由于基底不稳定等物理限制，我们不可能在任何地方建造人工鱼礁。在这些限制当中，对位于同样地区或深度的自然鱼礁的参考应该成为建造预期在人工鱼礁系统中开发的营养结构物的指南，而且这些预期应该指导所诉求的有关监控或预估计划。

4.3.2.1 选择评估参数

表4.1概括了用于不同鱼礁系统监控的一些通用化营养特点和优先性。例如，如果人工项目的基本目标是复原或缓解自然鱼礁生境的退化，需要评估的合适特点将取决于预期开发的鱼礁群落的地理位置和性质。在热带营养不足的生境中(如Clark，Edwards，1994)，复原目标可以主要按照珊瑚种群的复原情况进行定义，而且评估工作应该聚焦于珊瑚再生、生长和其他对珊瑚成功而言具有重要性的环境特点(包括较高光照和较低营养浓度，见下一节)。相比而言，对于牡蛎礁等温带富营养地区的复原或缓解人工鱼礁项目而言，将评估工作聚焦于供给滤食性牡蛎的浮游生物资源更加重要，如水层当中的叶绿素和颗粒状有机物浓度。

4.3.2.2 养分和珊瑚礁

由于对最近感知到的珊瑚礁系退化(表现为珊瑚为主到大型藻类为主的转移，即表4.1所述的第一类到第二类生物群落的转移)的大量关注，热带珊瑚礁养分模式的特例是值得讨论的[在Miller(1998)当中有进一步的评述]。由一些研究者提供的一个可能的解释(而且由表4.1中通用化特点的有限解读支持)就是：人为养分装载的增加已经使水下大型海藻从养分限制中解放出来，使它们可以快速生长并在竞争中胜出珊瑚(Smith et al，1981；Birkeland，1988；Littler et al，1991；Lapointe，1997)。然而，已经寻求测试这种从减低到较高大型海藻现存存量转变的试验性养分富化研究未能记载这种转变，至少未能同时控制放牧强度(Hatcher，Larkum，1983；Larkum，Koop，1997；Miller et al，1999)。其他研究提供了有力证据：自然和人为放牧机制的减少确实一致性地诱发了这种阶段性转变（如 Lewis，1986；Hughes et al，1987；Hughes 1994；Miller，Hay，1998）。因此，尽管地理模式表明需要较低环境水层浓度来维持健康的珊瑚礁群落（阻止向海草主导型的转变），复杂营养结构的同一性，包括非常高的放牧率，也许是更加重要的（Szmant，1997）。如果位于热带地区的人工鱼礁旨在模拟或强化珊瑚礁，则应该监控养分水平，以确保这些水平不会太高，以致产生很高的浮游生物初级生产和滤食动物主导的水底生物群落。然而，服务于一个能确保高比率和质量放牧的复杂营养结构的管理工作相比于最小的养分浓度对一个珊瑚群落的成功建立可能是同样或者更加重要的。

相比之下，在较高水下生物量对结构复杂性和鱼礁系统（如海带基床）功能的成功是相当重要的温带水体中开展的若干研究已经发现了过度放牧对人工鱼礁上初级生产者的群落发展是不利的，并表明了目的在于降低放牧强度的积极管理工作可能是有利的（Carter et al，1985b；Jara，Céspedes，1994；Falace，Bressan，1997）。因此，在给定地理区域内为一处人工鱼礁预设的营养结构也会影响对在人工鱼礁开发过程中更加广泛的管理方法的考虑（Carter et al，1985b）。

表4.1　用于评价不同人工鱼礁系统的通用化营养特点和建议参考特点

特点	鱼礁群落类型		
	珊瑚主导性鱼礁（营养不足）	植物主导性鱼礁（中度营养）	滤食动物主导性鱼礁（营养富集）
预测地理分布	热带营养不足地区	温带地区	热带或温带海岸地区；往往有强大的陆地影响
主要初级生产者	大型海藻草皮、无脊椎动物或黄藻共生生物（如造礁珊瑚*）	水下大型水生植物（如海带和其他大型海草）	浮游植物（注：岩屑资源也是重要的）
主要养分来源	内部循环	平流输送（如上涌）	平流输送（如上涌和/或海岸输入）
主要（较低水平）营养链接	较高多样性： 食草鱼类消耗水下海藻和离礁植物（有时）（如海草）	中度多样性： 一些直接食草鱼类以大型水生植物和附生植物为食物，一些浮游生物食者鱼类	固着无脊椎滤食者以浮游生物资源（生命态浮游生物和岩屑颗粒物）为食物，淤污损无脊椎动物则成为移动的无脊椎动物和极少食草的鱼类的猎物
捕食和食草的相对强度	非常高	中度	高度
需评价的重要资源特点	光线；水层养分（应该是较低的）；沉积物养分；可能的流量和内部循环过程	光线；水层溶解养分（应该是中度的）；可能的离礁猎物资源（水底动物）；大型水生植物的生长或生产率	浮游生物资源，包括水层叶绿素；悬浮的有机颗粒浓度
其他管理问题**	珊瑚定植： 可能由强化放牧强度进行培育	海带定植： 可能通过防止过度放牧进行培育	防止出现过度放牧和由讨厌的物种主导的空间

注：通用化基于假设，结果由 Birkeland（1988，1997）；Hay（1991）；Miller（1998）及其他人获得。

* 由珊瑚固定的许多碳元素被转化到骨料（碳酸钙）内而非有机物本身，因此不会进入到营养链，即使是作为岩屑。因此，一些作者会将珊瑚礁的初级生产分隔成"生物构造性"和"营养性"路径（Done et al，1996）。生物构造性路径可能在珊瑚礁系统中是主导性的，但是在其他类型鱼礁系统中并不具有很好的代表性。

** 这些问题基于来自 Birkeland 和 Randall（1981）；Carter 等（1985b）；Patton 等（1994）的诸多研究的结果。

4.3.3 基底对人工鱼礁初级生产的影响

除了养分和光的可利用性之外，底栖生物群落将会受基底自身性质的极大影响。影响污损物种沉降的主要基底物理特点为：表面纹理、坡度、外形(表面形状)、颜色和光反射(Relini，1974)。斜坡表面和最优表面纹理可以通过帮助孢子附着和减少泥沙淤积强化海藻定植，而泥沙淤积是高沉降机制下海藻原地定植的重要限制因素(Ohgai et al，1995；Falace，Bressan，1997)。因此，基底形状被认为具有高度重要性。侧面倾斜或几乎垂直的鱼礁，如金字塔，被认为对海藻是最为有效的，因为它们能提供不同程度的光、温度及可以利用的其他化学/物理条件(Bombace，1977，1981；Akeda et al，1995)。另外，因为存在“边界效应”，表层开裂处(如角落和边缘)可能是底栖沉降的重要区域。在一定程度上，鱼礁的生产率是暴露于水体而且对底栖生物沉降和生长而言可利用的总表面积的一个函数(Riggio，1988；Parchevsky，Rabinovich，1995)。

4.4 评估目的和策略

如本书开头第1章所述，获得人工鱼礁系统养分和生产有关的信息存在几个层次的复杂性。这些“评估类型”旨在作为确定在鱼礁地点进行评价的实用性指南。

4.4.1 评估类型

评估人工鱼礁及其周围地方的养分动态比确定鱼类密度更加困难，因为这需要涉及更多分析程序，需要更加昂贵的试验设备，还需要更高水平的技术培训。因此，养分测定与通量研究不属于常规监测或人工鱼礁评估的推荐作业，除非有合格的(理科硕士和哲学博士学位)地球化学家或海洋化学家参与其中。植物和生物污损群落成分的研究是相当直接的，但是关于初级生产率和次级生产率的研究却需要更多的努力。研究通则的复杂性层次较多，其中可以进行不同水平的评估。

第一类养分或生产评估是描述性的：在鱼礁地点上养分浓度是多少？哪种类型及有多少植物和污损的无脊椎动物生活在鱼礁上？在空间和时间范围内这些因素会怎样变化？第二类评估是比较性的和面向过程的：流向鱼礁地点和从鱼礁地点流出的养分来源、沉降和流量，它们是怎样被囊括进鱼礁生物体当中的以及在鱼礁系统内传输和再循环的路径是怎样的？鱼礁植物和生物淤积集聚物的生长率是怎样的？初级生产和水中附生生物生产的命运(即转化为更高食物网群组的转换率)是怎样的？第三类评估是综合性的：影响初级生产率的因素有哪些？什么鱼礁地点或鱼礁设计准则可以强化人工鱼礁区域的养分通量和初级生产以及生物淤积性生产。与养分、初级生产和有关集聚物有关的各类评估和有关问题和方法汇总见表4.2。

我们想强调的是：这种对第一类研究的解释与第 1 章给出的定义是有所不同的。这些生物群特征的一次性或“快照”描述(如第 1 章所述)(特别是水层特点)在表征人工鱼礁的养分模式方面几乎无用，因为这些因素极具时间变化性(如在单日尺度上的量级)。一般而言，底栖生物会展示较慢的动态。底栖生物群落的“快照”取样可以提供更多的有用信息。然而，关于养分模式的真实描述需要在各种各样时间性尺度上进行取样(潮汐周期、季节、上涌或风暴等发作性事件期间和之后)。

表 4.2　养分、初级生产和污损生物的信息类型

第一类　描述性
需要问的问题： 在鱼礁地点上营养盐(光级度)浓度是多少？哪种类型及有多少植物和无脊椎动物生活在鱼礁上？在空间和时间范围内这些因素会怎样变化？
所用方法： 收集水体或沉积物样本(由专业咨询师或商业试验室进行分析)；水下测光计，照片；海藻物种(或功能型)检查表；在鱼礁表面或沉降平板上海藻和无脊椎动物的刮片。
第二类　过程性
需要问的问题： 流向鱼礁地点和从鱼礁地点流出的养分来源、沉降和流量是怎样的？它们如何被囊括进鱼礁生物体当中的？在鱼礁系统内传输和再循环的路径是怎样的？鱼礁植物和生物淤积集聚物的生长率是怎样的？影响初级生产率的因素有哪些？
所用方法： 水文数据收集；沉积物、鱼礁和水层养分分析和流量比率；养分传输；初级生产的孵化测量；沉降面板，带有笼形控制，海藻演替的物候学分析。
第三类　综合性
需要问的问题： 什么鱼礁地点选择准则可以强化人工鱼礁区域的养分通量和初级及次级生产？
所用方法： 将来自不同地区的人工鱼礁研究组合起来；设计为测试不同因素会怎样影响养分和生产率的试验研究。

更高水平的评估通常能提供关于鱼礁功能的更深入的见解。养分浓度或者现存量的测量(快照描述)不如系统中养分通量或养分供应及使用率的测量那么有用(输入和输出之间的比较)，原因在于浓度反映了供应和利用之间的平衡情况。例如，尽管供给率较高，如果底栖藻类或浮游植物以同样高的速度去除养分，养分浓度可能较低。养分通量的测量涉及识别和定量化流向系统的所有可能的养分来源，这种测量在最好的情况下都是比较困难的，而且需要昂贵的辅助水文作业。此外，水层和沉积物可能和养分来源一样重要。第一类研究会评估鱼礁特点当中的模式，但是第二类或第三类研究对确定能导致这些模式的过程是必需的。换言之，第一类研究可以回答这个问题：这个鱼礁能满足其目标吗？(如一个复原海藻床的建立)，但是第二类和第三类研究对回答这个问题却是需要的：“为什

么?”或也许更加重要的：“为什么不行呢?”

例如，Szmant 和 Forrester(1996)曾开展了一次出色的第一类研究，描述了整个佛罗里达礁岛群的养分现存量的时间性和空间性模式。他们对一定潮汐性和季节性样本范围内水层和沉积物养分开展广泛的取样作业。尽管这项研究代表了较高水平的研究工作，它仍然只代表了一种模式描述。Relini 等(1994)将关于地中海一处人工鱼礁地点的水层养分浓度的第一类描述性数据包含进来，其中包括平均浓度、最大浓度和最小浓度。

许多良好的生态学研究在单一研究中会包括多种类型的评估。Stimson 等(1996)寻求确定夏威夷卡内奥赫海湾内一种热带绿色海草的现存量的诸多因素。他们的研究包括关于养分水平和其他物理特点(辐照度和温度)以及关于不同生境类型上海草现存量的第一类描述性数据。在描述这些模式之后，Stimson 等(1996)设计了第二类比较性试验(测量在控制温度和养分水平条件下的海藻生长率)和第三类对应分析(季节性温度、养分有效性和食草性条件下海藻原地生长率的季节性比较)，以此确定辐照度、温度、食草性和/或养分水平在决定海草分布方面的相对重要性。

4.4.2 框架和方法

尽管存在着技术方面的挑战，但极力推荐在部署前地点评估测量工作中收集基本养分数据(主要为无机养分和叶绿素的浓度)，即使研究必须外包给专业咨询师，或者样本必须发给商业性试验室进行分析。这些数据和底栖植物及浮游植物群落的部署前评估(见 4.5 节)可用于确定关于目的鱼礁地点养分和生产率的大致状况。关于部署前养分研究的问题和协议与部署后研究中详细描述的相同。仅建议需要将养分数据作为更广泛的研究方案一部分的专业鱼礁项目采用部署后养分监控。

有多种方法可以测定植物和污损生物量(个别物种或者功能上相似的生物体群组的湿重或干重)、物种成分(个体数量或者主要物种的百分比)、多样性(单位数量个体当中的物种数量，或者诸多更加复杂的多样性指标之一，Peet，1974)和初级生产率(由 Lieth，Whittaker，1975；Holme，McIntyre，1984；Schubert，1984；Littler，Littler，1985 审核)。研究底栖大型海藻群落的经典方法包括创建一个检查表(在所研究地区内出现的植物区系所有物种的详细清单)。这种描述性研究应该在所有季节(时间序列数据)和几年内采用物候学方法开展，以此创建一个关于人工鱼礁地点上物种池内所有物种出现或缺席的时间性描述，这将可以给出关于物种相关性的认识。关于底栖生物群落动态、多样性和/或生产率的描述可以在人工鱼礁和附近自然鱼礁之间进行比较，以评价被用于缓解自然鱼礁生境缺失问题的人工鱼礁的功能等同性。关于在不同物理条件下(光级度、温度和水流流量)底栖植物现存量和初级生产率的定量测量能够提供季节周期内有关鱼类物种的生境和食物资源的预测。

对人工基质上底栖植物群落的研究可以通过描述植物区系和植被成分(结构性层面，

第一类评估)或者通过评估海藻在海洋生态系统中的角色(功能性层面，第二类或第三类评估)来开展。只要一项研究旨在超出关于所呈现物种的一个简单的生物分类学检查表，则满足以下准则以使评价鱼礁功能和可能考虑因果关系就是重要的：

- 具有代表性的充分的取样——样本需要能够代表一般意义上的生境。对一项具有代表性的取样计划而言，为最小化实验误差，必须确定最小的取样区，而且足够数量的重复样本对有意义的统计分析而言是必需的。第 2 章是关于获取具有代表性的样本的问题。下述方法可用于确定描述群落结构所需的准确样本量。

- 可比方法论——有关方法必须能确保生物和非生物样本在一个空间性和时间性水平上是一致的，而且与在自然基底和人工基底上开展的其他系统研究的可比较性是得到维护的，不管是在方法论上，还是在数据格式上。

满足这些条件能够确保研究结束时检验工作假设所需环境的最好表示。以下描述以及在第 2 章给出的指南提供了具体的确保获得具有代表性、充分和可比数据的方式。表 4.3 给出了来自以下测量和它们是如何与在第 2 章内定义的统计学术语联系的一些实例，以此帮助将这些设计原则应用于后面提到的评估方法当中。

表 4.3　在第 2 章术语部分描述的评估实例

过程	特点或测量变量	样本单元	派生变量	参数估计值
物理 - 化学地点描述	水层养分浓度	水体积(如 10 mL 水被吸入注射器)	N: P 比率养分流量 [mol/(L·h)]	平均(硝酸盐) 平均(总磷)
初级生产	氧气浓度	水体积(如 0.5 L 在一个培养室内)	氧气变化率[如 μg·O_2/(L·h)]	现有植物生物量的平均变化率
初级生产	现有植物生物量	鱼礁表面面积(如 0.5 m^2 样方)	现有植物生物量的变化率(g·0.5 m^2/d)	现有植物生物量的平均变化率
初级生产	个别植物质量	个别植物	生长率(如 g/d)	平均生长率
食草性	现有植物生物量	海藻的移植小枝	现有植物生物量的损失率(如 g/d)	平均损失率
底栖生物群落结构	固着性底栖种的数量以及每个物种的丰度	鱼礁表面面积	物种多样性(如 H')	平均多样性 平均藤壶密度

4.5　评估方法

根据具体鱼礁目标和生物地理考虑要素(表 4.1)确定需评估的鱼礁特点后，必须确定方法论。以下一般性考虑应该为一项稳健、高效且有科学依据的评估计划做好必要的准备。特定方法和测量在 4.5.2 节予以描述。

4.5.1 一般性考虑

4.5.1.1 关于养分的取样考虑

对人工鱼礁群落而言，存在三种主要养分来源：①来自流经人工鱼礁的流水的水层养分；②从围绕鱼礁的水底流出的沉积物养分；③在鱼礁自身内的养分，主要源于氮固定作用，或者主要源于被鱼礁截留的岩屑材料(动物粪便和植物碎屑)的微生物再生作用。尽管第三种养分来源是非常重要的，特别是在热带营养不足的鱼礁上(表4.1)，但用于这个水平评估的方法(即养分再生过程)明显更为复杂，而且超出了此处的讨论范围，因而在此仅仅考虑前两种情况。

4.5.1.1.1 水层成分：养分、叶绿素和颗粒有机物(POM)

水层养分、叶绿素和颗粒有机物(POM)在时间和空间范围内都会发生变化(如Andrews，Muller，1983)。时间变化几乎具有规律性，比如与潮汐和季节有关，或与风暴等发作性事件有关。空间变化通常与同资源的相邻性有关，比如陆地(径流)、河流、污水流出口、沉积物储藏池或海洋养分来源和地区的水文地理学。为发挥浓度测量的作用，量化这些时间和空间变化很重要。这需要在不同时间和空间尺度上进行取样。在完整的年周期内进行日常取样是理想的，却是完全不现实的。

资源和物流在很大程度上会限制取样频率和重复。第一步就是确定可以付出多少现场时间(如每年的天数)。第二步就是尝试对被认为在养分分布方面有主要控制的过程进行排序，并使用这种排序安排取样天数。例如，如果预计潮汐很重要，那么取样应该根据高潮和低潮进行日程安排，而且可能是在大小潮期间进行取样。取样站的选择应考虑会影响养分重新分布的可疑的或已知的养分来源和水流模式。取样站的数量及各站的深度和重复次数通常根据物流和资源确定或受其限制(如需要研究的地区的尺寸或可以分析的水体样本的数量)。本章不提供可以应用于所有项目的一个标准取样计划。一言以蔽之，一些先验的知识和良好的常识都是需要的。

物理参数，如流速、方向和持续时间，对预估流量率是需要的，而且有助于对所测量的养分负载的来源和效应进行特征化(关于有关方法，请见第3章)。

4.5.1.1.2 沉积物

对沉积物养分而言，取样考虑是不同的。尽管可能存在有机材料落入沉积物内的速度变化相关的季节动态，但空间变化通常远大于时间变化。由于时间变化减少及沉积物样本分析更加费劲(相比于水样)这一事实，通常每年只进行2～4次。但是每次取样过程中更多的重复是需要的(每个站点需要3～6个核心取样，具体取决于每个地点确定的沉积物异质性情况)。这些站点可以被随机地安置在鱼礁单元当中，或者根据系统的取样计划进行安置(见第2章，图2.4)。沉积物核心是针对孔隙水(植物易于获得的水)和总养分(养分储藏池)进行分析的，以此预估底栖养分循环对水层和鱼礁间隙的贡献率。

研究沉积物养分动态的另一种方法就是测量从带有一个原地流量室的沉积物流出的养分。特殊设计的小室被插入沉积物内，包覆基底的一个部分，并重叠于水体之上。定期从该小室抽取水样，用于养分和氧气浓度测量，然后根据随着时间的变化得到的这些测量数值的变化计算养分流出速率。类似的小室也可以用于测量硬质基底上呼吸作用和光合作用的速率(见 4. 5. 2. 5. 3 节)。

对养分来源的两者中任一种类型而言，建议通过先导研究来了解需要提供的浓度范围(分析方法可能是不同的，具体取决于被测量的养分范围的高低)，并估计时间/空间变化(这些将能确定在取样站点的必需重复和取样频率)。

4. 5. 1. 2　关于初级生产者和污损生物淤积的取样考虑

如同养分的取样，必须考虑海藻和无脊椎动物生物量(现存量)方面的空间和时间变化、多样性和生产率，以防止其模糊有关的模式。在温度、光周期和光强度方面的演替系列期和季节变化(热带水域也有据可查；Harris，1986；Larkum et al，1989)会在物种丰度和初级生产方面产生变化。在空间上，植物和生物淤积群落成分和成产率可能会出现很大的变化，因为存在相对于水流的定向、光量(基底的深度和定向)以及养分来源的相邻性等问题。许多研究者使用随机方法选择取样站点，但是之后会在解释数据中的高度方差(分散)方面遇到困难。如果微观生境变化性很大，那么分层取样方法可能较好。例如，在选择取样站点时，鱼礁的水平和垂直表面或者迎风面和背风面应该单独处理，而且在每个有区别的生境类型中应有数量充分的样本。

最后，存在许多潜在的植物群组能够贡献于任何系统的初级生产(微型海藻、海藻草皮和大型海藻)，用于这些研究的方法论和样本单元必须适合于该群组的尺寸分类和空间分布模式。在大多数情况下，需要在同一个研究中应用数个不同的方法，以充分概括出不同群组的特征。例如，摄影方法适于预估更大的大型海藻丰度，但是不能预估出微型海藻的丰度。就后者而言，刮片的叶绿素测量则是更好的生物量预估方法(见下一节)。

用于概括物种成分和丰度特征的诸多方法相当直接，但是需要识别海藻和无脊椎动物物种方面的技能，这一工作可能是非常困难的，而且非常耗时。对大多数目的而言，将识别工作限定于更高分类学群组(科、属或种)或者功能形式类别(如 Littler，Littler，1980；Steneck，Diether，1994)就足够了。实际上，如果底栖生物群落成分不是我们真实感兴趣的，有关生产可以根据整个海藻群落的生物量进行预估，而无须对之进行任何分类作业[如 Falace 等(1998)的方法]。这就使得更多工作努力可以投入到分析更大数量的重复物。

充分概括初级生产者和生物淤积群落成分及生物量所需的重复物数量是群落中异质性程度和样本单元尺寸(如样方)的一个函数。如果在评估中对物种组成感兴趣，则系统越是多样的和异质性的，或者样方越小，所需重复物的数量越大(这等同于更大面积的被取样基底)。用于预估针对于某一给定样本单元重复物数量是否足以预估物种成分的一个方法就是构造一条物种相对于面积的曲线(Holme, McIntyre, 1984)。这是通过将个体样本累积面积相对于在 Y 轴上识别的物种的累积数量(或者功能型)点状分布在 X 轴上来完成的。随着重复物不断被添加上去，得到的曲线开始应该是递增的，但是会在充分取样的点位趋向平稳(渐近线)。在达到渐近线之后，分析更多的样本就变得毫无益处。可以生成一条类似的曲线，以此评估用于测量生物量或百分比覆盖的重复物的充分性。在这种情况下，在每个新的重复物被添加时，需要重新计算方差或标准偏差；这些数值会相对于在预估数值内包含的重复物数量(X 轴)点状分布在 Y 轴上。此处，方差在起始应该是更高的，然后会随着更多的重复物被添加而下降。足够的重复物是通过在最后一个重复物被添加之前出现的一个趋向平稳的曲线来演示的。

如同养分的取样，建议采用利用一系列样本单位尺寸的样线法或摄影法(即摄影覆盖面积或样线长度)等快速调查方法进行先导(第一类)研究，以提供关于在所研究鱼礁上出现的植物和淤积生物体的类型和数量的一个广泛概览。这种信息可用于选择需要在监控或评估研究中使用的特定方法学和样本单元。例如，由 Littler 等(1987)进行的一项先导研究确认：沿着一条横切线以固定的间隔抽取的系统样本并不会与以机械方式在随机安置点抽取的样本有显著不同(见第 2 章)。基于大量的背景研究，作者还建议针对热带鱼礁海藻群落使用一个 0.15 m^2 的矩形样方(Littler et al, 1987)。文献调查可以用于学习尽可能多的关于主导生物体生长和分布的季节变化，以此设计时间取样程序表。关于底栖生物的取样考虑和样本分析的一般性参考文献包括 Boesch(1977)；Holme 和 McIntyre(1984)；Littler 和 Littler(1985)；Andrew 和 Mapstone(1987)。

4.5.2 方 法

这一节概述了用于养分、初级生产者和生物淤积集聚物研究的取样和测量方法。部分材料是基于技术文献的，但是大多数是来自专家提供的科学试验和未出版的信息。目的就是提供有关指南及比本书当中有关内容更加详尽的手册和信息。

4.5.2.1 水层成分——样本收集和制备

实际上，水样是被分割的。一部分是针对可溶性无机氮(DIN)、可溶性无机磷(DIP)和硅(有时)进行分析；第二部分是为分析总氮(N)和磷(P)(然后，各分量中的溶解性有机氮和磷是通过将总氮和磷数值减去无机氮和磷而计算得来的)而进行消化，过滤器上剩余的颗粒物(来自某个已知体积)则可以用于确定样本中颗粒有机物(POM)和叶绿素的浓度。图 4.3 展示了关于水样可以怎样再分而用于这些分析的实例。在这个实例中，用于可溶性无机养分分析的部分水在分析之前被过滤掉。除了收集悬浮颗粒用于分析之外，用于分析的水过滤具有两个目的：①去除会导致水样养分含量变化的微生物(细菌和浮游植

物)；②去除会导致测热分析出现误差的颗粒。对浑浊的水样和那些可能具有较高生物活性的水样，我们总是建议采用过滤方法。然而，取自低浑浊度或低生产率水体的水样最好不经过滤就进行分析，因为过滤会增加污染样本的风险。

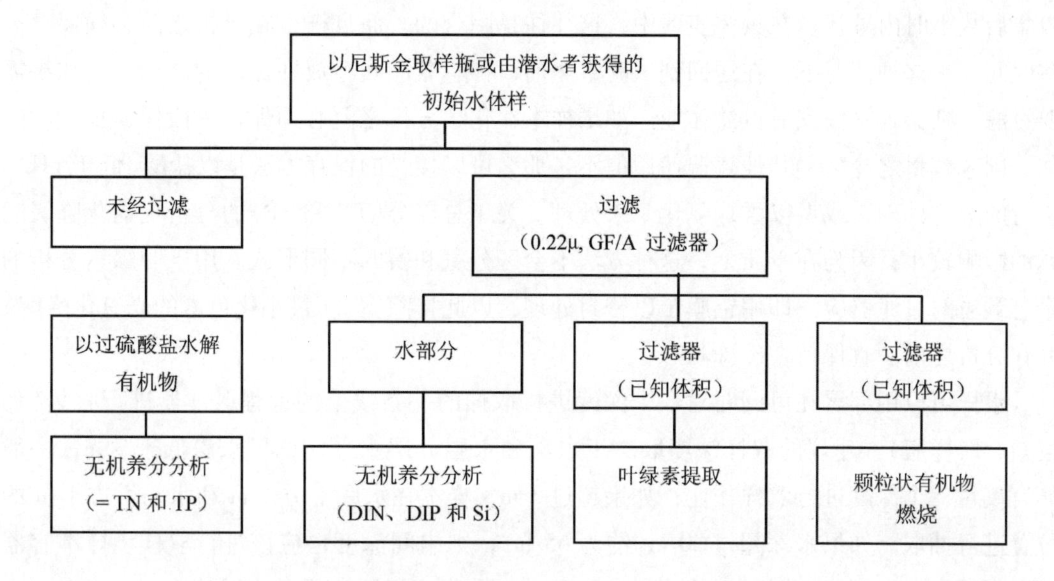

图 4.3　显示多项养分分析中水样建议划分的流程图。一些研究者也会对过滤后的水样进行过硫酸盐处理以分离颗粒状有机氮和磷与可溶性有机氮和磷。其中 N 为氮；P 为磷；DIN 为可溶性无机氮；DIP 为可溶性无机磷；Si 为二氧化硅；TN 为总氮；TP 为总磷

具体计算如下：有机氮(N) = TN - DIN；有机磷(P) = TP - DIP

因为可溶性无机氮和可溶性无机磷会很快被囊括进浮游植物生物量当中，水层叶绿素含量一般也是与氮取样一起测量的。叶绿素数据能够提供一个解读养分结果的框架(如，在总有机材料当中相对于碎屑状的材料而言有多少是生命态的)。水层叶绿素是以丙酮从经过过滤已知体积的水而收集到的浮游植物细胞中提取的。关于叶绿素分析的程序在 Parsons等(1984b)当中也是经过标准化和叙述的。

同样地，量化水层中颗粒有机物的浓度，作为滤食动物食物可得性的估计可能是有益的。包含来自已知体积水样的颗粒的经过预先燃烧和预先称重的过滤器可以在一个隔焰炉内被焚烧，以此确定颗粒物的无灰干重(即有机物含量)。

为了有效地开展关于水样的养分分析，我们需要：①收集有关样本，并使之不受外源性养分的污染；②保存样本，使之在被分析之前不会退化降级。因此，所有取样设备和样本储藏瓶必须以酸液预先清洗，然后用优质去离子水(>16 MΩ)彻底冲洗干净。此外，氨基清洁剂、含磷酸的软饮料、手指(人类皮肤会渗出氨成分)、香烟烟尘、发动机烟雾等会污染样本。在热带营养不足水体中取样时，需要非常小心防止污染发生，这非常关键。

在收集样本之后，问题就变成防止取样后养分在样本瓶内发生变化的问题。水样中浮

游植物会吸收养分，而微生物和浮游动物会分泌养分。在水样中生物体或碎屑颗粒物的浓度越高，这种问题就会越严重。最佳情况是样本应该在收集之后很快进行再取样和过滤（但是请参阅以上关于清洁的只有较低养分的水体的注意事项），而且化学分析应该在样本收集后数小时内进行。在具体实践中，这往往是困难的，而且样本在分析之前必须保存一些时间。在这种情况下，在送回到试验室之前，样本瓶应当存放在黑暗的冰面上。如果需要过滤，则必须尽快完成过滤作业。如果样本在化学分析之前必须保存一段任何长度的时间，则应该将之冷冻。其他普遍使用但不是那么可以接受的保存方法是以盐酸（低于 pH2）进行的酸化处理，或者以添加氯化汞来处理。关于总养分（TN 和 TP）的分析受退化降级问题的影响较小，因为在本质上，这种方法不会区分氮和磷的不同形式。用于叶绿素分析的带有颗粒的过滤器应立即用铝膜予以密封处理，以此排除空气（最小化色素的光氧化降解）并在分析之前一直保持在冷冻状态。

水样可以用部署在可同时对数个深度进行取样的一条线上的远程取样器进行收集（如尼斯金取样瓶）。建议的取样深度取决于水深和水层分层水平。如果水深低于 3 m，一般而言仅对一个深度进行取样作业；如果超过 3 m，样本在水底上方 1 m 和水面下方 1 m 的位置进行抽取。如果水深超过 20 m（约为 65 ft），则中间深度也应该进行取样。样本容器（更小的预先清洁的聚乙烯瓶）在灌装之前应该用尼斯金取样瓶里的水冲洗 3 次。或者，水样可以由潜水者收集，潜水者使用来自其调节器的空气在灌装之前清除并冲洗样本瓶 3 次。样本收集深度、取样时间、潮汐相位、水的净度和颜色、温度、盐度和海水状态应该针对每个样本予以记录或测量（见第 3 章）。关于样本瓶预处理的方法是在 Parsons 等（1984b）和 APHA（1989）文献中描述的。

4.5.2.2 沉积物——样本收集和制备

沉积物样本可以由潜水者使用直径为 7 ~ 8 cm 的铝芯管或塑料芯衬套制成的短取芯器（20 ~ 30 cm）收集，或者使用远程取芯器或抓取器抽取。在安全的潜水深度，潜水者能提供精确样本地点选择的最佳方案，特别是在靠近一处人工鱼礁的地方。一旦插入基底，取芯器应该立即封住端盖，并小心掘出，以避免扰动取芯器的内容物。在从沉积物柱内抽出之前，应该将一个塞子插到取芯器的底部。保持芯样处于竖直状态很重要（特别是在粗糙沉积物的情况下），应确保取芯器的两端密封良好（以防止孔隙水的泄漏）。最小化泄漏的一个方法就是保持芯样完全沉没在一桶海水当中，直到需要进行分析之时。根据研究目标和设计，不管是孔隙水还是整体沉积物，或者两者都需要我们进行养分分析。已经在沉积物地球化学研究中进行分析的所有形式养分（孔隙水、吸附性和可溶性有机物、颗粒有机物、矿物质形式物质等）的描述可以在 Berner（1980）文献中找到。

对孔隙水取样而言，沉积物是每次从取芯器 1 ~ 2 cm 位置挤压出来并被收集（切割）的，而间隙水是通过离心、过滤或者“压榨”方法收集的（Mudroch，MacKnight，1991）。如果沉积物是从缺氧区域收集的，孔隙水提取应该在一个气密隔离保护罩当中完成，一般以氮气或氩气作为隔离气体(以防止N形态的氧化和P形态的沉淀)。孔隙水一般有较高的养分浓度(比水层高10~100倍)，因此分析之前的储藏问题更少。在进行化学分析之前，大多数沉积物需要被稀释，以此增加用于分析的水体积，同时又是因为它们的浓度对大多数分析方法而言过高。

对总养分(氮或磷)含量而言，沉积物也是如上所述被挤压出来的，已知体积的沉积物经过称量其湿重，在100℃下进行干燥以得到恒定的重量(湿重和干重之间的差异可用于计算沉积物的孔隙率，该数值是预估沉积物流出速率所需要的)。然后可以研磨沉积物，并用于如下所述的总氮和总磷的分析。关于研究沉积物养分浓度和流量之考虑和方法的优良评述可以在Berner(1980)；Mudroch和MacKnight(1991)以及Agemian(1997)文献当中找到。

4.5.2.3　化学分析

养分研究至少需要测量可溶性无机形态的氮(DIN)、磷(DIP，也被称为SRP，即溶解性反应磷)和硅，最好是能够测量在前面部分描述的所有形态(见4.2.2节)。然而，需要的或建议的分析类型将取决于特定的情形，而且许多研究只测量氮和磷的形态。存在用于个别可溶性无机养分的特定标准化比色分析(在这种分析中，被添加到水样中的试剂会导致有色物质的产生)，这种分析可以手工完成，也可以由自动分析仪完成。大量的手册，包括USEPA(1983)；Parsons等(1984b)；CMEA(1987，俄罗斯)；NIH(1987—1988，印度)；AHPA(1989)；和Crompton(1992)，提供了用于所有普遍测量的养分分析的标准化方法，其中包括亚硝酸盐、硝酸盐、铵盐、正磷酸盐和反应性二氧化硅。市场上能买到数个品牌的自动化学分析仪，而且它们能够以其仪器设备提供标准化的方法学。尽管存在针对大多数部分的“食谱”方法，合适地执行这些方法需要具备关于分析化学的背景知识或特定的培训。

可溶性有机养分形态一般是通过以强氧化剂处理水样分解(消化)有机分子使之释放氮和磷成分来确定的。然后，再使用用于可溶性无机形态的同样方法对之进行分析(Parsons et al，1984b)。

在选择适于相关浓度范围的方法时需要保持谨慎。例如，许多对于淡水而言可接受的方法(如标准的USEPA方法)由于过于不敏感而无法用于亚热带海洋水体，因为在那种水体中浓度是较低的。一种研究质量分光光度计对测量吸收数值是必需的，而对大量的样本而言，自动系统也是我们建议的。对总氮或总磷分析而言，存在诸多可获的湿法消化方法，有一些是基于过硫酸盐或硫酸的化学氧化作用(凯氏测氮法Kjeldahl)，或者通过UV氧化作用。过硫酸盐和UV方法一般在分解颗粒有机物方面相比于分解可溶性有机化合物效率更低；克耶克法是有效的，却是缓慢和繁琐的。在带有许多难熔的碎屑材料的样本中，颗粒成分往往是对从已知体积的水样中过滤得到的颗粒进行元素分析来进行分析的。

数个品牌的元素分析仪是可获的，但是这些仪器是昂贵的，而且需要合适运行这些仪器的经验和工作。关于处理较低养分浓度的一个重要要求就是用于配制试剂和标准样件的优质去离子水源。为了获得自动分析仪的最佳准确度，一种低浓度养分的海水的来源（如马尾藻海）对配制标准样件而言是必需的。

4.5.2.3.1　质量控制

质量控制的一般重要性已经在第2章进行讨论过。关于养分测量的质量控制和质量保证程序的主要考虑与上面讨论的问题有关：避免污染和退化降级以及在分析末尾结果的重现性。针对每个运作，关于空白件和标准因素的记录应予以保存。对两种情况的任一种而言，相比于基准的偏离都必须进行分析，因为它们可能会指示出存在不良去离子水、试剂或标准样件。用于养分样本储藏或分析的样本瓶和玻璃器皿应该专用于储藏或分析目的。应努力确定有关方法是合适执行的，并与其他有经验的试验室一起开展相互校准。如果样本被送给一个商业性试验室进行分析，未识别的（盲的）标准样件应该被插入到未知的样件当中，而且所有样本应以双份形式或三份形式进行操作运行。

4.5.2.4　植物和污损无脊椎动物生物量测量

可以通过从已知表面面积的基底（自然的或者人工的）上刮取所有水中附生生物并测量生物体体积、湿重、干重和/或无灰干重（AFDW，一般作为在燃烧上的损失量进行预估）确定植物或污损无脊椎动物的生物量。无灰干重（AFDW）的优势就是它仅仅预估了有机材料，因为生物构造材料，如壳体或管体是不能燃烧掉的，能作为灰保留下来。将有机组织用手从壳体或管体上分离下来是困难的，甚至是不可能的。可以在以物种分类的海藻和动物样本上完成这些分析，也可以在分类为结构性或功能性群组的物种群组上完成这些分析。

植物的生物量也可以通过测量在经过称重的刮片子样本中叶绿素的数量来进行预估。这对测量各种各样的微型海藻膜片和草皮群落的生物量特别有用。叶绿素分析是通过在90%的丙酮中研磨已知数量的植物材料（如一个经过称重的海藻子样本）然后读出提取物的吸收率或荧光性来完成的，这取决于有关的浓度[见Parsons等（1984b）文献当中的方法]。研磨和提取应该是在黑暗的环境中完成，以防止色素的光降解作用。

特别地，Falace等（1998）已经开发并彻底评价了一个标准化的协议，可用于确定底栖海藻群落的生物量。如果一致地应用，它能帮助解决在关于人工鱼礁初级生产的数据中的不一致性和不可比较性的问题。这个协议强调了在生物量确定之前对来自海藻组织（特别是下层草皮群落）的沉积物进行反复清洗的重要性，因为沉积物会使海藻干重测定偏离50%～82%。例如，对从（亚得里亚海北部）特里亚斯特湾的沿海生境中收集来的海藻样本中移除沉积物而言，6次重复清洗是必需的。Falace等（1998）也建议在确定准确的湿重、干重和无灰干重之前，可以研磨海藻组织样本（对4～32 g的鲜重样本进行30 min的均质化处理）。均质化不会显著改变这些生物量预估数值，却能减少从同一样本就生物量和叶绿素提取或其他生物化学含量(如蛋白质或多糖含量)进行分割的部分之间的变化。然而，如果需要确定叶绿素，这整个协议(冲洗和均质化)必须在较低温度环境(4℃)进行，以避免色素的退化降级。如果用于低温广泛处理的设施是不可获的，那么最好单独冷冻用于叶绿素分析的子样本，而且当以室温处理用于生物质分析的子样本时在冰块上对它们进行少量研磨。

如果存在任何水流或浪涌，水下同一区域的样本的定量复原(不管是刮取的还是拨取的)可能是困难的。一个替代性方法就是使用一个类似于人工鱼礁制作材料制成的沉降平板[关于一个在澳大利亚开展的优良实例，请见 Reimers 和 Branden(1994)]。这些平板是以容易收回的方式(如安装螺栓的方式)在研究开始时就被附着到鱼礁上的(在鱼礁部署后不久)。然后，这些平板会以规定的取样次数被重新收回，在水下被安放在密封的塑料袋当中，并被带到水面，由研究人员在一个解剖显微镜下对之进行研究(以此定量化小型生物体)，或者进行刮取，用于生物量或叶绿素的确定。如果使用了这种方法，那么务必小心将足够的沉降平板附着到位，以此在有关项目的持续期间获得所有预先确定的微观生境内的充分重复物。尽管在研究中可以之后再附着新的沉降平板，在这些新平板上的生物生长和在初始平板(和鱼礁基底)上的生物生长相比将会处于一个不同的演替阶段。这种方法可用于明确评估人工鱼礁的安置时机对定植和演替过程的影响(Reimers，Branden，1994)。对试验性假设检验而言，沉降平板是一种特别强大的工具，因为它们是相当容易被控制的(如装在笼子里，并安置在一些小室里面，可用于直接初级生产率和呼吸作用的测量；见案例研究、4.6.2 节和图 4.4)。

图 4.4 装在笼子里和未装在笼子里的沉降平板，用于评估人工鱼礁单元上的水下植物生产，用于佛罗里达州的棕榈滩，佛罗里达研究(Szmant，1993)。照片经 A. M. Ecklund 授权使用

摄影方法也已经被用于预估水下生物体的百分比覆盖率的变化(Bohnsack，1979；Littler，Littler，1985)。在这种方法中，所拍关于基底群落的35 mm摄影幻灯片是重叠在带有100个随机选择点的清洁醋酸盐模板上的。在每个点下方的生物体已被识别，而且数据可用于预估每个物种的百分比覆盖率。这种方法对优势和大型生物是有用的，但是当然会低估了有关群落的小型或下层成分。

4.5.2.5 初级生产率测量

三类初级生产率测量应该在人工鱼礁监控研究中予以考虑：在鱼礁自身的表面上，在周围的水底动植物种群内以及在环绕鱼礁系统的水层当中。根据难度系数和所需训练量以及方法产生的信息的复杂性水平，测量初级生产率的方法会有所不同。不同的方法包括生物量变化测量、游离水法和孵化试验。所用方法的选择应该基于项目目标和资源(工作人员和资金供应情况)。

4.5.2.5.1 生物量变化

从技术性角度而言，确定初级(或者污损生物)生产的最简单方法就是测量在清理过的基底上或者附着在基底上的人工试验性面板上的植物(或者动物)一定时间范围内的生物量变化。这种方法仅仅提供例如关于现存量或者放牧之后净生产的一个预估数值。如果消耗率较高，比如基本上所有热带珊瑚礁系统(Hay，1991)和许多其他系统(Carter et al，1985b；Patton et al，1994)中，这种方法会大大地低估水下生产的真实数量。为了预估放牧损失和确定被Steneck和Diether(1994)称为特定环境下“生产潜力”，可以用笼子来防止大多数食草动物进入有关基底。笼子是附着在重复基底之上的，如沉降平板，而且在被笼子罩住的基底上累积的生物量的数量和类型可以用来和在暴露基底上的生物量的情况进行比较(图4.4)。

不幸的是：因为笼子会引入许多类型的人为因素[如减少的光线和水流，为小型食草性无脊椎动物(如甲壳类动物或腹足类动物)提供躲避捕食的避难所，因而有在笼内增加放牧强度的意外效果]，在科学严谨的笼化研究设计当中，我们需要极其谨慎(Hulberg，Oliver，1980；Steele，1996；Connell，1997)。然而，一些通用实践能最小化将笼子的人为影响解读为消费者的影响的可能性。这些实践包括使用笼子控制措施(部分笼子，允许食草动物进入，但是对光线入射和水流还是有与全面性笼子类似的限制)和大到足以让小型捕食性鱼类如濑鱼和鲇鱼进入的筛孔尺寸，以此防止全面性笼子之内的小型食草性无脊椎动物累积过多(Lewis，1986)。在实施这种方法时，另一个问题就是确定生长间隔的持续期间。如果持续期间太短，那么就可能不会有足够的生长可以进行良好的预估；如果持续期间太长，生物体之间的相互拥挤和相互竞争可能会以难以解释的方式影响生长率。在给定地点，暴露的正确持续期间将明显取决于有关物种的定植和生长率，而且必须是“随性而为”的，或者可以在一系列暴露时间范围内进行多重取样。

4.5.2.5.2　游离水法

游离水法通过测量水在研究系统的上游端和下游端之间流动时水质点的氧释放或二氧化碳摄取来测量整体群落的初级生产率。这种方法测量整个群落的底栖生物和浮游生物新陈代谢，并且仅限于在高度生产性、较浅和均匀混合的水体当中使用。这种方法的优势就是：它是自然条件下的测量，而且包括了有关系统的各个部分。然而，其不足就是：缺乏生物的特定性，而且对系统及其状态只有微乎其微的控制。此外，正确确定水质点采取的路径可能是困难的；通常是用一个大型染色地点或一个小型浮标来跟踪水体。Odum 和 Odum(1955)曾使用过这种方法，而且许多其他研究者从那时开始就曾重复使用并不断改进了这种方法(Marsh，Smith，1978)。单向流是必需的，这样水体就会从一个站点流到另一个站点。在具有限制性环流的区域，一个站点可以在不同时间进行重新取样的同样水体中使用(Kinsey，1978)。人们还使用一个漂浮仪器包，该仪器包能够在跟踪有关水体(以染色或者浮标做标记的)之时获得连续的测量数值(Chalker et al，1985)。

用于氧气或二氧化碳测量的水样是在上游端的时间点 0 时和在跟踪染色或浮标时不同时间点或距离间隔处进行抽取的。氧气浓度是用温克勒尔滴定(Parsons et al，1984b)或者用氧电极(数个品牌的产品是可获的)进行测量的。温克勒尔滴定价格便宜，但是相当费时。氧电极的使用不庞杂且更快，但是在温度控制和电极校准时需要小心谨慎。两种方法都能生成可靠和准确的结果，而且只要最少的培训。

如果光合商(氧气生产和二氧化碳固定之间的比率)是已知的(一般被假定为在 1.0 ~ 1.1 之间)，在时间上或在站点之间释放的氧气可以被转化为固定碳(总生产)。由于呼吸使 pH 值减少，而光合作用使 pH 值增加，如果系统中的钙化作用最小(即假定总碱度保持不变)，那么二氧化碳可以通过测量 pH 值来间接预估。这个方法在 Smith 和 Kinsey(1978)文献当中详细解释。尽管由于计算基于各种假设，导致用 pH 值方法测量二氧化碳有不那么准确的可能性，但它相对于氧气测量的主要优势就是无须知道代谢商，而且与大气进行的气体交换的可能性和与氧气进行的气体交换的可能性相比更小。对测量二氧化碳而言，其他更加准确的方法也是可获的，但是这些方法需要昂贵的仪器和技能高超的技师。

光测量必须在整个试验中进行，最好是用量子传感器，因为短期生产率在很大程度上依赖于测量时的光强度。这些类型的试验应该在阳光明媚的日子完成，在上午 10 点到下午 2 点之间当光合作用处于其最大速率之时，光线是在饱和度水平之上的。对于 24 h(每日)生产预估而言，夜间测量也是需要的。

4.5.2.5.3　孵化测量

孵化试验在概念上类似于在 4.5.1.1.2 节所述的试验，但是目标定位在生物体的水平上。这些试验牵涉通过已知生物量(或基底面积，其与上述生物量测定结合可以转化为生物量)将海藻或大型植物的片体装进瓶子，并测量氧气释放或放射性标记的 C－14 的吸纳情况。更大的孵化室已经被用于包覆被生物体集聚物占据的小型区域的水底生物群落。

Henderson(1981)和Hopkinson等(1991)已经开展过平坦鱼礁水底生物群落的孵化试验，主要使用面向原地自然鱼礁基底密封的小室，也曾对生长在流经试验室内的系统上的群落开展过这样的试验。氧气生产和消耗已经在淡水人工鱼礁上通过透光和暗色的有机玻璃密封体进行测量(Prince，1976；Prince et al，1985)。人工鱼礁研究是特别合适的，因为与人工鱼礁(正如以上关于定量化生物量的描述)年代和材料都相似的沉降平板与密封的鱼礁基底相比可以更容易地被安置在孵化室内(图4.5)。与这种方法有关的一个潜在问题就是在小室内只有有限的水流，其结果就是减少了对二氧化碳的接触机会。已尝试改变方法并通过在孵化室内进行搅拌来解决这些问题。

图4.5　潜水者从用于测量棕榈滩沉降板上底栖植物组合的初级生产率(即产氧量)的孵化室内进行的取样，佛罗里达研究(Szmant，1993)。同样的诸多小室完全被用于孵化的黑色条带覆盖，以此测量集聚物的呼吸比率(即耗氧量)。照片经A. M. Ecklund授权使用

这些瓶子或小室试验中的若干个试验可以在一天的过程中完成，主要使用透光的瓶子(净光合作用)、暗色的瓶子(呼吸作用)和控制性瓶子(只有水在其中)来完成。水样是在每次孵化开始和结束时抽取的，有时在中间期也需要抽取。最为复杂的小室包括氧电极，以此在孵化过程中获得持续的氧气测量。正如现场研究的情况，收集整个孵化过程的光线数据很重要。在测量氧气时，净光合作用是作为在透光的瓶子内的氧气生产而计算的，并会针对在控制性瓶子内的任何增加进行一定的纠正；呼吸作用是作为在暗色瓶子内的氧气消耗而计算的，也是会针对在控制性瓶子内的任何增加进行一定的纠正；总光合作用以净光合作用加上呼吸作用消耗掉的氧气量来计算。比率将被规范化为表面面积或小室内的生物量，并以每单位时间(h或d)来表示。氧气可以用氧气探针或以上所述的温克勒尔滴定来测量。

放射标记的C-14可以引入到同样类型的瓶子或小室，如同用于氧通量。生物体是在

6～24 h后收集的，而其放射性也被测量。必须测量或预估总二氧化碳，以将放射性转化为总固定碳。尽管这种方法在可用于低生产率水分的方法中最为敏感，但其更加昂贵和费劲，还需要接触更复杂的设备。在大多数地方，它还需要关于放射性同位素的特殊政府许可，因此，使用这种方法是不大可能的，除非是由获得从事此种作业之授权的科学研究者使用。

有时，在同一研究中，会使用多种方法来预估初级生产率。例如，Ferreira 和 Ramos(1989)将孵化和生物量信息组合起来，以此确定三个物种海藻的年度生产率；Hatcher 和 Larkum(1983)曾从之前清理过的珊瑚顶部刮取了海藻，并测量了重新定植于基底的海藻的干重、无灰干重(AFDW)和叶绿素浓度。

4.5.2.5.4 质量控制

在研究中识别的所有海藻和无脊椎动物物种的凭证标本应该予以保存，而且如有可能，其身份应由分类学专家予以验证。重复物的充分性应在研究早期予以评估，即使在许多情况下能够抽取的重复物的数量可能受时间和工作人员资源的限制。将足够的控制小室包括在初级生产率孵化研究当中很重要，以便能够校正小室内包覆的水分中生物产生的任何制氧量或耗氧量。确定在测量之前氧气表和 pH 仪表得到合适维护和校准也很重要，而且关于校准条件(用于氧气分析的温度和盐度以及用于 pH 分析的温度)的记录应予以保存。如果使用了荧光计来测量叶绿素，则每年至少需要根据叶绿素标准样件和分光光度计校准一次该荧光计。测光计应每年送回有关制造厂家进行重新校准。

4.5.2.5.5 初级生产和污损生物的归宿

评估在人工鱼礁内初级生产(或污损生物)的归宿以理解向更高营养水平(可收获渔业)转移过程或者与自然鱼礁群落做功能性比较可能是人们感兴趣的。有各种各样的方法可以用于测定初级生产者和/或污损生物的消耗率。大型植物或无脊椎动物组织(可能从其他生境收集的)可以被预先称重，又在一段时间内被暴露于人工鱼礁消费者，然后被重新称重，以此获得关于生物量的消耗率的可用于与自然鱼礁区域进行比较的一个预估数值。不同类型的食草动物(鱼与海胆)会留下不同标记，因此，不同食草动物的相对影响是可以被评估的(Hay，1984；McClanahan et al，1994)。此外，水下视频或原地观察可以产生关于食草鱼类对不能直接控制的小型草皮或草膜群落的消耗率的预估数值[啃咬数量/(面积·时间)]。最后，通过比较食草动物被排除在外的笼子内外的生物量累积情况(正如以上关于预估初级生产的内容)，可以获得分布区的累计消耗率估值。

4.6 实 例

不幸的是：只有少量的科学且经同行评审的文献是关于人工鱼礁的功能性层面的，如养分机制和较低的营养元素。在此处，我们概述了关于人工(和一些自然)鱼礁上养分和初级生产的文献和更多关于人工鱼礁上水下集聚物和演替的文献。最后，我们更加详细地描述了一个未曾出版的案例研究，该案例研究旨在评估养分机制和初级生产率会怎样影响水下集聚物结构。

4.6.1 关于鱼礁营养资源和初级生产评价的准备工作

与生态功能研究不同，世界各地有很多关于人工鱼礁上底栖集群结构(定植和演替)的研究。除了对演替顺序的简单描述之外(如 Carter et al，1985a；Palmer - Zwahlen，Aseltine，1994)，这些研究中一些研究评价了各种各样环境因素如季节变化(Bailey - Brock，1989；Jara，Céspedes，1994；Reimers，Branden，1994)、水流(Baynes，Szmant，1989)、放牧(Hixon，Brostoff，1985；Relini et al，1994)和浑浊度(Pamintuan et al，1994)对人工鱼礁的定植和演替过程的影响。也有一些公布的研究利用生物量积累来评价各种材料对人工鱼礁建设的适宜性(Hatcher，1995；Gilliam et al，1995；Ohgai et al，1995)。

在文献中只有非常之少的关于人工鱼礁的养分动态和初级生产率的功能性层面的信息。Fang(1992)提供了一个关于人工鱼礁群落的理论模型，该模型旨在通过将鱼类生产率关联于浮游植物和浅水底栖滤食动物的密度来评价人工鱼礁性能。Rice 等(1989)描述了巨型海带的现存量和初级生产，这些巨型海带被移植到位于一处海港的防波堤，以此评价一个生境缓解项目的成功度，并发现了高达50%的海带生产是被来自防波堤生境的鱼类和无脊椎动物啃食的。Falace 和 Bressan(1994)对海藻草皮覆盖的累积进行定量化作业，以此评价温度和浑浊度对人工鱼礁初级生产的影响。

也有大量的文献基于关于自然鱼礁系统如珊瑚礁[在 Dubinsky(1990)的数章中予以评述；Hatcher，1988，1990，1997]和软质及硬质底部群落(Levinton，1982；Rumohr et al，1987；Thompson et al，1987；Zieman，Zieman，1989；Hopkinson et al，1991)的研究，这些鱼礁系统和底部群落能够作为解释养分和生产率过程会怎样作用于人工鱼礁及其周围环境的背景资料。本章的前文概述了这种研究的大部分内容。大多数养分研究都会有测量经过所研究系统的养分流量比率和养分来源的目的，或者测量在鱼礁系统内不同区划之间养分转移比率的目的(如 Tribble et al，1988；D' Elia，Wiebe，1990；Erez，1990)。生产率研究一般会聚焦于测量不同初级生产者群组的生物量(现存量)的数量，测量其初级生产率或者检查影响初级生产率的诸多过程(如养分供应和放牧；Larkum，1983；Berner，1990；Erez，1990)。如果鱼礁目标是聚集于渔业生产的，初级生产向次级生产的转移过程应该是评价人工鱼礁“成功度”的一个重要方面，却很少被处理。即使是这些复杂的自然鱼礁系统研究，能将养分动态与初级生产和次级生产关联起来的研究也很少(如 Odum，Odum，1955；Atkinson，Grigg，1984；Grigg et al，1984)。

4.6.2 案例研究

第二/三类(见 4.1 节)人工鱼礁研究(Szmant，1993)将予以详细描述，原因在于：

①其为尝试定量化养分循环、初级生产和初级生产率与鱼类存量的相关性的功能性方面的少数人工鱼礁研究之一；②其展示即使是仔细计划的研究也会遇到的一些困难和陷阱。这项研究(Szmant，1993)是在佛罗里达州东南部棕榈滩县旁边的大西洋海域开展的，其设计目的就是检验这样的假设：较高的人工鱼礁结构复杂性能够促进越来越多的养分再生，因此会增加营养不足的珊瑚礁系统内的初级生产率和鱼类资源量。为了区分通过遮蔽物由结构复杂性培育增加的鱼类资源量和假设的经过强化的初级生产机制，在不同的结构复杂性程度(中空或填满破碎的煤渣砌块)及不同的养分或食物资源水平下(敷有防污涂料的装置用于防止生物淤积群落的发展，实验者加入缓释肥料的装置用于丰富养分状况)，使用人工鱼礁处理装置进行了实验。以上所述许多方法均用于评估水层和沉积物养分、水层和水下叶绿素、生物量和沉降平板上生物淤积群落的百分比覆盖、笼内生物量和覆盖(图 4.4)、初级生产率和呼吸作用的孵化测量(图 4.5)和在所有鱼礁处理措施内和额外控制地点(带有简单“A”字形框架线结构悬浮沉降平板的纯粹沙质区域)上对鱼类集聚物的广泛取样(见第 5 章)。

尽管这项研究是经过仔细设计的，在解读这些结果中研究人员遇到了大量的困难。第一个令人惊奇的结果就是：水下集聚物的主导者是固着滤食性无脊椎动物，而且只有非常少量的植物覆盖和生物量。实际上，大量的大型海藻仅仅在没有笼子的处理物上出现了，在这些处理物上食草鱼类吃掉了竞争性的无脊椎动物。这与对热带珊瑚礁系统所作出的预期结果相悖(在热带珊瑚礁系统上，我们将会预期在笼子里有更多的海藻，在那里它们是受到保护，免受食草性鱼类啃食的，见表 4.1)，而且表明了将此结果解读为能够检验关于热带珊瑚礁系统内养分和初级生产率的假设是有难度的。事实上，这根本就不是一个热带珊瑚礁系统。

关于养分机制的结果在整个研究过程的沉积物养分浓度中并不包括任何差异。然而，水体取样表明：在部署后一年多之后，填充型鱼礁的间隙水与周围水体和中空鱼礁相比有更高的无机养分浓度。尽管在磷浓度中没有发现任何差异，这个结果只能为如下假设提供有限的支持：较高人工鱼礁结构复杂性会增加养分的再生。

然而，这种在养分再生中可能出现的差异看来并没有转移到更高的初级生产率当中。也就是说富化的处理物(不管试验性肥料化还是带有明显更高再生情况的填充鱼礁)并未表现出更高的初级生产率。此外，与次级生产的联系特别不清楚，因为鱼类研究表明了人工鱼礁的生境结构比鱼礁可能提供的任何食物资源对鱼类强化而言都更加重要。填充的鱼礁的较高结构复杂性(即使是在基本缺乏营养来源的防污鱼礁上)并未导致鱼类资源量的增加。

然而关于增加人工鱼礁的结构复杂性可以强化养分再生的证据非常有限，强化的养分和鱼礁的强化的初级生产并不存在任何联系。作者得出这样的结论：试验可能并未在一个合适的地方开展。这个地点不是一个营养不足的热带地点，正如在人工基底上生发的食草和滤食性无脊椎动物的主导性和在定植鱼类集聚物当中浮游生物食者的主导性所证明的(见表4.1)。不幸的是，在这个案例中，养分和初级生产率是被明确检查过的，其中浮游生物资源是生发群落的主要营养基础，因此，我们不觉得养分再生和鱼礁初级生产率很重要。然而，结构复杂性在提供鱼类掩蔽物方面的重要性是得到确认的。作者引用的另一个在限制所有人工鱼礁项目方面毫无疑问起到一些作用的因素就是由政府许可和其他物流考虑确定的可能不合适的地点。管理因素而非水文和生态考量将始终影响人工鱼礁的选址。

4.7 未来需求和方向

如上所述，严重缺乏养分循环、初级生产和初级生产向次级生产的转化等人工鱼礁生态系统功能方面相关的已出版且经同行评审的文献。严谨和可获得信息的缺乏对增进我们对贡献于成功人工鱼礁的设计方面和物理及生物环境的理解而言构成严重的障碍。

尽管在过去大多数人工鱼礁项目会有主要与渔业强化有关的目标，在未来更大的重点将会放在具有复原和缓解目标的人工鱼礁上。在前面案例中，监控在一定时间范围内有多少数量什么鱼类物种会在一处人工鱼礁上出现可能会是成功评价的基本准则，这一点可能是逻辑的自然结果。在复原和缓解情况下，特定成功准则可能不那么清楚(如我们会怎样判断一个复杂自然系统的重复性?)，而且在不久的将来可能会是一个在环境管理方面需要更多关注的领域。然而，生态系统功能复原应该成为评估复原项目成功度的一个主要准则，这一点看起来是符合逻辑的。我们往往假定：生态系统结构的复原(物种丰富度、相对丰度和年龄结构)蕴涵了一点，即生态系统功能(养分循环和补充动态)的基础层面是健康的。Bell 等(1993)就复原的海草基床检查了这个假定，并得出结论：在复原的海草自身的结构和复原的海草生境的功能性层面(尤其是满足生境要求，包括服务于动物定栖的营养资源)之间明显缺乏相关性。在鱼礁系统中，这个假定仍然是未被检验的，而且如果假定自然或未受影响的(特别是多样的)鱼礁群落结构的复原在管理活动相关的时间尺度上往往是无法达到的，那么需要在人工鱼礁生态系统功能的直接评估方面做出更多努力。在知悉本章描述的许多功能性评估方法的复杂性的情况下，我们还认识到对用于评估生态系统的更加简单更加适用的方法和成功准则的一种需要(Zedler，1996)。

4.8 鸣　谢

Margaret W. Miller 非常感谢 Alina Szmant 博士(Szmant，1992)对本手稿给出建议、指导和大量的贡献。编写本章的资金由美国国家海洋和大气管理局提供。

Annalisa Falace 感谢 Laura Talarico 教授提供的有益协助。

参考文献

Agemian H. 1997. Determination of nutrients in aquatic sediments. //A Mudroch, J M Azcue, P Mudroch, eds. Manual of Physico-chemical Analysis of Aquatic Sediments. Lewis Publishers, Boca Raton, FL: 175 – 227.

Akeda S, K Yano, A Nagano, I Nakauchi. 1995. Improvement works of fishing port taken with care to artificial formation of seaweed beds. //Proceedings, International Conference on Ecological Systems Enhancement Technology for Aquatic Environments. Japan International Marine Science and Technology Federation, Tokyo: 394 – 399.

Ambrose R F, S L Swarbrick. 1989. Comparison of fish assemblages on artificial and natural reefs off the coast of southern California. Bulletin of Marine Science, 44: 718 – 733.

Andrew N L, B D Mapstone. 1987. Sampling and the description of spatial pattern in marine ecology. Oceanography and Marine Biology Annual Reviews, 25: 39 – 90.

Andrews C, H Muller. 1983. Space-time variability of nutrients in a lagoonal patch reef. Limnology and Oceanography, 28: 215 – 227.

APHA. 1989. Standard Methods for the Examination of Water and Wastewater. 17th ed. American Public Health Administration, Washington, D. C. 1268 pp.

Atkinson M J, R W Grigg. 1984. Model of a coral reef ecosystem. II. Gross and net benthic primary production of French Frigate Shoals, Hawaii. Coral Reefs, 3: 13 – 22.

Bailey – Brock J H. 1989. Fouling community development on an artificial reef in Hawaiian waters. Bulletin of Marine Science, 44: 580 – 591.

Baynes T W, A M Szmant. 1989. Effect of current on the sessile benthic community structure of an artificial reef. Bulletin of Marine Science, 44: 545 – 566.

Bell S S, L A J Clements, J Kurdziel. 1993. Production in natural and restored seagrasses: a case study of a macrobenthic polychaete. Ecological Applications, 3: 610 – 621.

Berner R A. 1980. Early Diagenesis: A Theoretical Approach. Princeton University Press, Princeton, NJ.

Berner T 1990. Coral reef algae. //Z Dubinsky, ed. Ecosystems of the World, Vol. 25: Coral Reefs. Elsevier, New York: 253 – 264.

Birkeland C. 1988, Geographical comparisons of coral reef community processes. Vol. I, Pages 211 – 220. In: J H Choat, D Barnes, M A Borowitzka, J C Coll P J Davies, P Flood, B G Hatcher, D Hopley, P A Hutchings, D Kinscy, G R Orme, M Pinchon, PF Sale, P Sammarco, C C Wallace, C Wilkinson, E Wolanski, O Bellwood, eds. Proceedings, 6th International Coral Reef Symposium. Symposium Executive Committee, Townsville, Australia.

Birkeland C, ed. 1997. Geographic differences in ecological processes on coral reefs. //Life and Death of Coral Reefs. Chapman & Hall, New York: 273 – 286.

Birkeland C, R H Randall. 1981. Facilitation of coral recruitment by echinoid excavation. //E D Gomez, C E Birkeland, R W Buddemeier, R F Johannes, J A Marsh, Jr, R T Tsuda, eds. Proceedings, 4tli International

Coral Reef Symposium. Marine Sciences Center, University of Philippines, Quezon City: 1, 695 –698.

Boesch D F. 1977. Application of numerical classification in ecological investigations of water pollution. EPA – 600/3 –77 –003, Corvallis Environmental Research Laboratory, Office of Research and Development, USEPA, Corvallis, Oregon.

Bohnsack J A. 1979. Photographic quantitative sampling studies of hard-bottom benthic communities. Bulletin of Marine Science, 29: 242 –252.

Bohnsack J A. 1989. Are high densities of fishes at artificial reefs the result of habitat limitation or behavioral preference? Bulletin of Marine Science, 44: 631 –645.

Bohnsack J A, D L Sutherland. 1985. Artificial reef research: a review with recommendations for future priorities. Bulletin of Marine Science, 37: 11 –39.

Bohnsack J A, D L Johnson, R F Ambrose. 1991. Ecology of artificial reef habitats and fishes. //W. Seaman and L, Sprague, eds. Artificial Habitats for Marine and Freshwater Fisheries. Academic Press, San Diego: 61 –107.

Bohnsack J A, A M Ecklund, A M Szmant. 1997. Artificial reef research: is there more than the attraction – production issue? Fisheries, 22: 14 –16.

Bombace G. 1977. Aspetti teorici e sperimentali concernenti le barriere artificiali. //Proceedings, Atti IX Congresso Societa Italiana Biologia Marina, Ischia, Italy: 29 –42.

Bombace G. 1981. Note on experiments in artificial reefs in Italy. Conseil General (del Peclie Maritime Etude el Revues, 58: 309 –324.

Bombace G. 1989. Artificial reefs in the Mediterranean Sea. Bulletin of Marine Science, 44: 1023 –1032.

Bortone S, B D Nelson. 1995. Food habits and forage limits of artificial reef fishes in the Northern Gulf of Mexico. //Proceedings, International Conference on Ecological System Enhancement Technology for Aquatic Environments. Japan International Marine Science and Technology Federation, Tokyo: 215 –220.

Bray R N, A C Miller. 1985. Planktivorous fishes: their potential as nutrient importers to artificial reefs. Abstract only. Bulletin of Marine Science, 37: 396.

Bugrov L Y. 1994. Fish – farming cages and artificial reefs: complex for waste technology. Bulletin of Marine Science, 55: 1332.

Carr M H, M A Hixon. 1997. Artificial reefs: the importance of comparisons with natural reefs. Fisheries, 22: 28 –33.

Carter J W, A L Carpenter, M S Foster, W N Jessee. 1985a. Benthic succession on an artificial reef designed to support a kelp-reef community. Bulletin of Marine Science, 37: 86 –113.

Carter J W, W N Jessee, M S Foster, A L Carpenter. 1985b. Management of artificial reefs designed to support natural communities. Bulletin of Marine Science, 37: 114 –128.

Chalker B E, K Carr, E Gill. 1985. Measurement of primary production and calcification in situ on coral reefs using electrode methods. //C Gabrie and M. Harmelin – Vivien, eds. Proceedings, 5th International Coral Reef Congress, Tahiti. Atenne Museum National D'Historic Naturelle el de L'Ecole Pratiquecle Hautes Etudes, Moorea, French Polynesia: 167 –172.

Clark S, A J Edwards. 1994. Use of artificial reef structures to rehabilitate reef flats degraded by coral mining in the Maldives. Bulletin of Marine Science, 55: 724 - 744.

CMEA. 1987. Unified Methods for Water Quality Examination, Part 1: Methods of Chemical Analysis. 4th Ed., Council of Mutual Economic Assistance, Moscow, 1244 pp. (In Russian.)

Connell S D. 1997. Exclusion of predatory fish on a coral reef: the anticipation, pre-emption, and evaluation of some caging artifacts. Journal of Experimental Marine Biology and Ecolog, 213: 181 - 198.

Crompton T R. 1992. Comprehensive Water Analysis Vol. I: Natural Waters. Elsevier Applied Science, London.

D'Elia C F, W J Wiebe. 1990. Biogeochemical nutrient cycles in coral-reef ecosystems. //Z Dubinsky, ed. Ecosystems of the. World, Vol. 25: Coral Reefs. Elsevier, New York: 49 - 74.

Done T J, J C Ogden, W J Wiebe, B R Rosen. 1996. Biodiversity and ecosystem function of coral reefs. //Mooney H A, J H Cushman, E Medina, O E. Sala, E - D Schulze, eds., Functional Roles of Biodiversity, A Global Perspecitve. John Wiley & Sons, Chichester: 393 - 429.

Dubinsky Z, ed. 1990. Ecosystems of the World, Vol. 25: Coral Reefs. Elsevier, New York.

Ecklund A M. 1996. The effects of post-settlement predation and resource limitation on reef fish assemblages. Ph. D. dissertation, University of Miami, Coral Gables, FL.

Erez J. 1990. On the importance of food sources in coral-reef ecosystems. //Z Dubinsky, ed. Ecosystems of the World, Vol. 25: CoraI Reefs. Elsevier, New York: 411 - 418.

Falace A, G Bressan. 1994. Some observations on periphyton colonization of artificial substrata in the Gulf of Trieste (N. Adriatic Sea). Bulletin of Marine Science, 55: 924 - 931.

Falace A, G Bressan. 1997. Adapting an artificial reef to biological requirements. In: L E Hawkins, S Hutchinson, A Jensen, eds. Proceedings, 30th European Marine Biology Symposium. Southampton Oceanography Centre, Southampton, England, September 1995.

Falace A, G Maranzana, G Bressan, L Taiarico. 1998. Approach to a quantitative evaluation of benthic algal communities. //A. C. Jensen, ed. Final Report and Recommendation, European Artificial Reef Research Network (EARRN). Report to European Commission, Contract No. AIR - CT94 - 2144: 108 - 119.

Fang L S. 1992. A theoretical approach of estimating the productivity of artificial reef. Acta Zoologica Taiwanica, 3: 5 - 10.

Ferreira J G, L Ramos. 1989. A model for the estimation of annual production rates of macrophyte algae. Aquatic Botany, 33: 53 - 70.

Frazer T K, W J Lindberg. 1994. Refuge spacing similarly affects reel-associated species from three phyla. Bulletin of Marine Science, 55: 388 - 400.

Gilliam D S, K Banks, R E Spieler. 1995. Evaluation of a novel material for artificial reef construction. //Proceedings, International Conference on Ecological Systems Enhancement Technology for Aquatic Environments. Japan International Marine Science and Technology Federation, Tokyo: 345 - 350.

Grigg R W, J J Polovina, M J Atkinson. 1984. Model of a coral reef ecosystem. III. Resource limitation, community regulation, fisheries yields, and resource management. Corcil Reefs, 3: 23 - 29.

Harris G P. 1986. Phytoplankton Ecology: Structure, Function, and Fluctuation, Chapman & Hall. New York.

Hatcher A. 1995. Trends in the sessile epibiotic biomass of an artificial reef. //Proceedings, International Conference on Ecological Systems Enhancement Technology for Aquatic Environments. Japan International Marine Science and Technology Federation, Tokyo: 125 – 130.

Hatcher B G. 1988. The primary productivity of coral reefs: a beggar's banquet. Trends in Ecology and Evolution, 3: 106 – 111.

Hatcher B G. 1990. Coral reef primary productivity: a hierarchy of pattern and process. Trends in Ecology and Evolution, 5: 149 – 155.

Hatcher B G. 1997. Organic production and decomposition. //C Birkeland, ed. Life and Death of Coral Reefs. Chapman & Hall, New York: 140 – 174.

Hatcher B G, A W D Larkum. 1983. An experimental analysis of factors controlling the standing crop of the epilithic algal community on a coral reef. Journal of Experimented Marine Biology and Ecology, 69: 61 – 84.

Hay M E. 1984. Patterns of fish and urchin grazing on Caribbean coral reefs: are previous results typical? Ecology, 65: 446 – 454.

Hay M E. 1991. Herbivorous fishes and adaptations of their prey. //P F Sale, ed. Ecology of Fishes on Coral Reefs. Academic Press, San Diego: 96 – 119.

Henderson R S. 1981. In situ and microcosm studies of diel metabolism of reef flat communities. //E D Gomez, C E Birkeland, R W Buddemeier, R E Johannes, J A Marsh, Jr, R T Tsuda, eds. Proceedings, 4th International Coral Reef Symposium. Marine Sciences Center, Uni – versity of Philippines, Quezon City: 1, 679 – 686.

Hixon M A, W N Brostoff. 1985. Substrate characteristics, fish grazing, and epibenthic reef assemblages off Hawaii. Bulletin of Marine Science, 37: 200 – 213.

Holme N A, A D Mclntyre. 1984. Methods for the Study of Marine Benthos. Blackwell Scientific Publications, Oxford.

Hopkinson C S, Jr, R D Fallon, B O Jansson, J P Schubauer. 1991. Community metabolism and nutrient cycling at Gray's Reef, a hard bottom habitat in the Georgia Bight. Marine Ecology Progress Series, 73: 105 – 120.

Hueckel G J, R M Buckley. 1989. Predicting fish species on artificial reefs using indicator biota from natural reefs. Bulletin of Marine Science, 44: 873 – 880.

Hughes T P. 1994. Catastrophes, phase shifts, and large-scale degradation of a Caribbean coral reef. Science, 265: 1547 – 1551.

Hughes T P, D C Reed, M J Boyle. 1987. Herbivory on coral reefs: community structure following mass mortalities of sea urchins. Journal of Experimental Marine Biology and Ecology, 113: 39 – 59.

Hulberg L W, J S Oliver. 1980. Caging manipulations in marine soft – bottom communities: importance of animal interactions or sedimentary habitat modifications. Canadian Journal of Fisheries and Aquatic Science, 37: 1130 – 1139.

Jara F, R Cespedes. 1994. An experimental evaluation of habitat enhancement on homogeneous marine bottoms in southern Chile. Bulletin of Marine Science, 55: 295 – 307.

Johnson T D, A M Barnett, E E DeMartini, L L Craft, R F Ambrose, L J Purcell. 1994. Fish production and habitat utilization on a southern California artificial reef. Bulletin of Marine Science, 55: 709 – 723.

Kinsey D W. 1978. Productivity and calcification estimates using slack – water periods and filed enclosures. //D R Stoddart, R E Johannes, eds. Coral Reefs: Research Methods. Monographs in Oceanography Methods No. 5, UNESCO, Paris: 439 – 468.

Koblentz – Mishke O J, V V Volkovinsky, J G Kabanova. 1970. Plankton primary production of the world ocean. //W S Wooster, ed. Scientific Exploration of the South Pacific. National Academy of Sciences, Washington, D. C: 183 – 193.

Laihonen P, J Hanninen, J Chojnacki, I Vuorinen. 1996. Some prospects of nutrient removal with artificial reefs. //A C Jensen, ed. Proceedings, First European Artificial Reef Research Network Conference. Southampton Oceanography Centre, Southampton, England: 85 – 96.

Lapointe B E. 1989. Caribbean coral reefs: are they becoming algal reefs? Sea Frontiers, 35: 82 – 91.

Lapointe B E. 1997. Nutrient thresholds for bottom-up control of macroalgal blooms on coral reefs in Jamaica and southeast Florida. Limnology and Oceanography, 42: 1119 – 1131.

Larkum A W D. 1983. The primary productivity of plant communities on coral reefs. //D J Barnes, ed. Perspectives on Coral Reefs. Published for AIMS by Brian Clouston Publishers, Manuka, Australia: 221 – 230.

Larkum A W D, K Koop. 1997. ENCORE: algal productivity and possible paradigm shifts. //H A Lessios, l G Macintyre. eds. Proceedings, 8tli International Coral Reef Symposium. Smithsonian Tropical Research Institute, Balboa, Panama: 1, 881 – 884.

Larkum A W D, A J McComb, S A Shepherd. 1989. Biology of Seagrasses: A Treatise on the Biology of Seagrasses with Special Reference to the Australian Region. Elsevier, New York.

Levinton J S. 1982. Marine Ecology. Prentice – Hall, Englewood Cliffs, NJ.

Lewis S M. 1986. The role of herbivorous fishes in the organization of a Caribbean reef community. Ecological Monographs, 56: 183 – 200.

Lieth H, R H Whittaker. 1975. Primary Productivity of the Biosphere. Springer – Verlag, New York.

Lindquist D G, L B Cahoon, I E Clavijo, M H Posey, S K Bolden, L A Pike, S W Burk, P A Cardullo. 1994. Reef fish stomach contents and prey abundance on reef and sand substrata associated with adjacent artificial and natural reefs in Onslow Bay, North Carolina. Bulletin of Marine Science, 55: 308 – 318.

Littler M M, D S Littler. 1980. The evolution of thalius form and survival strategies in benthic marine macroalgae: field and laboratory tests of a functional form model. American Naturalist, 116: 25 – 44.

Littler M M, D S Littler. 1985. Handbook of Phycological Methods – Ecological Field Methods: Macroalgae. Cambridge University Press, Cambridge.

Littler M M, D S Littler, J N Norris, K E Bucher. 1987. Reeolonizalion of algal communities following the grounding of the freighter Wellwood on Molasses Reef, Key Largo National Marine Sanctuary. NOAA Technical Memorandum, NOS MEMD 15. 32 pp.

Littler M M, D S Littler, E A Titlyanov. 1991. Comparisons of N – and P – limited productivity between high granitic islands versus low carbonate atolls in the Seychelles archipelago: a test of the relative dominance paradigm. Coral Reefs, 10: 199 – 209.

Marsh J A, S V Smith. 1978. Productivity measurements in flowing water. //D R Stoddart and R E Johannes, eds. Coral Reefs: Research Methods. Monographs in Oceanography Methods No. 5, UNESCO, Paris: 361 - 378.

McClanahan T R, M Nugues, S Mwachireya. 1994. Fish and sea urchin herbivory and competition in Kenyan coral reef lagoons: the role of reef management. Journal of Experimental Marine Biology and Ecology, 184: 237 - 254.

Miller M W. 1998. Coral/seaweed competition and the control of reef community structure within and between latitudes. Oceanography and Marine Biology: An Annual Review, 36: 65 - 96.

Miller M W, M E Hay. 1998. Effects of fish predation and seaweed competition on the survival and growth of corals. Oecologia, 113: 231 - 238.

Miller M W, M E Hay, S L Miller, D Malone, E E Sotka, A M Szmant. 1999. Effects of nutrients versus herbivores on reef algae: a new method for manipulating nutrients on coral reefs. Limnology and Oceanography, 44: 1847 - 1861.

Mudroch A, S D MacKnight, eds. 1991. CRC Handbook of Techniques for Aquatic Sediments Sampling. CRC Press, Boca Raton, FL.

NIH. 1987—1988. Physico - Chemical Analysis of Water and Wastewater. National Institute of Hydrology, Roorkee - 247667(UP), India.

Nybakken J W. 1982. Marine Biology: An Ecological Approach. Harper & Row, New York.

Odum H T, E P Odum. 1955. Trophic structure and productivity of a windward coral reef community on Eniwetok Atoll. Ecological Monographs, 25: 291 - 320.

Ohgai M, N Murase, H Kakimoto, M Noda. 1995. The growth and survival of Sargassum patens on andesite and granite substrata used on the formation of seaweed beds. //Proceedings, International Conference on Ecological Systems Enhancement Technology for Aquatic Environments. Japan International Marine Science and Technology Federation, Tokyo: 470 - 475.

Palmer - Zwahlen M L, D A Aseltine. 1994. Suceessional development of the turf community on a quarry rock artificial reef. Bulletin of Marine Science, 55: 902 - 923.

Pamintuan I S, P M Atino, E D Gomez, R N Rollon. 1994. Early suceessional patterns of invertebrates in artificial reefs established at clear and silty areas in Bolinao, Pangasinan, Northern Philippines. Bulletin of Marine Science, 55: 867 - 877.

Parchevshy V P, M A Rabinovich. 1995. Influence of habitat enhancement on yield and biomass renewal of seaweeds in eutrophic coastal waters of the Black Sea. //Proceedings, international Conference on Ecological Systems Enhancement Technology for Aquatic Environments. Japan Interna - tional Marine Science and Technology Federation, Tokyo: 459 - 463.

Parsons T R, M Takahashi, B Margrave. 1984a. Biological Oceanographic Processes. 3rd Ed. Pergamon Press, New York.

Parsons T R, Y Maita, C Lalli. 1984b. A Manual of Chemical and Biological Methods for Seawater Analysis. Pergamon Press, New York.

Patton M L, C F Valle, R S. Grove. 1994. Effects of bottom relief and fish grazing on the density of the giant kelp, Microcystis. Bulletin of Marine Science, 55: 631 -644.

Peet R K. 1974. The measurement of species diversity. Annual Review of Ecology and Systematics, 5: 285 -307.

Pike L A, D G Lindquist. 1994. Feeding ecology of spot tail pinfish (Diplodus holbrooki) from an artificial and natural reef in Onslow Bay, North Carolina. Bulletin of Marine Science, 55: 363 -374.

Powell C, M Posey. 1995. Evidence of trophic linkages between intertidal oyster reefs and their adjacent sandflat communities. Abstract. In: J P Grassle, A Kelsey, E Gates, P V Snelgrove, eds. Proceedings, 23rd Benthic Ecology Meetings. Institute of Marine and Coastal Sciences, Rutgers University, New Brunswick, NJ.

Prince E D. 1976. The biological effects of artificial reefs in Smith Mountain Lake, Virginia. Ph. D. dissertation, Virginia Polytechnic Institute and State University, Blacksburg.

Prince E D, O E Mauggham, P Brouha. 1985. Summary and update of the Smith Mountain Lake artificial reef project. //F M D'ltri, ed. Artificial Reefs Marine and Freshwater Application. Lewis Publishers, Chelsea, MI: 401 -430.

Randall J E. 1965. Grazing effects of seagrasses by herbivorous reef fishes in the West Indies. Ecology, 46: 255 -260.

Reimers H, K Branden. 1994. Algal colonization of a tire reef - influence of placement date. Bulletin of Marine Science, 55: 460 -469.

Relini G. 1974. La colonizzazione dei subslrati duri in mare. Memorie Biologia Marina e Oceanografia, Numero Singolo, 4(4 -6): 201 -261.

Relini G , N Zamboni, F Tixi, G Torchia. 1994. Patterns of sessile macrobenthos community develop-ment on an artificial reef in the Gulf of Genoa (northwestern Mediterranean). Bulletin of Marine Science, 55: 745 -771.

Rice D W, T A Dean, F R Jacobsen, A M Barnett. 1989. Transplanting of giant kelp Macrocystis pyrifera in Los Angeles Harbor and producti vity of the kelp population. Bulletin of Marine Science, 44: 1070.

Riggio S. 1988. I ripopolamenti in mare. //Proceedings, Atti IV Convegno Siciliano Ecologia, Porto Palo di Capo Passero, Italy: 223 -250.

Riley J P, R Chester. 1971. Introduction to Marine Chemistry. Academic Press, New York.

Rumohr J, E Walger, B Zeitschel. 1987. Seawater-sediment interactions in coastal waters: an interdis-ciplinary approach. Lecture Notes on Coastal and Estuarine Studies, No. 13. Springer - Verlag, New York.

Schubert L E. 1984. Algae as Ecological Indicators. Academic Press, London.

Smith S V, D W Kinsey. 1978. Calcification and organic carbon metabolism as indicated by carbon dioxide. //D R Stoddart, R E Johannes, eds. Coral Reefs: Research Methods. Monographs in Oceanography Methods No. 5, UNESCO, Paris: 469 -484.

Smith S V, W J Kimmerer, E A Laws, R E Brock, T W Walsh. 1981. Kaneohe Bay sewage diversion experiment: perspectives on ecosystem responses to nutritional perturbation. Pacific Science, 35: 279 -395.

Spanier E. 1989. How to increase the fisheries yield in low productive marine environments. //Proceedings,

Oceans'89: The Global Ocean, Institute of Electrical and Electronics Engineers, New York: 1, 297 – 301.

Spanier E, M Tom, S Pisanty, G Almog – Shtayer. 1990. Artificial reefs in the low productive marine environments of the southeastern Mediterranean. Marine Ecology (Pubblicazioni delta Stazione Zoologica di Napoli) 11: 61 – 75.

Steele M A. 1996. Effects of predators on reef fishes: separating cage artifacts from effects of predation. Journal of Experimental Marine Biology and Ecology, 198: 249 – 267.

Steimle F W, Jr, L Ogren. 1982. Food of fish collected on artificial reefs in the New York Bight: and off Charleston, South Carolina. Marine Fishery Review, 44: 49 – 52.

Steneck R S, M N Diether. 1994. A functional group approach to the structure of algal-dominated communities. Oikos, 69: 476 – 498.

Stimson J, S Lamed, K McDermid. 1996. Seasonal growth of the coral reef macroalga Dictvosphaeria cavernosa (Forskal) Bϕrgesen and the effects of nutrient availability, temperature, and herbivory on growth rate. Journal of Experimental Marine Biology and Ecology, 196: 53 – 77.

Szmant A M. 1992. Reef data: nutrients, primary productivity, and fouling. //W Seaman, Jr, ed. Environmental and Fishery Performance of Florida Artificial Reef Habitats. Florida SeaGrant College Program, Gainesville: 113 – 139.

Szmant A M. 1993. Nutrient cycling and the optimum productivity of shallow-water artificial reefs. Final Report 91 – 104, Florida Sea Grant College Program, Gainesville, 22 pp.

Szmant A M. 1997. Nutrient effects on coral reefs: a hypothesis on the importance of topographic and trophic complexity to reef nutrient dynamics. //H A Lessios and I G Macintvre, eds. Proceedings, 8th International Coral Reef Symposium. Smithsonian Tropical Research Institute, Balboa, Panama: 2, 1527 – 1532.

Szmant A M, A Forrester. 1996. Water column and sediment nitrogen and phosphorus distribution patterns in the Florida Keys, USA. Coral Reefs, 15: 21 – 41.

Szmant A M, L M FitzGerald, V I Hensley. 1986. Nitrogen fluxes in fore-reef sediments Eos, Transactions, American Geophysical Union, 67: 997.

Szmant – Froelich A. 1983. Functional aspects of nutrient cycling on coral reefs. NOAA Symposium Series on Undersea Research, National Undersea Research Program, Rockville, MD 1: 133 – 139.

Szmant – Froelich A. 1984. The role of herbivorous fish in the recycling of nitrogenous nutrients on coral reefs. NOAA Hydro lab Final Report, Mission 83 – 10, National Undersea Research Program, Rockville, MD.

Thompson M F, R Sarojini, R Nagabhushanam. 1987. Biology of Benthic Marine Organisms. A. A. Balkema, Rotterdam.

Tribble G W, F J Sansone, Y Li, S V Smith, R W Buddemeier. 1988. Material fluxes from a reef framework. // J H Choat, D Barnes, M A Borowitzka, J C Coll, P J Davies, P Flood, B G Hatcher, D Hopley, P A Mulchings. D Kinsey, G R Orme, M Pinchon, P F Sale, P Sammarco, C C Wallace, C Wilkinson, E Wolanski, O Bellwood, eds. Proceedings, 6th International Coral Reef Symposium. Symposium Executive Committee, Townsville, Australia: 2, 577 – 582.

USEPA. 1983. Methods for Chemical Analysis of Water and Wastes. Environmental Monitoring and Support Laboratory, United States Environmental Protection Agency, Cincinnati, OH.

Valiela I. 1995. Marine. Ecological Pwcesses. 2nd Ed. Springer – Verlag, New York.

Zedler J B. 1996. Ecological issues in wetland mitigation. Ecological Applications, 6: 33 – 37.

Zieman J C, R T Zieman. 1989. The ecology of the seagrass meadows of the West Coast of Florida: a community profile. United States Fish and Wildlife Service Biological Report 85 (7.25).

第 5 章

渔业资源评价

Stephen A. Bortone, Melita A. Samoilys, Patrice Francour

5.1 概 述

本章讨论了评价与人工鱼礁有关的鱼和无脊椎动物动物区系的重要性及其数据需求，评述了影响动物区系的生物和非生物因素，验证了与设计有关研究的诸多准则，并描述了在评估动物区系聚集中使用的诸多方法(破坏性的和非破坏性的)，对在这些研究中使用的术语予以了具体定义。之后列举了一些实际的和假设性的与评价有关研究的实例。最后讨论了人工鱼礁研究的未来需求和方向。

5.2 引 言

人工鱼礁部署的一个主要原因就是改善、增加或至少维持局部区域的渔业资源。Polovina(1991，第 164 页)描述了人工鱼礁在理论上会怎样影响渔业。图 5.1 阐明了人工鱼礁如何通过增加其为食草动物和滤食动物附生提供表面积(以此作为将水层中的能量转移给鱼礁相关捕食鱼类和大型无脊椎动物的基础)来影响渔业。因此，关于鱼礁对渔业资源影响的评估可以基于这些资源的生物属性，如其丰度、尺寸和生物量及物种丰富度和相对物种多样性。

人工鱼礁鱼类和大型无脊椎动物的评估方法在 Bortone 和 Bohnsack(1991)，Bortone 和 Kimmel(1991)以及 Seaman 等(1992)的出版物当中已经予以分析。到目前为止，大多数评估方法从天然热带珊瑚礁(如 Sale，1991a)、温带岩礁(如 Kingsford，Battershill，1998)或者其他不规则近岸生物群落的研究中得到发展和修改。因此，本文引用的许多方法、协议和研究源于非人工鱼礁文献。但是，自然鱼礁的许多属性(如空间异质性和物种多样性)具有对关联人工鱼礁的动物区系取样的困难和问题直接有关的特性。

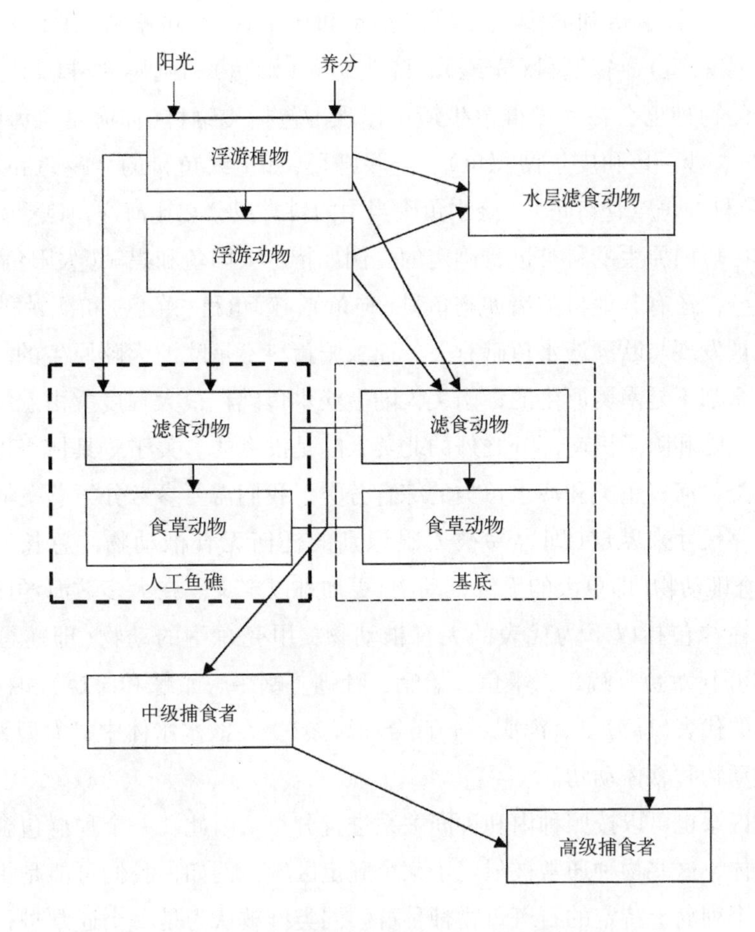

图5.1 在人工鱼礁上发现的主要营养群组之间的关系

5.2.1 目 标

本章有6个目标：①解释对可能会受人工鱼礁出现影响的鱼类和更大的无脊椎动物进行评价的需要；②定义在人工鱼礁动物区系评估中经常使用的术语，以澄清在本章和一般性人工鱼礁文献中使用的术语集；③描述对人工鱼礁相关的动物区系集聚物有影响的非生物和生物因素或变量；④在这些因素的背景下，讨论用于研究与人工鱼礁有关的鱼和大型无脊椎动物的设计准则；⑤呈现不同的破坏性和非破坏性的评估方法；⑥通过提供案例研究和实例讨论这些评估的应用。

5.2.2 定 义

在人工鱼礁上发现的大多数鱼类在分类学中为隶属于辐鳍鱼纲(以往称为硬骨鱼纲；Nelson，1994)真骨鱼，而且大多数鱼是来自高级鲈形目(Choat 和 Bellwood，1991)。在世界各地温暖和凉爽的温带海洋和河口水域，往往包括属于诸如鮨鱼科(石斑鱼、海鲈和石斑鱼球)、鲷鱼科(棘鬣鱼和海鲷)、鲹科(狗鱼和琥珀鱼)、笛鲷科(鲷鱼)、石鲈科(石鲈)、蝶鱼科(蝴蝶鱼)、雀鲷科(雀鲷)、隆头鱼科(濑鱼)和刺尾鲷科(刺尾鲷)的鱼类。来自非高级目的物种也会在海洋群落生境中出现,包括鳗鲡目(如海鳝科海鳝)、鲱形目(如鲱科的鲱鱼、沙丁鱼和皮尔彻德鱼)、金眼鲷目(如金鳞鱼科的金鳞鱼和骨鲲)和海龙鱼目(如管口鱼科的斑点管口鱼)。淡水鱼礁当中的科类成分在比海洋鱼礁更高的程度下是根据特定地理区域内原生的科类进行确定的。例如特定太阳鱼和黑鲈(太阳鱼科)就是北美鱼礁的主导成分,还有其他科类诸如狗鱼科(狗鱼)、鲤鱼科(鲦鱼)和河鲈科(鲈鱼)。最后三种科类也被发现与欧洲淡水鱼礁有关,而太阳鱼科不是欧洲大陆原生的。这四个科类的鱼中任何一个都不是南美原生的,南美大陆上淡水鱼礁在很大程度上由慈鲷科主导,而这种鱼在欧洲大陆和除了极南部分之外的北美大陆是没有的。关于对具体当地区域而言是特定的海洋鱼类、河口鱼类和淡水鱼类的综合分类,我们需要参考分类学文献。

由于主要靠尺寸来界定(即容易被人眼识别的任何无脊椎动物,总长通常不小于1 cm),大型无脊椎动物(即更大的无脊椎动物)更加难以定义。在大多数海洋区域和河口区域,这些群组往往包括以下为代表的无脊椎动物:甲壳总纲的动物(即螃蟹、对虾和龙虾);软体动物门(章鱼、鱿鱼、墨鱼、蛤蜊、牡蛎、蜗牛、峨螺和海螺)和移动缓慢的棘皮动物门动物的代表(即海星、海胆、海百合和海参)。在淡水水体中,大型无脊椎动物往往包括甲壳纲动物和软体动物。

鱼礁动物区系也可以按照种内和种间关系进行分类。因此,一个种群包含一系列属于同一物种的个体,这些物种通常被限定于某个确定区域。例如,我们可能是指在一处鱼礁或鱼礁群的一个列岛上特定的石斑鱼物种种群。同类群被认为是一个通常进行异种交配的种群的局部单元或者子种群。品种由一个广泛区域上的数个同类群体构成,包括多个世代(如幼虫形态和成年形态),而且被称为集合种群(Roughgarden, Iwasa, 1986; Roughgarden et al, 1988; Doherty, 1991)。集合种群通常是通过一个分散的幼虫阶段而联系在一起的(如 Doherty, 1991)。因此,集合种群是由以遗传基因形式联系在一起(有时是在数个世代内)的数个种群构成的。

两个或多个物种出现在同一位置时,物种之间的联系被称为一个群落。术语"聚集"经常被当作群落的近义词使用(Sale, 1991b)。然而,此处我们使用术语"聚集"指称在一处人工鱼礁上发现的生物体的一个多物种群组(Bohnsack et al, 1991)。这是因为这些生物体是一起被发现的,部分应归结于人工环境,而且未必源于长期的进化适应性、战略或共同进化。

对一些分析而言,基于其相对于鱼礁的物理位置考虑这些生物体可能更加重要。Nakamura(1985)用三个类别来分类有关生物体,主要是根据它们对人工鱼礁结构物本身的相对依赖性进行这种分类(图5.2)。第一类(类型A)包含倾向于与鱼礁自身有直接接触并往往占据鱼礁内的缝隙、孔洞或内部空间的底栖鱼。具体例子包括蟾鱼(蟾鱼科)、狼鱼(狼鱼科）和鲉鱼（鲉科）以及许多无脊椎动物，如石蟹（墨尼珀属）、龙虾（龙虾属和螯龙虾属），还有许多海胆和海参。第二类（类型 B）包括在鱼礁附近发现的并不直接接触鱼礁的生物体。有关鱼类包括各种各样的石斑鱼（鮨科）、石鲈（石鲈科）和比目鱼（鲆科）。类型 C 物种包括在鱼礁上方的中间水体和浮游带内发现的生物体。具体例子包括狗鱼（特别是鲹科鰤属的琥珀鱼）、特定的鲱鱼（鲱鱼科的任氏鲱属和小公鱼属）、特定的银汉鱼（银汉鱼科的下银汉鱼属和真银汉鱼属）、金枪鱼和鲭鱼（鲭科）以及无脊椎动物如鱿鱼。

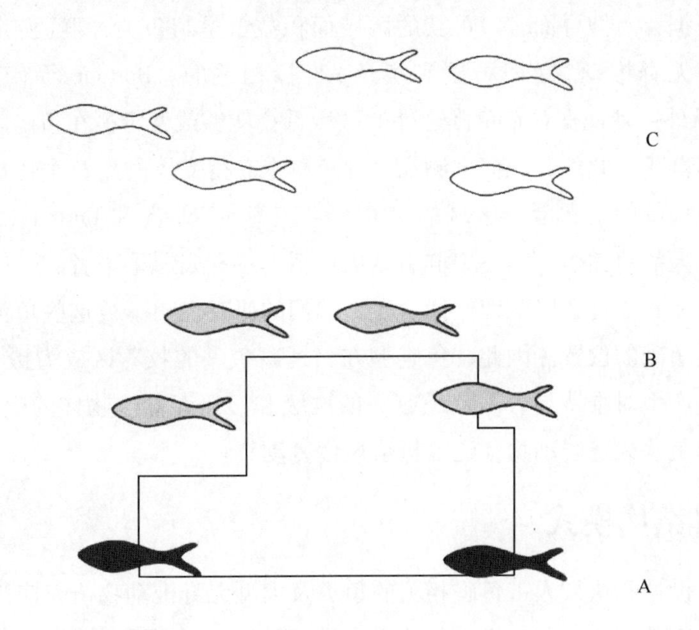

图 5.2 按照相对于鱼礁的典型位置分类的鱼类（根据 Nakamura，1985 改变）

5.3 聚集动态

人工鱼礁聚集的基本动态是在第 4 章探讨的，其中介绍了在营养关系当中能量的初级生产和次级生产转化情况。在这里我们评述一些结果性概括，这将有益于形成对鱼和大型无脊椎动物集聚物动态的整体评价。理解这些情况（或至少意识到它们的存在性）应有益于读者设计聚集效果评估研究和解释有关结果。

5.3.1 鱼和大型无脊椎动物评估环节

人工鱼礁明显不同于珊瑚礁，但是因其结构成分无生命，因此无法为相关生物聚集提供直接的能量这方面与岩礁十分类似。人工鱼礁、珊瑚礁和岩礁都为初级生产者和次级生产者的附生提供了更多的表面积。然而，即使是最为错综复杂的人工鱼礁表面也只能为在自然周围环境中可获的总表面面积增加非常小的部分。因此，与人工鱼礁有关的作为鱼类和无脊椎动物集聚物可消耗项目而可获的大部分能源资源来自周围水层，且主要通过滤食性生物体的形式实现(图5.1)。一些浮游动物食性动物和藻食性动物是底栖生物，这些动物会附着于鱼礁表面或定栖在附近基底上。

尽管能量流动的重要性可能是明显的，但只有少数研究曾分析了人工鱼礁周围的营养或群组结构。在这些研究当中，Lindquist 等(1994)注意到：与温带人工鱼礁相关的鱼类主要消耗通常在围绕鱼礁的沙质搜寻区域内才能发现的猎物品种。Frazer 和 Lindberg(1994)发现了这样的证据：对搜寻而言，可获的区域面积数量是与鱼类种群(游走性鱼类如海鲈和鳞鲀)和大型无脊椎动物(即石蟹和章鱼)直接相关的。Bortone 等(1998)和 Bortone (1999)发现了另外一种证据：在鱼礁之外的区域觅食能够改变定栖在鱼礁附近沙质基底上的环绕性生物体群落。此外，他们推测在一处鱼礁上获得支撑的鱼类生物量的数量可能直接取决于该鱼礁周围的潜在喂养区域的尺寸和生产率。Nelson 和 Bortone(1996)发现在与人工鱼礁有关更大的鱼类当中的一个群组结构包括上层和底层采集者、上层和底层结构捕食者、水层采集者和捕食者以及埋伏捕食者。他们的研究表明了被这些鱼消耗的大量材料也可能源于远离鱼礁的位置。因此，鱼礁上方和远离鱼礁的牧养区成为摄食区或“光晕”，它们的尺寸和生产率对维持与人工鱼礁有关的次级和三级营养生物体的生物量至关重要，不管这些生物体是永久定居动物，还是机会性侵入动物。

5.3.2 集群结构模式

本节确定了设计和执行人工鱼礁相关的鱼类及大型无脊椎动物研究应当了解的物种属性和群落结构的部分一般特征或模式。特定的局部条件(不管是空间性还是时间性)可能会与声明中相冲突。然而，在作为形成我们目前对集聚物的理解相关的备择假设的基础方面，一般条件可能被证明具有启发性。更加重要的是：它们有助于组织和强化研究问题，以使评估努力更具有方向性和目的性。

5.3.2.1 盐　度

在确定几乎所有生物体都必须遵循的生态系统亲和性方面，盐度扮演了异乎寻常的重要角色，这主要是因为存在短期的渗透调节性和长期的进化适应性。海洋环境与河口或淡水中鱼类与大型无脊椎动物人工鱼礁集聚物之间的显著性差异是前者的物种丰富度(即物种的数量)更高。海洋人工鱼礁集聚物可能会有50多种不同物种(如 Ardizzone et al, 1989)，不包括许多热带动物区系的不同性别或生命阶段形态(如 Böhlke，Chaplin，1993)。较高的物种丰富度会使评估研究设计更加明显地复杂化，特别是相对于培训程序和数据收集而言。必须作出选择以将评估限定于数个“目标”物种或科类，尤其是在用于定性识别的分类专业技能不容易获得的情况下。例如，Bohnsack(1982)使用经过改良的样点法来调查在一处鱼礁上出现的食鱼性捕食者鱼类。在另外一个例子中，Alevizon 等(1985)

调查了位于巴哈马群岛的诸多人工鱼礁，并仅仅将所选群组或科类的鱼类作为调查目标，而不是用整个集聚物。

尽管在入海口会出现剧烈的波动，与人工鱼礁有关的鱼和大型无脊椎动物的物种丰富度一般比附近海洋环境内更低，特别是在温带区域，人们注意到入海口在动物区系成分方面出现引人注目的季节性变化，因为物种往往会因季节驱动的环境偏好和繁殖行为而迁徙（Dovel，1971）。这意味着集聚物之间的比较必须是在获得这样的完整知识的情况下作出的：这些集聚物是根据由入海口提供的空间和时间变化条件预测的。此外，每个入海口以这些空间和时间变化条件的组合形式必须具有这些条件，因此，往往使得在不同入海口的诸多集聚物之间进行比较存在问题。

与含盐的或海洋的鱼礁相比，淡水鱼礁上的动物区系集聚物多样性相对较低，而且取决于诸多因素，如动物区系由此衍生的大陆区域的年龄和多样性。基于这个推理，位于东南亚的一处人工鱼礁的动物区系应该比位于北欧的人工鱼礁上的动物区系更加多样化。此外，更古老和更大型的淡水水体通常有更加多样的生物体群落，可供一个局部人工鱼礁的潜在定植（即物种相对于面积的关系，Barbour，Brown，1974）。

5.3.2.2　纬　度

陆地和水生生态学的一个通用范式就是：物种丰富度和多样性倾向于越靠近赤道越高，主要原因是热带地区比温带地区具有更大的平均生态稳定性（Emlen，1973）。这很大程度上是因为在过去 200 万年里北半球的更新世冰川作用，这不仅仅使得出现较高百分比的植物区系和动物区系的消除或替换，而且对更远地区也有深远的影响（主要通过温度和气候模式的变化来实现）（如撒哈拉地区在过去数百万年里曾经历了极端干旱情况）。研究设计者应该认识到沿着广泛的纬度所作的比较必须考虑可能出现的自然动物区系性差异。

5.3.2.3　水　深

就不同群落生境内的水深机制而言，鱼类和大型无脊椎动物群落易于形成相当严格的生物带（Rosenblatt，1967）。因为存在盐度、温度和波浪作用的巨大变化，环境属性的变化可能会由于水的深度而受阻，在近岸和地表水域可能会获得最大的环境特征变化。由天气诱发的短期环境变化的影响在潮汐区可能是最大的。在这些更加严苛的条件下，物种多样性往往被降低。鱼和大型无脊椎动物多样性在从海岸带向外到大陆架边缘的范围内更高。随着深度的增加（远离陆架边缘），透光度递减和底部倾向于变得更加均一，这将导致用于形成人工鱼礁集聚物的物种具有更低的生物多样性。

5.3.2.4　白昼或夜晚

在进行调查的白昼时间能够大大地影响所认识的物种多样性，因为在诸多鱼类当中存在变化的自然活动模式(Hobson，1991)。例如，Sanders 等(1985)注意到进行调查的白昼时间影响了在位于北墨西哥湾的一处人工鱼礁上测量的鱼类物种多样性。在同样的一般地区，Martin 和 Bortone(1997)发现所观察到的与人工鱼礁有关的海底动物区系生物体的分类群的丰度和数量也与白天调查时间有关联。这意味着潜在的食物资源也能够影响人工鱼礁周围鱼类和大型无脊椎动物集聚或与之有关的活动模式。

5.3.2.5 季 节

Bortone 等(1994a)发现在温暖的温带人工鱼礁上物种多样性和个别鱼类资源量会随着季节的变化而变化。在热带地区鱼类区系的种类和个体丰度呈现了与旱季和雨季相关的季节变化(Lowe - McConnell，1979)。较冷的温带地区也可以展示随着季节的变化而在浮游生物丰度上出现的引人注目的差异，这一点又会影响那些地区内鱼类和大型无脊椎动物动物区系的分布和丰度。

5.4 评估和分析的目的和策略

研究的整体目标应该是评价鱼礁建造的基本原理。我们预先假定：如果没有设想具体目的，则任何鱼礁都不应该予以建造。然而，并非所有鱼礁都是有意建设的而且许多经验性研究已经为以前已经部署但并没有除了“使捕捞更好”之外的任何特定目的、目标或基本原理的人工鱼礁的性质提供诸多真知灼见。不管怎样，我们将分析在设计一项研究以评价或评估人工鱼礁鱼类和大型无脊椎动物时应该考虑的一些重要方面。

大多数外行人士认为评估鱼类和大型无脊椎动物的整体目标就是确定鱼礁在增加生物量、数量或所有物种或一些物种或某个偏好物种规格大小方面的效率。尽管这值得赞赏并且或许是明显的，但诸如此类的目标过于简单而且缺乏任何被科学评价的真实目的，因为它们存在过于通用化。就鱼类和大型无脊椎动物而言，一处鱼礁更好的目标就是：提供所需要的能够强化增加生物量、数量、规格大小和/或多样性的整体目标关于一个物种或集聚物的某个层面或特性。因此，评价的目的就是确定一处鱼礁在提供能够强化存活率、增加定植、促进能量转换或最大化生境多样性的诸多特性方面的效率。一旦分割成更小和更加易于理解的成分，评价的整体框架就变得具有定向性且突出焦点。

5.4.1 信息类型

为人工鱼礁评估和评价指出更加确切方向的另外一个方式就是将研究设计组织成满足评价需要所需的各种水平的信息。这些信息水平在连续水平之间会随着信息和复杂程度的增加而增加(见 5.6.1 节中的具体实例)。

第一级信息是对集聚物的描述。这可能包括变量的描述性统计属性——最大数/最小数、观察次数、集中趋势测定(即平均值、中间值和众数)以及与个别特点(如丰度、尺寸大小、生物量和繁殖条件)有关的个变量分散情况测定(如方差、标准偏差、平均值的标准误差和置信区间)。它还包括针对整体集聚物在统计意义上的描述性参数(如物种数量、个体数量和多样性指标)。因此，第一级信息应该明确变量并给出其如何在特定时间在某个地点内发生变化的一些想法。

第二级信息就是在人工鱼礁之间或人工鱼礁和自然鱼礁之间作出动物区系集聚物的时间或空间比较。作出这些比较的基础就是测量在时间和地点上记录的描述性性状中统计的显著差异。因此，这些问题可以相对于地点之间动物区系内变化或归因于时间上的动物区系变化进行回答。这种信息可以形成用于诸多生境之间、不同地点内诸多条件之间或者时间序列内(十年、年、月、日)更加详细和广泛比较的基础。

第三级信息涉及获取动物区系参数预估数值和确定重要和相互作用的环境因素。因此，在试图将在动物区系描述中发现的变化，联系于在环境因素中发现的变化，并识别它们当中的联系的过程中，我们需要更高级的信息。终极目标就是以一定的确定性确定在一个因素或诸多因素和依赖性动物区系变量之间是否存在一种关系。最后，如果证明存在一种明确的关系，那么，未来的人工鱼礁设计、建造和部署就可以利用这些信息来最优化建造一处鱼礁的预期目标。

5.4.2　评估策略

在设计和开展关于人工鱼礁的研究时，我们必须首先确定需要询问的问题。为确保研究方法和统计程序能够匹配以有针对性地回答有关问题，这是必须的第一步。确定一个问题牵涉一个逻辑过程，在这样的过程中观察情况或知识将被转化为之后可以起到假设(即零假设)的基础作用的一个模型，并最终转化为一次试验或一次检验。这个过程是在第 2 章和其他文献(如 Lincoln－Smith，Samoilys，1997：图 2.1)中呈现的，而且说明了由 Underwood(1990)引入的证伪或反驳检验情况。

5.5　评估方法

正确选择、开发或设计适合于评价人工鱼礁鱼类和大型无脊椎动物的方法，需要我们理解人工鱼礁的一些一般性特性或人工鱼礁特有的一些特性。这是指鱼礁及其有关动物区系和有关方法自身的一般性类别和特性。这很重要，因为这些特性中的每一个(即鱼礁环境的所有方面和用于评估它们的方法的特性)是相互独立的，而且相互之间有重大的影响。理解这种相互作用的性质和程度是开发有效研究设计的关键。

5.5.1　一般性考虑

这部分包括理论上独立于测量方法的人工鱼礁各方面。许多因素可能从来不会是完全独立的，为了实际的目的，必需识别那些明显相关于取样方法的环境属性。

在确定最有效的取样方法中使所有其他因素都相形见绌的因素就是鱼礁自身的物理性质。鱼礁轮廓的不规则性通过增加生境异质性会影响有效的鱼礁表面面积的数量。不幸的是:

这种不规则性会显著影响取样方法(拖网船、挖泥船等)的有效性，也会干扰视觉调查方法。

5.5.1.1 影响鱼和大型无脊椎动物的因素

在考虑对栖居在人工鱼礁区的鱼和大型无脊椎动物进行评价之前，我们必须对可能影响集聚物的物种成分和诸多个体的条件或适合性的因素进行一定的评估。这些因素可以根据假定的因果关系予以分类(即独立因素或依赖因素)。依赖因素一般就是那些我们努力测量作为已受一些其他因素(通常为独立因素)影响的因素(图5.3)，独立因素则为那些被认为能影响依赖因素的因素。例如，鱼生长是被认为部分地受温度影响的(即在较低的温度下生长较缓慢)。生长(在特定时间跨度内根据长度增加测定)是因变量，而温度是自变量。我们假设鱼类生长(因变量)很可能受到水温(自变量)的影响，但逆命题不正确——水温不会由于鱼类生长而改变。换而言之，自变量水温(因)对因变量鱼类生长(果)有影响。

这种因果关系可能是复杂的。独立因素和依赖因素可以同时发生相互作用(图5.3)。在此处，我们将这些因素分成两个组：非生物(非生命态)因素和生物(生命态)因素。一般而言，在人工鱼礁研究中，我们感兴趣的是非生物因素会怎样影响生物因素。我们还需要确定一些生物因素会怎样相互影响。相比而言，工程师可能希望知道鱼礁上生命态资源可能对围绕鱼礁的基底成分有什么影响。在这种情况下，基底成分(一个非生物因素)是因变量，而生物集聚物成分是自变量。一些因素可能看起来是明显的，而其他因素只是疑似有影响，但需要进一步的研究。

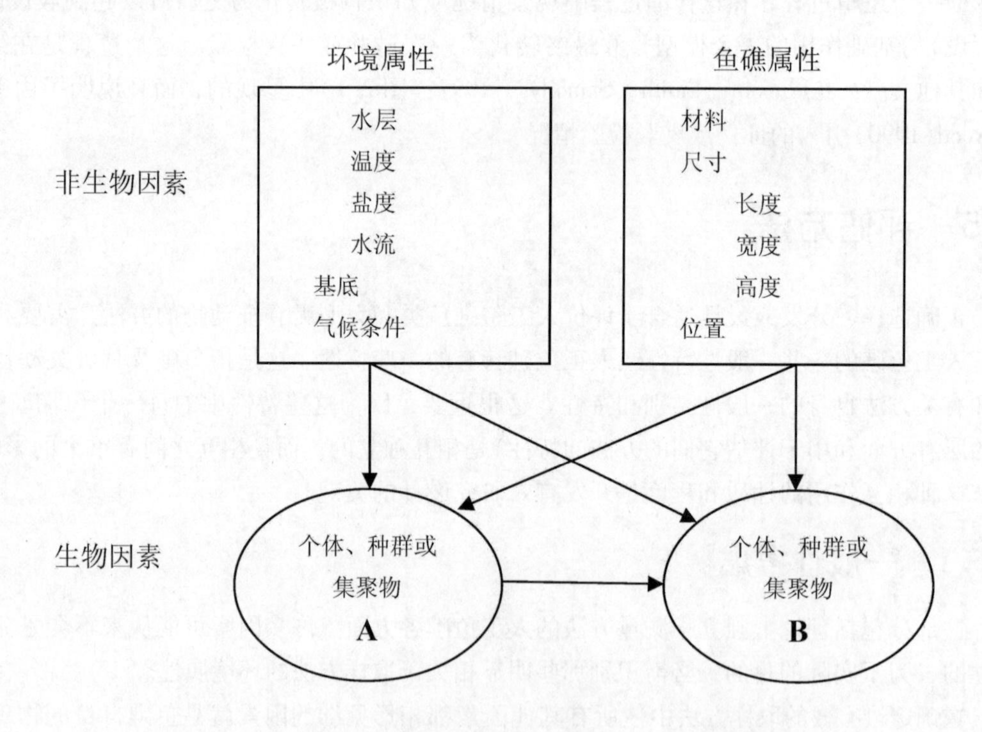

图5.3　人工鱼礁上生物因素和非生物因素之间的关系示意图

5.5.1.1.1 非生物因素

非生物因素属于更容易理解的变量，但我们必须将它们分成两个不同的群组：①环境因素(即有与自然环境有关的特性)；②鱼礁属性因素(即与人工鱼礁自身有关的因素；Bortone et al，1997)。如果我们是为了确定鱼礁上的可控因素及其如何与不可控因素相互作用，这种区分就是重要的。在努力改善人工鱼礁设计时，这种观点是至关重要的。在鱼礁设计、建造或部署过程中，环境因素一般是不能轻易控制的。这与可控性鱼礁属性因素相反。然而，一个重要的考虑因素就是：就部署条件而言，作出选择以最大化人工鱼礁在环境因素方面的潜力是可能的。

5.5.1.1.1.1 环境因素

大多数的环境因素可能会影响人工鱼礁上的鱼类和大型无脊椎动物及其相关性。这些环境因素可能对因变量有直接影响，因此，可以严重限制或影响一些评估方法的有效性。这些因素包括地方气候和水生条件，特别是水温以及季节、月相和时间等更大尺度的因素(表5.1)。多项(通常为局部)研究已检验一个或多个环境变量对人工鱼礁动物区系集聚物的影响，尽管就我们所知，这些信息并没有被人们予以合成和评述。所选用于珊瑚礁的研究工作包括Ebeling和Hixon(1991)；Sale(1991b)；Bouchon - Navaro等(1997)以及Halford(1997)。我们会在以下部分讨论环境变量影响的特殊属性。

鱼类和大型无脊椎动物展示了各种程度的迁移性。许多物种可以在鱼礁上被发现，尽管其他的位于鱼礁结构自身的上方(即具有“鱼礁相关”意义，Choat，Bellwood，1991；Nakamura，1985)。因此，环境措施包括水层属性相关的信息很重要。水层温度、盐度和浑浊度的变化能改变许多生物体的分布。其他特定属性或参数能够变化的深度也是相当重要的。人们已知一个温跃层(即与温度有关的温度分层)在很多区域会季节性出现。尽管大多数往往是被描述为与温度有关的现象，它可以更加准确地被描述为对不同密度水体的一种测量。不同水体在特点上具有不同的盐度和水净度(除其他因素外，如生产率、浮游生物成分等)。

可见性往往是在水层当中垂直测量的，主要通过浑浊度(使用一个透明度测定板)或通过光量来测量。后者通常是以一个光度计来测量的，但是如果始终对准相同的方向和平面，并且以固定胶片和快门速度完成，也可以用从水下相机的测光计得到的F制光圈读数来测量。测量光线的垂直穿透情况有一些价值，在一定深度记录的水平可见性可能在评估鱼类和大型无脊椎动物方面更加有意义。在一些研究地区，水平可见性(由潜水者使用透明度测定板在原地测量或通过防止直射面光的水平测光计远程测量)能够给出对水平视觉敏锐度而言可获的光量的重要测量。水平能见度能够影响取样装置的有效性，如拖网船，而且能够对原地观察者识别水下物体的能力有明显的影响(Nelson，Bortone，1996；Bortone，Mille，1999)。

表 5.1 在对鱼和大型无脊椎动物取样时在人工鱼礁上进行调查期间经常测量的非生物变量和生物变量

- 非生物的
  - 环境的
    - 水层
      - 温度
      - 盐度
      - 浮氧
      - 可见性
        - 水平的
        - 垂直的
      - 水化学
      - 水流
        - 方向
        - 密度
      - 表面条件
        - 波高
        - 波长
      - 深度
        - 水深
        - 温跃层深度
    - 基底
      - 成分
      - 粒度
      - 沙波
        - 波峰到波峰距离
        - 波峰到波谷高度
        - 方向
      - 模块底蚀
      - 基底附近
    - 气候条件
      - 气温
      - 风
        - 方向
        - 强度
      - 天空条件
- 人工鱼礁属性
  - 成分材料
    - 类型(金属的、塑料的、橡胶的、木头的等)
    - 每个对应的百分比
  - 模块
    - 尺寸
      - 面积
        - 长度
        - 宽度
      - 体积
        - 长度
        - 宽度
        - 高度
      - 生境
        - 孔洞尺寸
        - 粗糙度
        - 复杂性
        - 空隙空间
  - 表面
    - 颜色
    - 纹理
  - 人工鱼礁——组和群

续表

- 模块
  - 类型
    - 数量
- 总面积
- 总体积
- 模块、组和群之间的距离

位置
- 纬度/经度
- 距离
  - 海岸
  - 其他鱼礁
    - 自然的
    - 人工鱼礁组、人工鱼礁群和人工鱼礁综合体
- 地质特征
  - 大陆架边缘
  - 入海口
  - 人为结构

其他
- 部署日期
  - 日
  - 月
  - 年
- 调查日期
- 调查时间
  - 当地时间
  - 从中午开始的绝对时间
  - 日出/日落
- 月相
  - 月球赤道位置
  - 潮汐

生物的
- 个体
  - 生命阶段
  - 尺寸
    - 长度
    - 重量
  - 年龄和生长
  - 条件因素
  - 觅食
  - 行为
  - 微观生境偏好
  - 繁殖
    - 成熟
      - 季节
      - 年龄/尺寸
    - 繁殖力
  - 迁徙
- 种群
  - 丰度
  - 密度
  - 生物量
  - 结构
    - 规格
    - 生命阶段
  - 性别比
- 集聚物/群落
  - 多样性测量
    - 分类群数量

续表

- 集聚物指标
  - 香农多样性指标(H')
  - 均匀性(J)
- 类似性/相关性测量
  - 在场/缺席
  - 相对丰度
  - 生物完整性指数(IBI)
  - 定植
  - 演替

有关生物变量

- 海底动物和植物区系/动物区系测量
  - 多样性
  - 丰度
  - 生物量
  - 覆盖物
  - 密度
- 捕捞测量
  - 渔获/登陆
    - 数量
    - 尺寸/年龄结构
    - 生物量
  - 捕捞努力
  - 单位捕捞努力量渔获量(CPUE)

许多物种以与鱼礁周围基底有关的海底动物为食。相反，基底的类型将确定水底动物成分及其丰度。对基底的测量可以成为能够将鱼和大型无脊椎动物集聚物与环境变量关联起来的一个关键成分。因此，应该记录基底的成分，而且记录应该包括这些信息：无机与有机材料的组成百分比以及关于有机成分的更加详细的分析情况(如软体动物壳体百分比和草百分比)。此外，基底粒度的测量以及沙—波尺寸的测量可以增加大量关于底部水流的方向、强度和持续时期的信息。同样，对靠近鱼礁的底部沙波的分析能够提供鱼礁可能会被强烈水流底蚀掉并最终导致人工鱼礁模块不稳定的证据。

地面天气特征也应该作为重要的环境因素予以记录。这些可以包括气象条件的测量(如风向和风力；晴朗天气，局部多云，或者阴天以及雨天)以及表层水和波况。地方气候对深层底栖生物的影响可以忽略不计，但它可能影响评估方法的有效性。此外，气候条件可以影响移动生物体的移动(方向和距离)。因此，将气候条件纳入变量分析有助于给研究结果赋予合格的意义，而且对研究结果而言具有解释性价值。

5.5.1.1.1.2　鱼礁因素

鱼礁相关因素指有鱼礁设计者、建设者及(某种程度上)部署者控制的变量(表5.1)。因为鱼礁往往是以组或群的形式作为模块被部署的(图5.4；Grove，Sonu，1985)，在部署前测量每个个体模块更加准确和容易。此外，因为鱼礁部署并非总是按计划进行的，实际的部署后尺寸也必须予以测量，至少需要就鱼礁组和鱼礁群尺寸进行测量。部署后的测量可以由潜水者使用一个玻璃纤维或防水的卷尺甚或一个有一定长度的绳线(最好是经过称重的，而且是以m为间隔予以标记的)在原地来进行。随着近期的全球定位系统(GPS)及其更加复杂的经过无线电信号强化的对等物差分全球定位系统(DGPS)的出现，在与侧扫声呐一起使用时(Lukens et al，1989)或者与用于空中探测的光探测和测距(LIDAR，即激光雷达；Mullen et al，1996)一起使用时，远程准确确定鱼礁组或鱼礁群尺寸和相对位置是可能的。

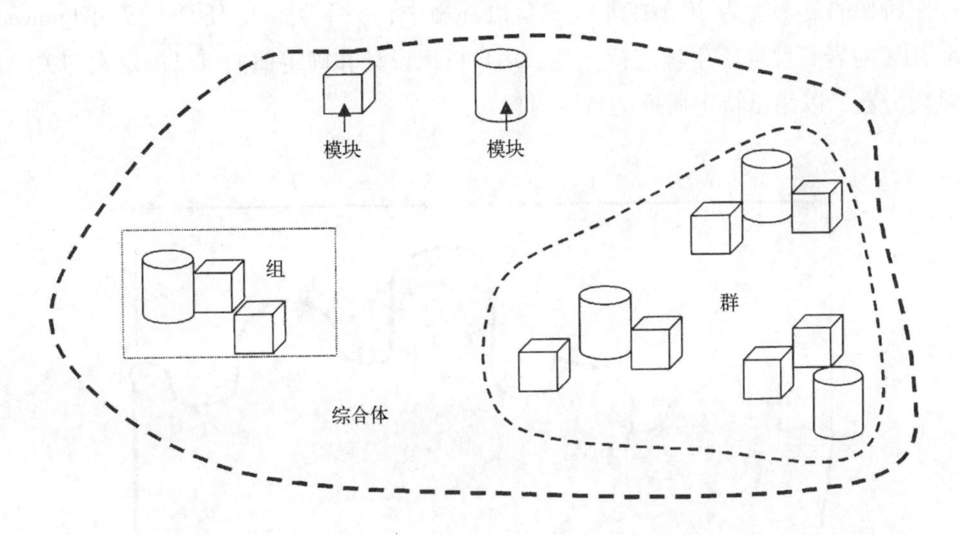

图5.4 鱼礁组群以表示鱼礁模块(单元)、鱼礁组、鱼礁群和鱼礁综合体之间的关系(根据Grove，Sonu，1985修改)

鱼礁模块、鱼礁组、鱼礁群的线性尺寸很重要，但鱼礁的面积和体积同样重要。同样地，部署前这些参数的确定比通过部署后测量进行确定要容易和准确得多。大多数部署后面积和体积的测量仅仅是基于线性尺寸的计算。对一些物体而言，这些确定过程可以是简单和直接的，但是对其他模块和配置形式而言，这些测量会非常麻烦，并且可能不准确。

模块组成也会影响与鱼礁有关的动物区系。人工鱼礁组成成分的实际测量(或者即使是其组成百分比的预估)，不管是体积的，还是重量的，肯定是有关信息的重要项目。鱼礁成分的预估通常是直接的，因为大多数鱼礁模块是以同样的材料构成的。然而，在偶尔情况下，确定模块自身的组成百分比很重要(不管是通过体积还是重量)，如当轮胎被嵌入到混凝土当中时会出现的情况。鱼礁组还可以是由若干类型的模块构成的，每一个都是由不同材料制成的。部署前确定这个明显是最为准确的测量。

鱼礁表面纹理在人工鱼礁评估中同样重要。表面的化学成分及其孔隙度、粗糙度和皱褶状态都是影响细菌定植和后续固着无脊椎动物定植的因素。部分研究已经分析了鱼礁材料颜色在鱼礁定植和延续方面的重要性，但是这可以证明是一个重要因素，特别是在完全覆盖出现之前定植的初始阶段期间。

能够证明在评估鱼礁鱼类和大型无脊椎动物集聚物方面有用的一些鱼礁尺寸的测量就是鱼礁自身的结构复杂性(即皱褶状态)(Luckhurst，Luckhurst，1978)。尽管复杂性通常是一个近似值，它可以被粗略地定义为相对于结构的不规则的数量。它也可以被更加准确地定义为两点之间表面周长和线性距离之间的比率(图5.5)。Bortone等(1997)使用了从1～20之间的任意定量尺度来指示出复杂性，特别是在其与隐蔽性生境有关时。例如，一个没有任何孔洞的盒子没有任何隐秘位置，因此其复杂性为1。相反地，带有大量开孔和通道的一座桥架的复杂性为20。在非人工鱼礁环境中，一个类似的任意尺度由Francour等(1995)用于对岩石性群落生境进行分类。用户可以设计和确定他们自己的定义和关于复杂性的量表分数，以满足特定研究的特定目标。

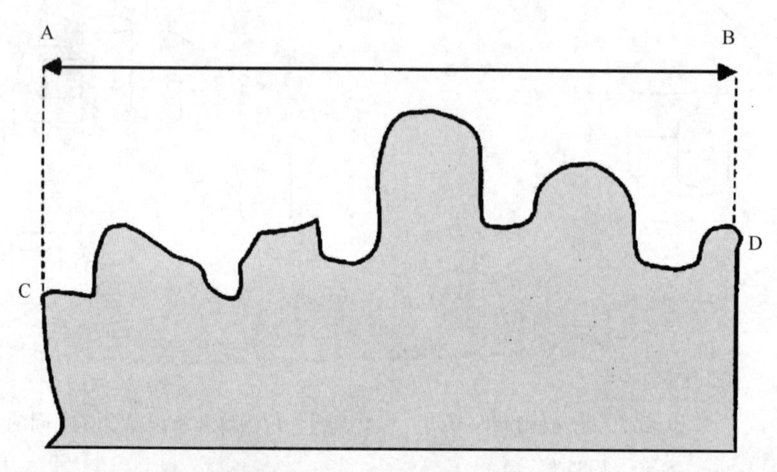

图5.5　褶皱状态或表面不规则性，作为沿表面的距离(C到D)和正交两点(A到B)之间的直线最短距离之间的比率予以测量

相对于鱼礁结构另外一个有用的测量标准被称为空隙空间。空隙空间可以是一些物种偏好的生境相对量的一个指标。例如，某些石斑鱼类可能喜欢“躲藏”在罅隙内，而罅隙的尺寸可能限制了能够居留在鱼礁上的石斑鱼的尺寸。空隙空间一般是一个关于空鱼礁相对百分比的定量化预估。例如，空桶的空隙空间为100%，而装满混凝土的桶的空隙空间为0。如果是在原地完成的，评价等级变得有些主观，而如果是在部署前阶段完成的，就可以是一个客观的测量。在大型异质性基底上，如海港堤坝，Ruitton等(出版中)预估了曲折程度，作为空洞表面和总表面之间的比率，以百分比表示：曲折程度 $=100\times b^2/(a^2+b^2)$。空洞参数是在原地测量的，主要通过对模块之间距离的50次单独测量和模块的表面面积预估来完成(图5.6)。

位置变量对鱼礁评估研究至关重要。经度和纬度应该予以记录，最好用差分全球定位系统(DGPS)记录，而且有关单位，不管是度数、分数和秒数，还是十进制的读数，均应该明确指出。位置的罗兰预估仍然在使用，可以在更久的文献当中找到；然而，应该防止使用罗兰方法(或者更加准确地说，罗兰海图法)。此外，如果使用了罗兰方法，在微妙数据中的延迟应该被转换为纬度或经度。用户应该注意到对数转换往往不能实现罗兰数值到全球定位系统纬度/经度的准确转换。

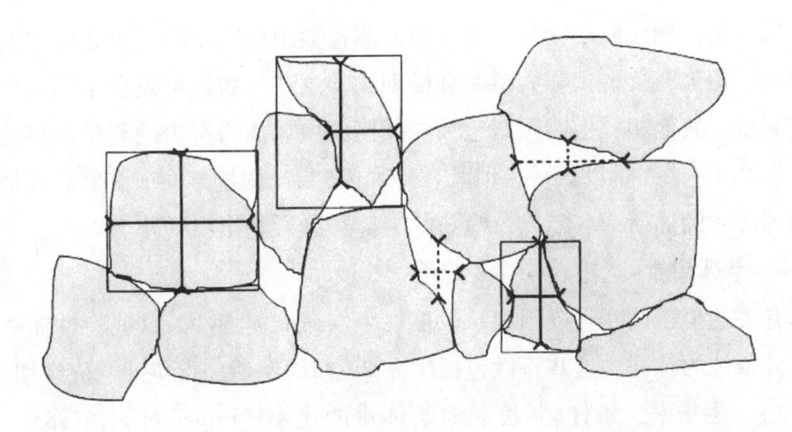

图5.6 曲折程度是一个空洞参数，作为模块之间的距离和模块的预估总表面面积之间的比率予以测量，该比率是来自50次独立测量的平均数值。实线表示关于相对于预估面积的长度和宽度尺寸的测量。虚线是模块之间的线性距离

由于存在可能显著影响人工鱼礁动物区系的构造、结构和特征相关的因素，地理/地质信息可能特别重要。数据库可以包括地理/地质参考信息，如到自然鱼礁、入海口、河口、大陆架边缘或其他水下结构物如峡谷和地表露头部分的距离。可能包括到生物地理边界的距离。在试图确定影响鱼和大型无脊椎动物的因素时，到独特的人为特性如城市、废水排放、海港等的距离可能也很重要。

应该作为环境数据库一部分进行考虑的其他变量是调查的日期和时间以及部署鱼礁的日期。鱼礁的年龄很重要，这是因为初始定植之后的演替情况如同部署的月份或季节一样可能决定集聚物结构。调查开展的时间也很关键。生物体活动节奏往往会匹配于可能正面或负面影响观察或捕捉的社会组织的模式。当地时间应予以记录。更加重要的是：有必要计算涉及自然定时事件(如授时因子)的时间，如从日出/日落开始的时间或者从绝对中午开始的时间。Sander 等(1985)与 Martin 和 Bortone(1997)使用了从中午开始的绝对时间去标准化中午的自然定时时间。同样地，月相也是应该予以记录的。不仅这些会影响潮汐(因此会影响水流)，而且活动模式(如繁殖聚集)也受到月相的强烈影响(如 Hastings，Bortone，1980)。为了促进数值分析，可以计算月球赤道位置(EMP)，以协助向月相变量提供量级(Sanders et al，1985；Martin，Bortone，1997)。如果准确计算月相被证明是过于繁琐的，一个更加简单的方法就是记录在当地报纸或年历上报道的月相情况。

5.5.1.1.2 生物因素

生物因素可以定义为评估鱼礁大型动物区系时需要测量的因变量。这些因素在逻辑上可以被分为三个主要类型：个体、种群和集聚物/群落。尽管通常被视为一个因(即响应)变量，在一些情况下，生物因素也可以被视为自变量。例如，一个变量，如同时带有若干海胆的海藻覆盖数量，也可以被当作一个预测变量来解释我们感兴趣的鱼和大型无脊椎动物(特别是食草动物)的出现、丰度或条件。此处，我们将这些称为相关生物变量。

相关生物变量，如海底动物和植物区系的测量数值(表5.1)是重要的因素，因为它们可能影响与人工鱼礁有关的鱼和大型无脊椎动物。这些生物体可以在个体、种群或集聚物水平上进行测量。其他相关生物因素包括对捕捞压力或捕捞努力的测量。尽管单位捕捞努力量渔获量(CPUE)往往难以获得，但其在解释因/响应变量方面很重要。其他重要的因素包括来自局部区域的捕捞或登陆以及渔获的个体、种群和集聚物特点。

5.5.1.1.2.1 个体因素

与个体有关的生物体变量或因素一般被视为生命周期特性，这些特性能够概括一个生物体的状态或条件的特征。这些特性包括生命期(即幼年期、青年期或成年期)、尺寸大小(长度或重量)、生长率、条件(长度相对于体重的比率；Prince et al，1985)、繁殖条件、繁殖季节和繁殖能力(所产生的鱼卵数量)。其他变量包括局部和长期的移动和物种特有的行为。以上所列变量当中，生命期和尺寸大小预估看起来是在评估大型动物区系中最普遍记录的事物。最为重要的所选参数应该反映在鱼礁评估研究中被询问的问题。

在任何涉及生命态生物体的评估中，设计和开展该评估时，这些物种的固有特性是我们必须考虑的。行为特性位于影响调查结果的最重要的因素之列(如Lindquist，Pietrafesa，1989)。它们代表了一个生物体对有关环境所作出的立即响应，而且在评估环境变化的影响方面是有价值的。尽管这些行为可能难以控制，理解一个物种的行为对有效的项目设计至关重要。一些物种比其他物种在人工鱼礁评估过程中更可能出现在收集样本当中(或者在视觉调查过程中更容易被观察到)。相比而言，其他物种的秘密行为可以导致对实际密度的低估。例如，在地中海西北部的一些最为重要的商业物种属于鲷科、海鲈科和鲹科鱼类。这些鱼是游泳能手，而且容易被观察到，尽管它们与其他隐秘的鱼礁定居型物种相比数量较少。人工鱼礁对小型渔场影响的评估应该包括一个取样设计，该取样设计须考虑到个体物种的行为特点。否则，有关数据就会有偏性。在另一方面，我们可以利用一个物种的行为，通过这种方式增加其被探测到的机会。如果一份调查的目标就是获取关于具有相似行为属性的单一物种或单一物种群组的信息，这将是特别有用的。

其他取样偏性可以与物种的物理属性关联，包括身体形态和颜色以及它们生活的具体生境。视觉观察可能会受到伪装的物种的影响，这些物种的身体形状或颜色会与有关背景融为一体，如鳢鱼(鳢鱼科)、尖嘴鱼(海龙科)和数个科类的比目鱼(鲆科、鳎科等)，这与色泽鲜艳的物种截然相反，如蝴蝶鱼(蝴蝶鱼科)和热带雀鲷(雀鲷科)。

5.5.1.1.2.2 种群因素

种群变量包括属于鱼礁上单一物种的整体状态的预估。这些变量包括丰度预估、密度(个体数量，或者单位面积或时间上的重量)、生物量(整个种群的预估重量)、种群结构(即每个生命期或尺寸群组相对于整个种群的比例)和性别比。此处，我们使用“丰度”作为关于个体的整体数量的一个通用术语，而密度是指单位测量(通常是面积)上的数量。“生物量”是指种群的整体重量，这个术语可以更加特定地定义为单位面积上的

重量(如 kg/hm^2)。

5.5.1.1.2.3 集聚物因素

集聚物或群落变量，如物种丰富度和丰度，可用于计算能够指示有关物种之间或集聚物之间的某种尺度上的关系的系数或指标。使用最为普遍的指标涉及物种多样性[香农多样性指标(H')]或其他集聚物多样性指标，如均匀性(J)。相似性(或相关性)指标往往被用于计量一个集聚物相对于另一个集聚物的相似性(或差异性)[如基于一系列指标做出的聚类分析(Ludwig, Reynolds, 1988)]。这些比较可以通过同样地点或不同地点之间在时间跨度上完成，而且可以包括丰度的预估或对某集聚物当中物种在场或缺席的简单测量。人们已经开发出在淡水系统中使用的生物完整性指数(IBI)，以此建立某种水平在时间和空间上与其他集聚物的比较(如 Karr, 1981)。我们可以预测生物完整性指数(IBI)(这些指标是多维度的，而且涉及生物参数和非生物参数)将被应用到入海口或近海岸和海岸区域(在这些区域内，人工鱼礁占主导地位)。能够在统计学意义上比较群落的多变量分析是比较复杂的(Manly, 1986; Clarke, 1993)，已经被成功应用到热带渔场的若干物种集聚物(Fennessy et al, 1994; Anderson, Gribble, 1998; Connel et al, 1998)。

人工鱼礁调查的多维度性质意味着超过鱼礁的水层高度会使采用的调查方法变得更为复杂。在整个水层对生物体取样很重要，但是同时也会出现特殊的问题。

人工鱼礁往往含有诸多物种的独特混合物，而这些物种又不同于在自然鱼礁群落内发现的诸多物种。因此，评价生境相关性以及可能会与其被假定的自然状态有所不同的微观生境时，需要格外地小心。鱼类物种的集群和松散聚集行为并非是相对于鱼礁而言的独特行为，与人工鱼礁有关的集聚物往往会包括由若干物种构成的鱼群，在这个鱼群中不同物种的个体具有相似的体貌特征和行为。考虑到这一点，在识别成分物种的比例时，我们需要谨慎行事。

5.5.2 取样尺度

对设计和开展人工鱼礁评估研究(Schneider, 1994)而言，认识到具体开展研究的尺度很关键。尺度与时间和空间有关，而且必须能充分处理眼前的问题。尺度的充分性也会确保取样设计足够稳健，以实现对未曾预料的响应或条件的有效评价。例如，在一个 1 hm^2 的鱼礁上开展了一次研究，然后就可以将其结果外推到所有年份所有鱼礁，这是不大可能的。如果取样尺度不够或尺度过大，取样和评估设计可能会适得其反，并会导致工作努力的方向误导。取样尺度的两个最重要的方面(即时间和空间)在以下部分进行讨论。

5.5.2.1 时 间

因为动物区系是由活性和无活性生物组成的，其行为在若干时间尺度上往往会有相当大的变化。因此，一天、一个季节和一年的时间(可能存在长期的循环变化)对取样结果和作为一个整体的调查是关键的。时间尺度与两个环境因素有密切关系，即月相和潮汐状态，这两者对鱼礁动物区系都有重大影响。如果季节、月相和潮汐状态与所问问题有关，那么取样设计必须能容纳这些时间间隔。例如，为了有效地计量月相对集聚物的影响，取样不仅仅必须在每 28 天的周期内发生，而且必须在若干月相期间进行。观察和/或取样最好是在一天的同样一段时间开展。这将有助于解释各个物种的习惯，有些物种是在白天比较活跃的(即白天活跃型)，有些物种是在夜间比较活跃的(即夜晚活跃型)，另有一些是在朦胧期间比较活跃的(即在光线朦胧时，也就是从白天向夜晚转变的期间，或者从夜晚向白天转变的期间)。例如，视觉观察最好是在白天最佳光线条件下开展。然而，许多物种更具活性，而且可见的动物区系在朦胧期间可以是更多的(Hobson，1991)。

潮汐周期可能是一个重要因素，特别是在较浅的内部区域和在潮汐幅度(和水流)可能较高的地理区域。即使这些因素并非与研究目标明显有关，标准化取样或观察程序以最小化任何潜在的未知偏性都是我们需要的。如果调查将需要有长期的一般性管理应用，需要在若干年内重复调查。

人工鱼礁往往被安置在近海区域，因此更加受制于难以预料的温度、盐度和水净度的季节性变化影响。在比较来自不同位置的诸多鱼礁时，在相同季节开展调查很重要。相反，在所有季节内开展动物区系评价以评估季节性差异可能对集聚物成分和动物区系结构的影响是最适宜的。

5.5.2.2 空　间

在鱼礁评估中，有若干可能的空间尺度与研究所问问题和方法学偏性有关。一项大型研究可以涉及数个人工鱼礁，而在尺度的另一端，一项研究可以考虑在一处鱼礁内的微观生境的动物区系集聚物。更加典型的是：一处人工鱼礁可以被分隔成与其定向和形状有关的诸多空间层次。例如，有人会将一处鱼礁分成背风面和迎风面，或鱼礁顶部和鱼礁边侧。特定问题可能需要在延伸地区开展的调查包括许多微观生境，而一些调查目标可以仅仅涉及一个或数个微观生境。一项调查内更大的微观生境多样性将会导致物种丰富度和多样性不断增加。空间水平的选择明显是与所问问题并最终是与鱼礁部署有关的。

一旦确定了合适的空间尺度，则可以建立合适的评估设计。大多数调查方法协议都会有空间成分。调查一般是在一个预先确定的测量尽量准确的区域面积上开展的。因此，调查数据是按照单位调查区域面积予以收集和表示的(如密度或单位面积上的个体数量)。在一项研究中调查区域面积是最小的空间取样单元(以面积计)，并确定了重复取样单元的尺寸。因此，如果一项视觉普查包围了一个面积为 250 m^2 的区域[50 m(长)×5 m(宽)的横断面]，那么所有后续的视觉普查在调查区域内应是等同的。

5.5.3 评估方法

有很多问题与情况可能决定可以采用的方法，采用的特定方法往往定义数据的限制性。例如，如果采用视觉普查，一般而言，只有白天活跃型物种会被评估。研究者意识到物体、环境和其他可以事先在特定方法中设置限制的有关因素的特性明显很重要。此外，理解这些限制能确保对结果的有意义解释。对有关非生物和生物因素的评价(见 5.2 节)对这种理解是关键的。

下述评估方法已经被应用于人工鱼礁或自然鱼礁上鱼和大型无脊椎动物的评估。这些方法是以正面和负面的属性逐个予以评述的。我们建议评估者应该使用以往已经采用过的方法，特别是在与之前于相同区域收集到的数据进行比较时。一般而言，在使用特定方法(如调查时间数量、区域面积调查、白天时间或有关的环境测量)时，我们应该严格遵守有关协议。不能如此行事可能会使即便是最为基本的比较分析变得无效。

正如我们已经声明过的，作出这样表面上似乎矛盾的观察是合适的：熟悉特定方法的优缺点且富有经验的调查者在特殊情况下有时能够引入可以强化特定评估方法效用的变化或修改。当特定问题需要创新性数据收集方法时，这一点尤其正确。因此，尽管遵照已经建立的程序一般而言很重要，但灵活性和创新会促使新的或改进的评估方法的开发。

在这一节，我们已经将有关方法分成两组：一般涉及破坏性取样的捕获方法和非破坏性且包括水下视觉普查方法及水声技术等远程传感方法的观察方法。表 5.2 概述了最为经常使用的方法。

表 5.2　用于调查和评估人工鱼礁上鱼和大型无脊椎动物集聚物的取样方法(通过一般分类)

- 破坏性的
  - 渔场依赖型
    - 钩线
      - 鱼竿和鱼线
      - 长线
      - 曳钓绳
    - 网具
      - 主动的
        - 拖网
        - 拖围网
      - 被动的
        - 刺网
        - 三重刺网
        - 陷阱网
        - 长袋网等
- 非渔场依赖型
  - (如上所述同样的渔具，但是在更加受控制的条件下，如时间、区域、渔具尺寸等)
  - 毒鱼剂
  - 电鱼捕捞
- 非破坏性
  - 视觉
    - 横断面
    - 样方或点位计数
    - 随机游泳
    - 间隔
    - 总计数
    - 组合
  - 非视觉
    - 水声技术

5.5.3.1 破坏性评估

这类方法曾用于商品、休闲及自给性渔业，而且包括诱捕、手钓渔具捕鱼、拖网捕鱼、网鱼、鱼叉捕鱼、下毒和放炸药(Cappo，Brown，1996)。注意到捕捞方法并非总是破坏性的很重要，因为鱼类可以毫无损害地从鱼钩、罗网和一些网具上移下，而且这些方法通常是用于获得特定类型的生命周期数据(如使用标记-释放方法的移动)。这些已经被证明是有效的，我们应该注意到在行为学上的重大变化可能是来自个体被捕获、被搬运和被释放的结果。大多数捕获方法(拖网渔船、刺网和毒鱼剂)会导致个体的永久性移除，从而在不久的将来改变集聚物，并可能影响同一区域的动物区系调查；然而，在一个延长的期间(如超过1年)基于捕获方法的动物区系调查是有效的。

捕获技术的巨大优势与这样的标本收集有关：即在有关个体被牺牲之后，样本可以产生特定生命周期数据，而这些数据是无法从生命态的个体获得的，如繁殖条件(包括繁殖力)、年龄(基于对耳石或骨头的分析)和觅食习惯(通过对胃含物的分析)。这也会导致获得证据标本，这种证据标本(在合适保存的情况下)可以起到永久记录的作用，而且在不确定的未来可以从这种证据标本收集更多的数据。这些破坏性方法的另外一个优势就是它们在晚上是有效的。研究者可以使用这些方法对夜晚活跃型集聚物进行取样。在与白天取样一起使用时，就能实现对整个人工鱼礁集聚物的评估。

总之，在海洋取样中使用最为普遍的捕捞方法可能是拖网作业。然而，拖网渔船的有效性受到作为鱼礁特征的不平整底部的很大影响，在鱼礁自身中或在鱼礁附近区域中，罗网和其他被动的渔具更加有效。

破坏性或捕获取样的方法可以分为两种类型：渔场依赖型方法和非渔场依赖型方法(Samoilys，Gribble，1997)。渔场依赖型方法依靠商品和/或休闲渔业活动，这些活动会使用诸如钩线、罗网和网具来获得渔获量和捕捞努力数据(包括区域面积、时间、所用渔具类型等)以及用于生命周期评估的生物体和证据标本。研究者往往是与渔民在一起的，并直接根据渔获情况记录动物区系信息，有时还需以来自渔民日志本的信息为补充。渔场依赖型方法也能提供关于动物区系受其制约的实际捕捞死亡率的非常真实的测量结果。然而，正如前面所讨论的，这些渔场有关的方法通常是以围绕人工鱼礁外层区域的鱼类为目标的，而不是在鱼礁模块、鱼礁组或鱼礁群内部或者鱼礁模块、鱼礁组或鱼礁群之间的鱼类。因此，在使用这些方法过程中，只有鱼类集聚物的一部分被取样。尽管这些方法只能提供关于密度和生物量的粗略估计，如果研究的主要目标是评估人工鱼礁对地区渔业的价值，对鱼礁附近的取样是一个有关的评估方法协议。

非渔场依赖型方法由研究者通过结构化、控制和特殊取样设计用于渔业取样。捕获方法往往与商品和休闲渔业渔民所用的相同，但受控于研究者，并具有特定目标。结构化取样可以包括基于面积和白天时间的设计，或者在通常未被取样或被渔场捕捞的深度上进行的取样。特殊取样设计可以包括基于时间和/或面积以及使用特殊取样渔具的随机化取样策略。这些渔具中的一些可能以动物区系的有限部分为目标。例如，细孔网(根据法律，不得用于休闲或商品渔业)可以促进捕获通常不能用合法渔具获得的较小的标本或物种。使用非渔场依赖型方法的优势就是：这些方法在性质上可以是探究性的，因此，能评估动物区系的更加广泛的空间性、时间性或年龄-尺寸特定的成分。它们也减少了与渔场依赖型数据有关的偏性。此外，它们的受控部署能够实现对特定渔具的渔获或捕捞努力的调查分析。相反地，这些方法不能实现与基于渔场依赖型数据的取样结果的准确比较。相比于渔场依赖型方法，这些方法也可以被证明为对生境和动物区系成分更加具有破坏性。正如针对渔场依赖型方法的情况，它们通常是指向特定类型生物体的(如围网是用于群组性物种；钩线是用于更大的捕食者的)，而且一般不会对集聚物的更广泛成分进行取样。毒鱼剂和爆炸物(特别是前者)一般被认为是具有最小偏性的取样方法(Smith，Tyler，1972；Goldman，Talbot，1976；Russel et al，1978；Thresher，Gunn，1986；Samoilys，Carlos，出版中)。毒鱼剂会导致集聚物的最广泛成分的评估，但是对呼吸空气的鱼类或生活在低氧环境中的物种不那么有效。然而，完全的动物区系移除的结果可能是过于环境侵扰型的。爆炸物有时也会被使用，而且会导致特定物种的完全死亡(特别是有气鳔的自由游动的物种；Samoilys，Carlos，出版中)。对没有气鳔的水底物种而言，它们的效力更低。此外，爆炸物可能会导致对环境的广泛物理损坏。

关于怎样计划和执行非渔场依赖型和渔场依赖型取样方法，读者应该参考渔业生物学方法参考文献(如 Schreck，Moyle，1990；Cappo，Brown，1996；Murphy，Willis，1996)。标准渔业文献的大多数参考都可以应用于评估人工鱼礁动物区系(但需要一些修改)。

5.5.3.2 非破坏性评估

由于不会对动物区系造成破坏或者使其远离环境，非破坏性评估方法(包括观察或目视法)通常是人工鱼礁取样的首选方法。它们的主要缺点就是：它们不能实现捕获标本以获得生命周期数据，往往也不能实现准确的分类鉴定。非破坏性方法往往更容易适合于调查异质性生境，而且能更加容易地将有关物种关联于特定的微观生境亲和性。此外，它们也可以将目标锁定在集聚物的特定部分，而不影响其他附属的生物体。使用非破坏性方法的主要优势是清楚的，也就是重复的取样可以在同样地点出现，只须在诸多取样之间有简短的间隔。评估方法自身应对生物体的动物区系结构和生命周期方面只有微乎其微的或者几乎没有任何影响。观察方法目前可以被划分为两组：①视觉普查方法；②水声学方法。必须谨慎选择调查方法。在作出这些选择时，应该考虑的一些因素包括：以往的经验、成本、培训需要、情形、研究目标和与其他研究一致的需要。

5.5.3.2.1 视觉普查

鱼和大型无脊椎动物的视觉评估是获得种群、集聚物及(最近的)生物相关生命周期数据时最频繁使用的方法(Barans，Bortone，1983；Harmelin－Vivien et al，1985；Thresher，Gunn，1986；Bortone，Kimmel，1991；Samoilys，1997；Samoilys，Carlos，出版中)。评估人工鱼礁上的鱼和大型无脊椎动物时，使用视觉评估方法存在一些明显的优势，包括这种方法对各种条件的适应性。因为鱼礁具有不同的尺寸、形状、成分和布置情况，视觉方法能快速被修改或调整，以容纳大多数情形。视觉评估能实现对起伏大的结构物的调查，否则，这样的结构物就会缠绕大多数表面趋向的渔具，或者使大多数表面趋向的渔具变得无效。另外一个优势就是视觉评估能够遵照非常特殊的对时间和面积有严格限制的诸多协议，以此符合特定群落参数。其他优势包括使观察者与被调查的生物体和生境有密切的接触，因此可以实现对大量辅助信息的收集。

视觉取样的不足就是深度限制和对视觉线索的依赖性。不佳的视觉条件归因于光线的缺乏和/或不佳的水净度(Bortone，Mille，1999)。光减弱可能出现在晚上、阴天或深海水域。浑浊的水可以归因于悬浮沉积物的出现、不同盐度水的混合，或者较高的浮游生物水平。到目前为止，大多数视觉评估都是由潜水者在原地使用自携式水下呼吸器、氧气呼吸器或水下呼吸管来完成的。这些类型设备中的每一种都有其自身的限制和有关的成本和风险，而且其执行都需要必要的培训(特别是对前两种而言)。

视觉普查方法有五大类：①样带法；②静态点计数法；③横切线法；④间隔计数法；⑤总计数法。样带法和静态点计数法是用于鱼类的最为广泛的方法(Sale，1997)。在这些方法中有许多变种，一种方法的每个方面往往是借来以形成新的或修改过的评估方法的(如 Kimmel，1985)。此处，我们呈现了关于每种方法的一般性描述，并带有属于其应用的具体使用和情形的指示。

5.5.3.2.1.1　*样带法*

样带法，有时也被称为带状取样统计法，是由 Brock(1954)为评估水下鱼类首先采用的。之后一直被广泛用于珊瑚礁鱼类种群研究(Sale，Douglas，1981；Sale，Sharp，1983；Thresher，Gunn，1986；Cappo，Brown，1996；Samoilys，Carlos，出版中)。关于数据收集的一般性协议要求两位观察者(成对安排是为了安全目的)沿着一个有特定长度和宽度的横断面移动。该协议的特定方面要求对观察区域(即宽度、长度和高度)、其持续时间和横断面的方向进行标准化处理(图 5.7)。使用横断面的方法往往包括有关协议，在这些协议中只规定了宽度(通常为 1～5 m)和长度(在不同研究中，会有相当大的变化，从 5 m 到数百米)尺寸。最近，用户也已经确定了横断面的上限视觉区域。我们建议应对观察时间进行标准化处理(Samoilys，1997)，因为在一个调查区域内花费的时间量能够确定所观察到的物种(Lincoln－Smith，1988)和密度预估的准确度(Watson et al，1995)。一些研究表明调查的持续时间应该是影响调查结果的最为重要的变量之一(Bortone et al，1986；Bortone et al，1989)。投入到一项研究的时间越多，“捕获”一个个体的机会就越大，这一点是合理的。应开展一项试点研究，以确定针对个别物种的最佳调查时间(Samoilys，1997)。

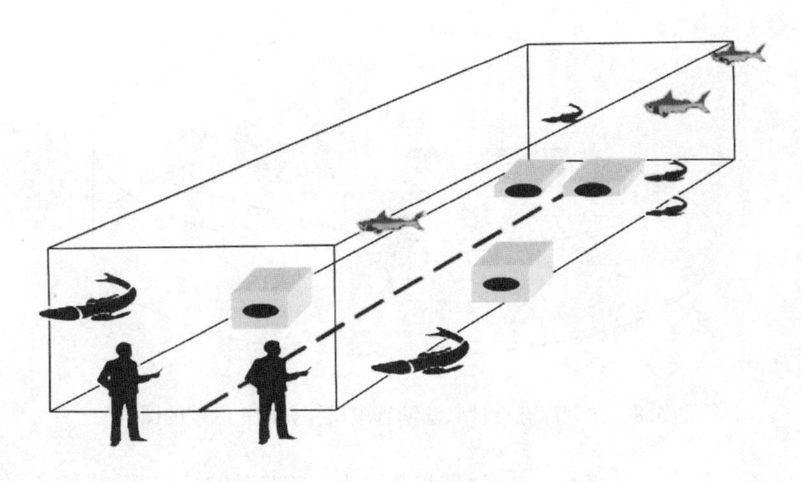

图 5.7 横断面尺寸图解

卷尺、绳线或固定标桩被用于标记横断面边界。尽管预先部署的样线经常在水下调查中使用(Bortone et al，1986)，这种程序并非我们建议的，因为布置一条绳线所花费的时间量会严重限制有关的观察时间，并会干扰动物区系(Samoilys，1997)。样带法在视觉评估中的优势就是：观察者可以以“特写镜头”研究一些个体，并在特定区域和生境开展重复调查(如自然鱼礁和草床)。

尽管样带法在人工鱼礁调查中得到广泛使用，但由于大多数人工鱼礁的长度不足以容纳长度超过 10 m 的横断面，样带并不总是易于部署的。在大型人工鱼礁上或在带有线性部署的模块的区域内发生的调查最好是用这种方法来调查。横断面方法也可以用于对人工鱼礁周围的区域进行取样，以评估鱼礁对地区渔业渔场的影响。

5.5.3.2.1.2 静态点计数法

静态点计数方法(Bohnsack，Bannerot，1986；Samoilys，1997；Samoilys，Carlos，出版中)基本上是一种样方类型调查方法，在这种调查中，一个指定的区域是由一位相对静止的观察者来调查的(图 5.8)。这个区域通常是有一定的几何形状(一般都是圆形)，且有特定的尺寸，并且是在规定的时间量上被调查的(Bortone et al，1994b；Falcon et al，1996；Bortone et al，1997)。在调查时，可以部署或不部署维数线，尽管一些调查者倾向于使用某种类型的指导线条来预估空间尺寸(Samoilys，Carlos，出版中)。在一些情况下，有关协议会要求对调查区域的上部边界设定一些限制，而在其他情况下，可能不会对调查时间作明确规定。静态点计数调查中最为经常引用的实例(Bohnsack，Bannerot，1986)是被限定为 5 min 的，但是识别隐秘物种所需的时间可以不受限制。这会增加调查方法学的额外方差，特别是在具有不同隐藏空间的区域之间作出比较的情况下。

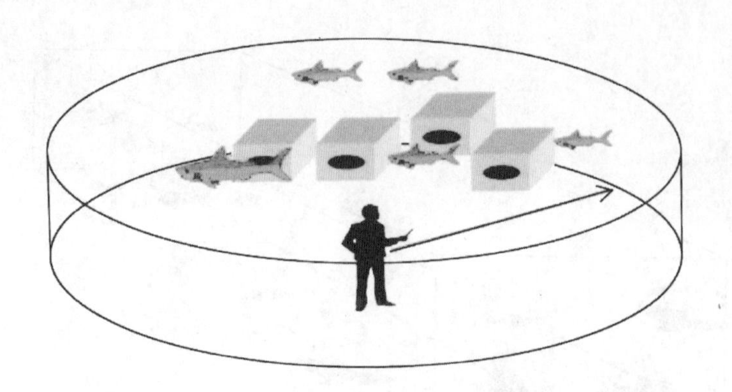

图 5.8　典型静态点计数法调查中尺寸和调查区域的图解

为了开展静态点计数法调查，一位潜水者或观察者需要占据圆圈或样方的中心位置，并在规定时间内(如 5 min)缓慢转动，同时记录在该区域观察到的动物区系和由协议确定的高度尺寸。调查持续时间应由普查区域的大小和被普查的物种数量决定。例如，少数物种和一个较小的区域可以更加快速地被普查完毕。静态点计数法调查中的鱼类普查应逼近一个瞬时计数(即密度反映了某个时刻在调查区域内计数所得个体的数量)。这一点也适用于样带法调查。然而，就静态点计数法而言，这一点是明显的：观察者完成其旋转作业是需要花费一定时间的，在这期间新的鱼可能会游入圆圈，而原来的鱼可能会游出圆圈。为了避免出现前者情况，观察者不应将在计数开始之后进入调查区域的个体计入计数当中(即“游入鱼”；Samoilys，Carlos，1992；Samoilys，1997)。为了避免漏掉离开该区域的鱼(即低估密度)，普查应该是尽可能快速的，而且同时被普查的物种数量应该是最少的(Samoilys，1997)。此外，Brock(1954)建立了一种被广泛遵守的协议，在该协议中一旦已经启动了一次视觉调查，所有进入视觉区域的鱼都是被计数的(即使在计数过程开始之后)，但是需要小心对每个个体鱼只计数一次。因此，游出而又游入调查区域的鱼是不会被再次计数的。

静态点计数法有横断面方法所具有的许多优点(Samoilys，Carlos，出版中)，还有更多的优点：这种调查往往不会延伸超过鱼礁的界限。大多数半径是在 3 ~ 15 m，具体取决于可见性和研究目标，但是 Bortone 等(1994a)建立了以 5.64 m 作为标准的半径，因为它正好包围了 100 m^2 的范围，而且仍然在大多数人可能遇上的视觉限制距离之内。此外，调查区域的受限尺寸能够实现对在生境内特点声明的减少数量的评估。因此，在鱼礁组当中的鱼礁或鱼礁模块内的微型无脊椎动物是可以在一次静态点计数法调查过程中予以取样的。因此，生境属性容易被视为集聚物。

如果空间区域是巨大的(即处于可见性的极限)，准确识别甚至观察一些个体往往很困难。尽管这对横断面方法也是正确的，那种方法需要观察者沿着横断面移动，因此会减少观察者和物体之间的距离，而大多数静态点计数法协议需要一位静态的观察者。因此，在为被调查的有关物种和条件选择合适尺寸的过程中，我们需要小心谨慎。此外，如果潜水者无法适当浮起，以避免接触易碎的基底，使用静态点计数法的调查可能会导致对基底的损坏。横断面观察者是游动着的，因此离底部较远。

5.5.3.2.1.3 横切线法

在陆地研究中横切线法的使用相当广泛，而且有在水下调查中应用的潜力（Thresher，Gunn，1986；Kulbicki，1988；Cappo，Brown，1996）。观察者需要简要记录所观察到的每个个体及其距离和相对于横切线的角度。这种方法的优点就是在物体可探测性上的差异可以容易地确定，而这一点是样带法的未知方面。相反地，这种方法特别依赖于观察者对水下距离作出准确预估的能力。Bortone 和 Mille（1999）已经概括了在对水下距离和尺寸作出预估当中出现误差的许多原因。Thresher 和 Gunn（1986）已经表明：不同观察者之间距离预估当中存在的差异可以是相当大的，特别是在预估快速移动的物种的距离时，如鲹科鱼类的那些特点。

5.5.3.2.1.4 间隔计数法

间隔计数法或定期游泳（物种－时间随机计数）法涉及由 Beals 首次使用方法的修改（1960）。在这种情况下，一个人"随意地"游过一般性调查区域（图5.9），列出所观察到的位于约定时间内（如 Williams，1982；Russ，1984）或者在它们最初被看到的顺序（Jones，Chase，1975；Thompson，Schmidt，1977；Jones，Thompson，1978）中的物种。在原始的文献（Beals，1960）中，这种方法被称为"随机"，但是正如所使用的，它缺乏真实随机移动的严谨。通过重复的碰到，有关物种会基于时间间隔被给予相对丰度的分数，也就是在调查中它们最初被观察到的时间间隔内。在理论上，非常丰裕和明显的物种在每次调查中总是会更容易被看到，而且更稀少和不那么明显的物种只会被看到一次，通常是在一次调查中的稍晚时间里被看到的。尽管存在若干与相对物种丰度有关的变化，许多研究较高密度

图5.9 在一次间隔计数法调查过程中一位潜水者所作"随机"调查的图解

区域的作者选择使用5个10 min的时间间隔，而每个间隔会被重复8次。因此，非常“丰裕”的物种会获得一个等于40的丰度分数，而最稀少的物种会获得一个等于1的分数。在较低密度区域或在一个更加受限的区域内使用这种方法的研究者可能会选择减少时间间隔(如5 min)。

出于若干原因，对鱼－集聚物调查者而言，这种方法只获得有限的接受度。它允许观察者在鱼礁区域周围自由移动，因此会导致发现更多的物种，并且与在一次更加受限的视觉调查过程中可能观察到的情况相比可以观察到更多的鱼礁特性。从这些调查产生的鱼礁丰富度参数是非常高的(Bortone et al，1989)。这种调查方法的基本目标是定性而非定量的。它为观察者提供了记录尽可能多的物种的机会，同时又不会因对个体进行计数活动而分散精力。它确实提供了关于相对丰度的一种指标(类似于一些非参数化统计处理的等级次序)，因为关于丰度的等级次序可以按照在其中它们首先被观察到的时间间隔赋予权重的物种分数逐渐收集起来。由于错误表征的可能性较高，尤其是稀疏作用，至少需要8个重复物。有很多因素会导致对相对丰度的错误表征，我们在这里引用其中两个：①在一次调查开始时偶然被观察到的一个稀有物种可能会被赋予一个较高的分数(最少为5)，而实际上它很可能不会出现在后续的重复物里；②如果群体碰巧位于观察区外(特定潜水期间经常发生)，很容易遗漏数量丰富的集群种类。这种方法也很费时。5个10 min的重复物，每个都是经过8次操作的，意味着总计水下观察时间是400 min。针对每次重复，使用横断面法或静态点计数法的一次视觉调查通常不会持续超过10 min。因此，在至少5次重复的情况下，每项调查将有不超过50 min的一个时间持续期。认识到有效开展间隔计数方法所需的极端时间投入很重要。

5.5.3.2.1.5　*总计数法*

许多研究者选择使用对时间和区域没有任何限制的“总计数”方法。一些研究者已经发现这种方法是有用的，特别是在鱼礁较小和相对隔绝的情况下(Hixon，Beets，1989)。在这些情况下，所有物种都是被识别的，而且所有个体都是被计数的，直到确信没有其他物种未被识别，而且定量数据不能再改进。在一些特殊条件和假定下(如动物区系是相对固定的和不移动的)，这种方法可能具有实用性。遵守这种方法时，观察者把自己定位于靠近鱼礁的地方，并为所有物种和个体计数，直到认为所有居留物种和个体都已经被包括在计数当中。

5.5.3.2.1.6　*方法组合*

因为没有任何单一方法能够产生比其他方法明显更准确或精确的动物区系评估，为了获得最佳结果，许多研究者已经选择使用两个或更多方法。例如，横断面法、静态点计数法和定时游泳法都可以被同时采用，以此利用每个方法的正面属性，并实现对每种方法的偏性和缺陷的真实评估(Kimmel，1985；Bortone et al，1986；Bortone et al，1989)。

5.5.3.2.1.7 视觉普查中的其他方面

到目前为止，大多数渔业科学家未必会将数据的视觉收集视为一种有效的实践(Bortone, 1998)。尽管其偏性是很少被明证的，最近数年科学团体已经在使这种取样方法“合法化”方面做了大量的努力。以下内容就是那些思索用于未来原地数据收集活动的研究设计的研究者应该感兴趣的一些特殊问题。

5.5.3.2.1.7.1 水下数据记录

水下数据记录可能会因所用的方法而打折扣，这一点又会干扰到取样协议。例如，潜水者通常会在一块“记录板”上记录数据(所谓记录板，通常是由一张粗糙化的塑料薄板构成的，或者是一张附着于剪贴板上的塑料化薄纸，用一支铅笔就可以在上面完成书写)。利用这种方法，一次5 min观察不会导致5 min实际的数据采集作业，因为观察者必须向下看以记录有关发现结果，因此减少了真实的观察时间。现在，带有音频附件的水下视频的出现使潜水者可视化记录一次调查并同时将其观察结果录在录音记录里成为可能。这些数据然后会被转录为标准的数据记录格式(计算机表格、数据库和现场表格)。Bortone等(1991)开展了一项关于在现场开展的记录板、视频和音频记录方法的有限的比较性研究。这些结果表明了：音频/视频的组合产生了最多的信息，而在使用单一记录装置的情况下，单独音频能提供最多的数据。记录板方法尽管在同样单位时间上只能产生较少的信息，却在某种程度上提供了在统计学意义上类似的动物区系数据。

5.5.3.2.1.7.2 潜水器和遥控潜水器

载人潜水器已经被用于获取关于鱼礁集聚物的定性和定量数据(如Shipp et al, 1986)。潜水器的使用能够实现在宽广范围环境条件下进行原地观察，这种观察通常是潜水者无法做到的，例如，在以强力水流为特征的区域。潜水器还能在更深的深度停留更长时间，这样就可以促进重复测量。尽管潜水器在极端环境条件下明显更加安全，但其的使用也是非常昂贵的，同时其本身的性质可能通过降低的可操纵性限制了其灵活性，因此，与一位可以自由游动的潜水者所能提供的视野区域相比，潜水器只有一个更加受限的视野区域。

遥控潜水器也已经被用于人工鱼礁调查当中(Van Dolah, 1983)。遥控潜水器可以将人工潜水者和载人潜水器的优点组合在一身。遥控潜水器通常是趋于表面的，这意味着它们有更加长的观察时间，但是可能会受海面条件的限制(到目前为止，这一点对所有其他采用的视觉调查方法都是适用的)。遥控潜水器可以在非常深的区域使用很长时间，因此能消除对观察者的潜在风险。在实践中，经过培训的个人可以操纵该装置，并模仿一位原地观察者的移动。视频图像可以被直接传输到水面船舶，而且/或者在回收船舶后可以查看录像带。遥控潜水器的成本和培训时间是较高的，但是远低于潜水器。我们当中的Patrice Francour预估到：至少需要花费实际记录时间的三倍时间才能从录像带记录中有效地检索恢复有关数据。

在未来，我们预测敏感度很高的录像带将能实现在能见度较差条件下对人工鱼礁集聚物进行取样，即使是在夜晚，还可以使用一个视力强化型“夜视镜”。

5.5.3.2.2 水声方法

在鱼和大型无脊椎动物的非破坏性方法方面的最新进展涉及水声评估技术的使用(Thorne et al，1989；Thorne，1994)。在调查被吸引到石油钻井平台上的鱼集聚物方面，水声方法展示了特别的作用(Stanley et al，1994)。在更大的半永久性结构物周围使用水声设备的优势就是在以“阵列”形式(经过战略布置的多个接收器)使用的情况下，它们可以在规定深度实现准确的三维观察。如果与计算机化的数据记录器组合使用，有可能获得关于集聚物丰度的长期时间序列数据。其使用限制包括：①在根据声呐信号识别一些物种方面的难度；②存在往往需要验证的事实。未来的研究可能会看到其他先进技术的应用，诸如水下激光器的使用。

5.5.3.2.3 数据类型

使用视觉评估方法可以记录数个类型的数据。我们将那些人们可能会以一种非破坏性方法如视觉普查记录的数据包括在这里。明显存在许多其他类型数据，但是这些数据大多数是从以下所讨论的基本信息衍生或计算而来的。

5.5.3.2.3.1 物种肉眼识别

这种信息可以提供关于物种在场或缺席矩阵的数据以及与鱼礁有关的物种的整体指示。因为物种识别对大多数其他分析而言是至关重要的(物种特定的丰度和尺寸预估)，准确识别物种非常重要。准确的物种肉眼识别通常需要大量的经验。尽管没有针对这种方法的任何真实替代物，使用大量可获的现场指导和手册在合理程度上准确识别通常是可能的。物种的数量在一些区域可能会超过数十种，将这种多样性和特定科类大量的性别或成熟形态特点组合起来[大多数明显是鹦嘴鱼(鹦嘴鱼科)和濑鱼(隆头鱼科)]会进一步使物种肉眼识别复杂化。我们建议工作人员获取鱼类分类学专业技术的支持，或者其他人员能够非常熟悉当地的动物区系，还需要在动物区系调查期间常规保存所选的证据标本。准确物种识别的重要性无论如何强调都不为过，因为这些信息构成了所有鱼礁研究的基础。一些研究可能会聚焦于少数甚至单一物种，这就可以减少识别问题。另外一种方法就是让数位观察者一起开展有关调查，其中每位观察者需要对有限数量的分类群负责。

5.5.3.2.3.2 丰度预估

与物种在场或缺席情况差不多，在一项视觉调查中最为普遍被记录的数据类型就是个体的数量。尽管迁移和/或隐蔽物种(无论为单一还是混合物种群体)计数可能是一项艰巨的任务，在具体实践中，丰度预估可以以一定准确度进行。如果种群较小(一般低于20)，为每个个体物种计数通常是最适宜的。对更大的种群，在群组或数组个体中预估种群往往是最适宜的。一位潜水者可以形成一组20、50、100甚至1 000个个体所构成物体的视觉图像，然后形象化地“乘以”这些计数，以此获得关于整个种群的预估。例如，一位潜水者可能会为10组有50个个体的群组计数，并得出500个个体的总预估数值。此外，对混合物种群体而言，预估在整个群里面的个体数量往往是更加容易的，然后再预估该鱼群中每个物种的相对百分比。一个类似方法涉及使用对数丰度类别对丰度进行预估(William, 1982；Russ，1984)。许多调查已经通过将物种丰度预估赋予诸多有关群组来进行(Harmelin - Vivien et al，1985)。许多计划已经被设计出来，如稀缺(1 ~2 个个体)，少数(2 ~5 个个体)，一般性(5 ~10 个个体)和丰裕(10 ~50 个个体)。

不管是用什么尺度来预估丰度，在一项研究中使丰度 - 类别定义保持一致很重要。仅以这些术语来定义相对丰度而不包括解释性信息是不可接受的。关于怎样做这个的实例，请见 Bortone(1976)的著作。

5.5.3.2.3.3　个体尺寸预估

尺寸信息对概括有关地点上动物区系特点至关重要。如果以一定精确度采集，甚至获得关于生长和生物量的合理预估都是可能的(Bortone et al，1992)。预估水下个体的尺寸可能看起来是一个艰难的任务，充满了各种误差的可能性(特别是光学畸变，这会导致个体看起来比实际尺寸要大)。然而，经过持续不断的实践，许多观察者能够获得可靠的尺寸预估(Bell et al，1985；Samoilys，1997；Bortone，Mille，1999)。对大多数鱼而言，使用总长度为预估的基础是最为适宜的(口鼻部尖端到尾鳍末端)，尽管对特定鱼类必须使用其他测量(如鳐科鱼，对这些鱼，圆盘宽度是测量的通常基础)。定义长度基础和规定有关单位(最好为 cm 或 mm)总是很重要的。在一些研究中，尺寸预估已经被减少到最接近的厘米数量(最接近毫米的预估一般是毫无意义的)，但是一些研究者偏好于将这种预估以 5 cm 或者 10 cm 尺寸的群组为基础。未曾确定尺寸间隔(如小型、中型或大型；或者幼体的和成年的)的预估是应该予以避免的。

可以采用若干方法来预估尺寸。例如，可以使用安装在一根杆子上的直尺或者附着于记录板上的直尺(Bohnsack，Bannerot，1986)。一些作者已经使用成对安装的激光光束，以此作为水下规则(McFall，1992)，而且在其他研究中，研究工作者曾经使用过鱼的轮廓(Mille，Van Tassell，1994)。在一些情况下，保存的鱼曾被安装在一块水下玻璃上，以此将被普查的鱼和已知长度的模型进行比较(Galzin，1985)。之前测量的周围无生命物体可以被用作进行比较的基础。证据标本在捕获之后就能够被测量。持续不断的实践对获得可靠的尺寸预估而言很重要。

5.5.3.2.3.4　生物量

生物量实际上是一个计算出来的变量，但是在这里将它包括进去，是因为它往往被认为是描述一个区域生产率的关键变量。近期关于人工鱼礁的鱼类调查对生物量进行了估计(Bortone et al，1994a；Bortone et al，1997)。预估来自纯粹肉眼检验的个体鱼或鱼群的重量是不可能的(尽管有经验的商业性渔民能够就诸多群组如此行事，同时他们还须对这些鱼群特别熟悉)。一种合理的替代物就是预估一个物种的平均尺寸和丰度，然后使用以往出版的关于长度和重量关系的表格来计算总生物量。我们应该注意到这些表格并非可用于所有物种，尽管关于来自同一地理区域的类似物种的表格是可以被使用的。使用基于具有类似形状物种的方程式也是可能的。

5.6 实例和案例研究

在以下内容中，我们呈现了对若干基本研究的参考，利用了所有三种水平的信息，这些信息可以起到用于未来鱼和大型无脊椎动物研究开发的模型的作用。尽管这些实例可以作为开发一份研究的指南，必须记住这些都必须进行一定的修改和改进。

5.6.1 关于人工鱼礁的先前工作

Bortone 和 Kimmel(1991)记载了关于人工鱼礁上鱼和大型无脊椎动物评估方法的早期研究工作。从那时起，关于这个课题的大量其他出版物开始出现。特别值得关注的就是来自第5届和第4届水生生境强化国际会议的最新论文纲要(Grove，Wilson，1994；Sako，Nakamura，1995)。此外，最近于1992年在墨西哥曼萨尼约(渔业局，1992)和于1994年在意大利洛阿诺(Cenere，Relini，1995)举行的座谈会包括了人工鱼礁调查和评估的最近实例中的一部分。

在5.4.1节，我们表明了三种类型的信息或三种水平的评估可以在一次人工鱼礁调查期间执行。我们在下面以来自最新文献的实例处理其中每种类型的信息或每种水平的评估。这些可以作为怎样开展鱼和大型无脊椎动物评估的实例。同时，它们还可以作为计划一项评估研究的一个起点。我们应该注意到许多研究可以包含不止一种水平。比如，声称在一段时间内比较两处鱼礁的研究(第二级——比较性研究)也可以呈现关于鱼礁的详细描述(第一级——描述性)。

5.6.1.1 第一级——关于集聚物的描述

Moreno 等(1994)提供了关于巴利阿里群岛(Balearic Islands)附近人工鱼礁项目的一个基本但有用的描述。同时，他们呈现了相当于与该地区内这些鱼礁有关的鱼类动物区系的描述的信息。像这样的研究可以被认为是初级的，但又是关键的，因为它有益于指导能够确定趋势(第二级)和有关关系(第三级)的未来研究。

Haroun 等(1994)完成了关于和加那利群岛附近人工鱼礁群有关的大量非生物和生物变量的详细描述。该描述的一部分包括关于与鱼礁及其附近自然环境有关的物种丰度的信息。来自这些生境的数据对进一步开发能够分析导致集聚物内潜在差异的诸多因素的研究是至关重要的。

Bell 和 Hall(1994)研究了飓风对美国东南沿海南卡罗莱纳州附近海洋人工鱼礁的影响。尽管提供的是风暴对有关鱼类动物区系的影响的一般性描述，与在风暴之后延续的阶段内动物区系的重新建立作出时间序列比较而言，它必定提供了关键的数据库。

DeMartini 等(1994)提供了关于与南加利福尼亚附近一处人工鱼礁有关的生产率的非常详细的描述。尽管被分类为第一级描述性研究，但它提供了关于鱼礁的相对生产率的复杂而详尽的介绍。

5.6.1.2　第二级——时间或空间比较

与位于印度喀拉拉邦的自然和人工鱼礁有关的鱼类的捕捞率和物种成分是由 d'Cruz 等(1994)作出比较的。尽管非常基本，但它代表了关于人工鱼礁集聚物空间比较研究的精髓。

Jensen 等(1994)报道了位于英国普尔海湾内煤灰人工鱼礁上鱼类的定植情况。诸如此类的定植和演替情况研究代表了时间序列(时间性)比较的总体研究设计。

Bortone 等(1994b)呈现了加那利群岛附近人工鱼礁动物区系的时间和空间比较。动物区系比较是在地点之间(鱼礁和非鱼礁)以及在时间跨度上(部署之前，部署后不久，部署后很久)进行比较的。大多数比较研究设计都遵守这种程序。

5.6.1.3　第三级——识别重要的相互作用的环境因素

Friedlander 等(1994)曾分析了鱼礁类型和位置的相互作用方面，以此确定它们在美国维尔京群岛附近聚集鱼类方面的效果。这项研究代表了分析鱼礁和环境有关特性的基本但又重要的一步，可能会得到理解它们之间的相互作用动态学的结果。

在更大的尺度上，Bombace 等(1994)比较了位于一系列地点上的多个鱼礁设计，以此确定对强化人工鱼礁集聚物而言重要的特性。这项研究可以被视为以上被引用的研究的一个更加精心的版本(Friedlander et al，1994)。

Bortone 等(1994a)曾开始确定能够帮助北墨西哥湾河口内有关鱼类动物区系的鱼礁特性。通过使用一系列具有不同尺寸、定向和配置的鱼礁，他们对在时间范围内的鱼礁和环境变量分析了生物学响应变量(物种数量、丰度、尺寸和生物量)。因此，研究设计是围绕这样的确定性假设而组织的：某些条件(环境和鱼礁的属性)可以相互作用从而影响有关的鱼类群落。Martin 和 Bortone(1997)曾以大型无脊椎动物群落属性作为响应变量开展了一次类似的分析。

5.6.2　案例研究

案例研究检查在为分析人工鱼礁上鱼和大型无脊椎动物动物区系而规划研究时可能极其有用。它们的有用之处来自于学习以往研究者的经验以及他们怎样应用有良好记载的方法去获得回答特定问题所需的数据。我们在下面给出了三个案例研究，我们相信这几个案例能够展示充分又通用化的程序，而这些程序必将有助于指导未来的人工鱼礁研究。下面的第一个案例研究(Bohnsack et al，1994)使读者能看到将诸多方法应用于一组特定的目标的情况。第二个案例研究(Bortone et al，1997)采取了一个更加通用的方法，以确定与环境和鱼礁属性有关的动物区系特性。第三个案例研究(Franzer，Lindberg，1994)是一个关于怎样分析与在延长的时间范围内鱼礁设计的空间方面有关的大型问题的模型。

Bohnsack 等(1994)开始确定鱼礁尺寸对佛罗里达州东南部海岸附近的人工鱼礁上定植情况和集聚物结构的影响。研究问题是简单而直接的，并带有清楚声明的特定目标："①定量化鱼礁尺寸和生物量以及定居生长在人工鱼礁上与更早阶段出现的鱼礁鱼类数量之间的关系；②以试验检验是否使用同样数量材料的多个小型鱼礁和一个大型鱼礁相比能够支持更多鱼；③比较人工鱼礁上鱼礁鱼集聚物和附近自然及人工生境上的情况。"

用于测量环境属性和鱼礁属性的方法是得到清楚声明的，用于测量生物学响应变量(因变量)的方法也是如此。研究结果足够详细地呈现了调查数据和分析，以使评估在功效上能满足声明的目标。最后也是比较重要的一点就是：该研究注意到人工鱼礁集聚物固有的极端变化性，主要通过指出重复响应和因变量的长期时间序列响应。该研究是精心设计的，应该可以作为研究设计者一份指南。

Bortone 等(1997)采取一种稍有不同的方法，试图确定与北墨西哥湾的人工鱼礁鱼类集聚物有关的因素。他们的整体目标就是确定与动物区系集聚物有关的因素，这类似于由 Bohnsack 等(1994)提供的目标。然而，他们没有直接面向项目目标以一种良好设计的阵列形式建造和部署鱼礁，而是使用了以往部署的鱼礁对与一系列生物学响应变量(物种数量、个体数量、个体尺寸、生物量、物种多样性等)有关的环境和鱼礁属性因素进行详细的测量。该研究设计包括对 64 处鱼礁进行为期 3 年的检查以及在每次调查过程中作出重复生物学响应的测量。类似于 Bohnsack 等(1994)，对测量方法的详细参考也是予以提供的。有关结果既呈现了关于描述性数据的概括，也呈现了关于在所有变量上遇到的变化的证据。他们使用了多元分析来进一步阐明和满足研究目标。此外，尽管该研究重点在于帮助解释群落集聚物特性，它也能阐明在集聚物当中若干重要目标物种的种群性方面的情况。

最后，由 Frazer 和 Lindberg(1994)开展的一项研究确保作为一个案例研究的分析，这项研究煞费苦心且一丝不苟地努力回答就特定人工鱼礁属性精心设计的问题。相隔很远的礁斑比某些其他鱼礁部署配置具有更密集群体的三类特定目标种(即章鱼、美洲黑石斑和引金鱼)这一假设是使用来自能够充分提供替代性程序的一系列鱼礁的特殊定义的协议收集的数据予以检验的。关于种群数据的时间序列分析的细节是以清楚可理解的方式呈现的。然而，最为重要的是该论文是以关于发现结果的一个明确的声明作为结论的："我们发现硬底避难所和软底食物资源在这个群落中是密不可分的。"从研究结果引致一个良好开发和可检验的假设方面来说，这是良性科学的精髓。这个声明是否真实仍然需要进一步观察。然而，已经确立的就是未来人工鱼礁研究的模式和方向。

5.7 未来需求和方向

Bortone(1998)最近就人工鱼礁研究的正面和负面特征发表了评论。在这些成就当中值得强调的是：科学界研究者之间已经建立了学院之间的交流及通信网络。此外，一些方法差异已经得到解决，而且在更近时期已经努力在最大复杂性数据分析水平下分析了有关数据。在另一方面，值得注意的是：解决吸引和生产假设的更广义的困境仍然需要我们开展更多的研究工作。随着生态学模型和理论的应用以及来自其他领域的科学家和生态学家的相互合作不断深入，这种困境的解决应该是在我们的能力范围之内的。

就方法论而言，更多方法测试应该带来更加有效的调查和越来越少的取样误差，同时针对同样单位的努力会得到更多的信息。认识到偏性总是存在的也很重要，同时对这些偏性进行纠正以确保人工鱼礁上鱼和大型无脊椎动物评估技术的未来发展也很重要。

遥感的持续发展似乎使其成为一个明显重要的进步领域。我们目前对人工鱼礁的了解大部分源于在世界上浅部和温暖地区开展的研究。人工鱼礁的通用化范式需要进行扩展和扩大。在我们有能力有规律地对海洋的更深、更冷和不那么友好的部分进行取样之前，这是不会发生的。

在文献中不经常被承认的是这样的一个有趣和明显的假定：大多数鱼礁经常经历着人工鱼礁动物区系移除情况(如捕捞)。我们还不知道任何在评价的基本目标被无法控制地操纵(往往没有文件记录)时尝试开展科学研究的其他情况。在环境科学中，这种情形是独特的，而且是应该予以处理的。至少，对移除的类型、尺寸和比率的一些鉴别应该是我们知道的，以此证实有关研究结果的有效性。留给我们的就是一个可能错误的假定：所有鱼礁都是经历同样捕捞情况的。评估与人工鱼礁有关的鱼和大型无脊椎动物的未来研究努力应该是在与捕捞活动的经济和社会评价以及源于被研究鱼礁的成功度共同协助的情况下来完成：一项艰巨但应当完成的任务。

5.8 鸣　谢

Stephen A. Bortone 感谢西佛罗里达大学的多位研究生帮助开展人工鱼礁鱼类现场研究，特别是 Robert Turpin、Tony Martin、Richard Cody 和 Ron Hill。他还感谢同事 C. M.(Mike) Bundrick、Keith Mille、Robert W. Hastings 和(特别是)Joseph J. Kimmel，感谢他们在本章所引用的诸多研究工作中给予的帮助和合作。Melita A. Samoilys 诚挚感谢昆士兰初级工业部渔业司给予的支持。

参考文献

Alevizon W S , J C Gorham, R Richardson, S A McCarthy. 1985. Use of man-made reefs to concentrate snapper (Lutjanidae) and grunts (Haemulidae) in Bahamian waters. Bulletin of Marine Science, 37: 3 - 10.

Anderson M J, N A Gribble. 1998. Partitioning the variation among spatial, temporal and environmental components in a multivariate data set. Australian Journal of Ecology, 23: 158 - 167.

Ardizzone G D, M F Gravina, A Belluscio. 1989. Temporal development of epibenthic communities on artificial reefs in the central Mediterranean Sea. Bulletin of Marine Science, 44: 592 - 608.

Barans C A, S A Bortone. 1983. The visual assessment of fish populations in the southeastern United States: 1982 Workshop. Technical Report l (SC - SG - TR - 01 - 83), South Carolina Sea Grant Consortium, Charleston.

Barbour C D, J H Brown. 1974. Fish species diversity in lakes. American Naturalist, 108(962): 473 - 489.

Beals E. 1960. Forest bird communities in the Apostle Islands of Wisconsin. Wilson Bulletin, 72: 156 - 181.

Bell M, W J Hall. 1994. Effects of Hurricane Hugo on South Carolina's marine artificial reefs. Bulletin of Marine Science, 55: 836 - 847.

Bell J D, G J S Craik, D A Pollard, B C Russell. 1985. Estimating length frequency distributions of large reef fish underwater. Coral Reefs, 4: 41 - 44.

Böhlke J E, C C G Chaplin. 1993. Fishes of the Bahamas and Adjacent Tropical Waters. 2nd ed. University of Texas Press, Austin.

Bohnsack J A. 1982. Effects of piscivorous predator removal on coral reef community structure. //G M Cailliet, C A Simnestad, eds. Gutshop '81: Fish Food Habits Studies. Proceedings, Third Pacific Workshop. Washington Sea Grant Publication, University of Washington, Seattle: 258 - 267.

Bohnsack J A, S P Bannerot. 1986. A stationary visual census technique for quantitatively assessing community structure of coral reef fishes. U. S. Dept. of Commerce, NOAA Technical Report NMFS, 41: 1 - 15.

Bohnsack J A, D L Johnson, R F Ambrose. 1991. Ecology of artificial reef habitats and fishes. //W Seaman, Jr, L M Sprague, eds. Artificial Habitats for Marine and Freshwater Fisheries. Academic Press, San Diego: 61 - 107.

Bohnsack J A, D E Harper, D B McClellan, M Hulsbeck. 1994. Effects of reef size on colonization and assemblage structure of fishes at artificial reefs off southeasternFlorida, U. S. A. Bulletin of Marine Science, 55: 796 - 823.

Bombace G, G Fabi, L Fiorentini, S Speranza. 1994. Analysis of the efficacy of artificial reefs located in five different areas of the Adriatic Sea. Bulletin of Marine Science, 55: 559 - 580.

Bortonc S A. 1976. The effects of a hurricane on the fish fauna at Destin, Florida. Florida Scientist, 39(4): 245 - 248.

Bortone S A. 1998. Resolving (he attraction - production dilemma in artificial reef research: some yeas and nays. Fisheries, 23: 6 - 10.

Bortone S A. 1999. The impact of artificial reef fish assemblages on their potential forage area: lessons in artificial reef study design. //W Horn. ed. Florida Artificial Reef Summit '98. Florida Department of Environmental Protection, Tallahassee: 82 – 85.

Bortone S A, J A Bohnsack. 1991. Sampling and studying fish on artificial reefs. Chap. 7. //J G Halusky, ed. Artificial Reef Research Diver's Handbook. Technical Paper 63, Florida Sea Grant College, University of Florida, Gainesville: 39 – 51.

Bortone S A, J J Kimmel. 1991. Environmental assessment and monitoring of artificial reefs. //W Seaman, Jr, L M Sprague, eds. Artificial Habitats for Marine and Freshwater Fisheries. Academic Press, San Diego: 177 – 236.

Bortone S A, K J Mille. 1999. Data needs for assessing marine reserves with an emphasis on estimating fish size in situ. Naturalista Siciliana (Suppl.): 13 – 31.

Bortone S A, R W Hastings, J L Oglesby. 1986. Quantification of reef fish assemblages: a comparison of several in situ methods. Northeast Gulf Science, 8(1): 1 – 22.

Bortone S A, J J Kimmel, C M Bundrick. 1989. A comparison of three methods for visually assessing reef fish communities: time and area compensated. Northeast Gulf Science, 10(2): 85 – 96.

Bortone S A, T R Martin, C M Bundrick. 1991. Visual census of reef fish assemblages: a comparison of slate, audio, and video recording devices. Northeast Gulf Science, 12(1): 17 – 23.

Bortone S A, J Van Tassell, A Brito, J M Falcon, C M Bundrick. 1992. Visual census as a means to estimate standing biomass, length, and growth in fishes. Proceedings of the American Association of Underwater Sciences, Diving for Science, 12: 13 – 21.

Bortone S A, T R Martin, C M Bundrick. 1994a. Factors affecting fish assemblage development on a modular artificial reef in the northern Gulf of Mexico estuary. Bulletin of Marine Science, 55(2 – 3): 319 – 332.

Bortone S A, J Van Tassell, A Brito, J M Falcón, J Mena, C M Bundrick. 1994b. Enhancement of the nearshore fish assemblage in the Canary Islands with artificial habitats. Bulletin of Marine Science, 55: 602 – 608.

Bortone S A, R K Turpin, R P Cody, C M Bundrick, R L Hill. 1997. Factors associated with artificial-reef fish assemblages. Gulf of Mexico Science, 1: 17 – 34.

Bortone S A, R P Cody, R K Turpin, C M Bundrick. 1998. The impact of artificial reef fish assemblages on their potential forage area. Italian Journal of Zoology, 65 (Suppl.): 265 – 267.

Bouchon – Navaro Y, M Louis, C Bouchon. 1997. Trends in fish distributions in the West Indies. //H A Lessios and l. G Macintyre, eds. Proceedings, 8th Internationa/ Coral Reef Symposium. Smithsonian Tropical Research Institute, Balboa, Panama: 1, 987 – 992.

Brock V E. 1954. A preliminary report on a method of estimating reef fish population. Journal of Wildlife Management, 18: 297 – 317.

Cappo M, l W Brown. 1996. Evaluation of sampling methods for reef fish populations of commercial and recreational interest. Technical Report No. 6, Townsville, CRC Reef ResearchCentre, Australia. 72 pp.

Cenere F, G Relink 1995. Convegno de Loano per la difesa del mare (8 – 9 luglio 1994). Biología Marina Mediterrάneo Vol. II, Fasc. l: iii.

Choat J H, D R Bellwood. 1991. Reef fishes: their history and evolution. //P F Sale, ed. The Ecology of Fishes on Coral Reefs. Academic Press, San Diego: 117 – 143.

Clarke K R. 1993. Non-parametric multivariate analysis of changes in community structure. Australian Journal of Ecology, 18: 117 – 143.

Connell S D, M A Samoilys, M P Lincoln – Smith, J Leqata 1998. Comparisons of abundance of coral reef fish: catch and effort surveys vs. visual census. Australian Journal of Ecology, 23: 579 – 586.

d'Cruz T, S Creech, J Fernandez. 1994. Comparison of catch rates and species composition from artificial and natural reefs in Kerala, India. Bulletin of Marine Science, 55: 1029 – 1037.

DeMartini E E, A M Barnett, T D Johnson, R F Ambrose. 1994. Growth and production estimates for biomass-dominant fishes on a southern California artificial reef. Bulletin of Marine Science, 55: 484 – 500.

Doherty P J. 1991. Spatial and temporal patterns in recruitment. //P F Sale, ed. The Ecology of Fishes on Coral Reefs. Academic Press, San Diego: 261 – 293.

Dovel W L. 1971. Fish Eggs and Larvae of the Upper Chesapeake Bay. Natural Resources Institute, University of Maryland, Solomons. 71 pp.

Ebeling A W, Hixon M A. 1991. Tropical and temperate reef fishes: comparison of community structures. //P F Sale, ed. The Ecology of Fishes on Coral Reefs. Academic Press, San Diego. 509 – 563.

Emlen J M. 1973. Ecology: An Evolutionary Approach. Addison – Wesley, Reading, MA.

Falcon J M, S A Bortone, A Brito, C M Bundrick. 1996. Structure of and relationships within and between the littoral, rock-substrate fish communities off four islands in the Canarian Archipelago. Marine Biology, 125: 215 – 231.

Fennessy S T, C Villacastin, J F Field. 1994. Distribution and seasonality of ichthyofauna associated with commercial prawn trawl catches on the Tugela Bank of the Natal, South Africa. Fisheries Research, 20: 263 – 282.

Frazer T K, W J Lindberg. 1994. Refuge spacing similarly affects reef-associated species from three phyla. Bulletin of Marine Science, 55: 387 – 400.

Francour P, M Harmelin – Vivien, J G Harmelin, J Duclerc. 1995. Impact of Caulerpa taxifola colonization on the littoral ichthyofauna of North – Western Mediterranean Sea: preliminary results. Hydrobio – logia 300/301: 345 – 353.

Friedlander A, J Beets, W Tobias. 1994. Effects of fish aggregating device design and location on fishing success in the U. S. Virgin Islands. Bulletin of Marine Science, 55: 592 – 601.

Galzin R. 1985. Ecologie des poissons récifaux de Polynésie française: Variations spatio-temporelles des peuplements. Dynamique de populations de trois espèces dominantes des lagons nord de Moores. Evaluations de la production ichtyologique d'un secteur récifolagonaire. Thèsis de Doctorat ès Sciences, Université de Sciences et Techniques du Languedoc.

Goldman B, F H Talbot. 1976. Aspects of the ecology of coral reefs. //O H Jones, R Endean, eds. Biology and Ecology of Coral Reefs. Vol. 3. Academic Press, New York: 125 – 154.

Grove R S, C J Sonu. 1985. Fishing reef planning in Japan. //F M D'ltri, ed. Artificial Reefs Marine and Freshwater Applications. Lewis Publishers, Chelsea, MI: 187 – 251.

Grove R S, C A Wilson. 1994. Introduction. Bulletin of Marine Science, 55: 265 – 267.

Halford A. 1997. Recovery of a fish community six years after a catastrophic mortality event. //H A Lessios, I G Macintyre, eds. Proceedings, 8th International Coral Reef Symposium. Smithsonian Tropical Research Institute, Balboa, Panama, 1, 1011 – 1016.

Harmelin – Vivien M L, J G Harmelin, C Chauvet, C Duval, R Galzin, R Lejeune, G Barnabé, F Blanc, R Chevalier, J Duclerc, G Lasserre. 1985. Evaluation visuelle des peuplements et populations de poissons: Méthodes et problèmes. Revue d'Ecologie (Terre Vie) 40: 467 – 539.

Haroun R J, M Gomez, J J Hernandez, R Herrera, D Montero, T Moreno, A Portillo, M E Torres, E Soler. 1994. Environmental description of an artificial reef site in Gran Canaria (Canary Islands, Spain) prior to reef placement. Bulletin of Marine Science, 5: 932 – 938.

Hastings P A, S A Bortone. 1980. Life history aspects of the belted sandfish Serranus subligcirius (Pisces: Serranidae). Environmental Biology of Fishes, 5(4): 365 – 373.

Hixon M A, J P Beets. 1989. Shelter characteristics andCaribbean fish assemblages: experiments with artificial reefs. Bulletin of Marine Science, 44: 666 – 680.

Hobson E S. 1991. Trophic relationships of fishes specialized to feed on zooplankters above coral reefs. //P F Sale, ed. The Ecology of Fishes on Coral Reefs. Academic Press, San Diego: 69 – 95.

Jensen A C, K J Collins, A P M Lockwood, J J Mallinson, W H Turnpenny. 1994. Colonization and fishery potential of a coal-ash artificial reef: Poole Bay, United Kingdom. Bulletin of Marine Science, 55: 1263 – 1276.

Jones R S, J A Chase. 1975. Community structure and distribution of fishes in an enclosed high island lagoon in Guam. Micronesica, 11: 127 – 148.

Jones R S, M J Thompson. 1978. Comparison of Florida reef Fish assemblages using a rapid visual technique. Bulletin of Marine Science, 28: 159 – 172.

Karr J. 1981. Assessment of biotic integrity using fish communities. Fisheries, 6: 21 – 27.

Kimmel J J. 1985. A new species – time method for visual assessment of fishes and its comparison with established methods. Environmental Biology of Fishes, 12: 23 – 32.

Kingsford M J, C N Battershill. 1998. Studying Temperate Marine Environments: A Handbook for Ecologists. Canterbury University Press, New Zealand. 335 pp.

Kulbicki M. 1988. Correlation between catch data from bottom longlines and fish censuses in the SW lagoon ofNew Caledonia. Naga, 92(2 – 3); 26 – 29.

Lincoln – Smith M P. 1988. Effects of observer swimming speed on sample counts of temperate rocky reef fish assemblages. Marine Ecology Progress Series, 43: 223 – 231.

Lincoln – Smith M, M A Samoilys. 1997. Sampling design and hypothesis testing. //M Samoilys, ed. Manual for Assessing Fish Stocks on Pacific Coral Reefs. Department of Primary Industries, Townsville, Australia: 7 – 15.

Lindquisl D G, L J Pietrafesa. 1989. Current vortices and fish aggregations: the current field and associated fishes around a tugboat wreck inOnslow Bay, North Carolina. Bulletin of Marine Science 44: 533 – 544.

Lindquist D G, L B Cahoon, I E Clavijo, M H Posey, S K Bolden, L A Pike, S W Burk, P A Cardullo. 1994. Reef fish stomach contents and prey abundance on reef and sand substrata associated with adjacent artificial and natural reefs in Onslow Bay, North Carolina. Bulletin of Marine Science, 55: 308 – 318.

Lowe – McConne J L R M. 1979. Ecological aspects of seasonality in fishes of tropical waters. Symposium of the Zoological Society of London, 44: 219 – 241.

Luckhurst, B E, L Luckhurst. 1978. Analysis of the influence of substrate variables on coral reef communities. Marine Biology, 49: 317 – 323.

Luclwig J A, J F Reynolds. 1988. Statistical Ecology. John Wiley & Sons, New York.

Lukens R R, J D Cirino, J A Ballard, G Gcddes. 1989. Two methods of monitoring and assessment of artificial reef materials. Special Report 2 – WB, Gulf States Marine Fisheries Commission, Ocean Springs, MS.

Manly B F J. 1986. Multivariate Statistical Methods: A Primer. Chapman & Hall, London.

Martin T R, S A Bortone. 1997. Development of an epifaunal assemblage on an estuarine artificial reef. Gulf of Mexico Science, 15(2): 55 – 70.

McFall G B. 1992. Development and application of a low-cost faired-laser measuring device. Proceedings of the American Academy of Underwater Sciences, Diving for Science, 12: 109 – 113.

Mille K J, J Van Tasseli. 1994. Diver accuracy in estimating lengths of models of the parrotfish. Span soma cretense, in situ. Northeast Gulf Science, 13: 149 – 155.

Moreno 1, K Roca, O Renones, J Coll, M Salamanca. 1994. Artificial reef program in Balearic waters (western Mediterranean). Bulletin of Marine Science, 55: 667 – 671.

Mullen L J, P R Herczfeld, V M Contarino. 1996. Progress in hybrid Lidar – Radar for ocean exploration. Sea Technology, March 1996: 45 – 52.

Murphy B R, D W Willis, eds. 1996. Fisheries Techniques. 2nd ed. American Fisheries Society, Bethesda, MD.

Nakamura M. 1985. Evaluation of artificial reef concepts inJapan. Bulletin of Marine Science, 37: 271 – 278.

Nelson J S. 1994. Fishes of the World. 3rd ed. John Wiley & Sons, New York.

Nelson R D, S A Bortone. 1996. Feeding guilds among artificial – reef fishes in the northern Gulf of Mexico. Gulf of Mexico Science, 14(2): 66 – 80.

Polovina J J. 1991. Fisheries applications and biological impacts of artificial reefs. //W Seaman, Jr, L M Sprague, eds. Artificial Habitats for Marine and Freshwater Fisheries. Academic Press, San Diego: 153 – 176.

Prince E D, O E Maughan, P Brouha. 1985. Summary and update of theSmith Mountain Lake artificial reefs project?? F M D'ltri, ed. Artificial Reefs Marine and Freshwater Applications. Lewis Publishers, Chelsea, MI: 401 – 430.

Rosenblatt R H. 1967. The zoogeography of the marine shore fishes of tropicalAmerica. //Studies in Tropical Oceanography, Miami: 579 – 592.

Roughgardcn J, Y Iwasa. 1986. Dynamics of a metapopulation with space-limited subpopulations. Theoretical Population Biology, 29: 235 – 261.

Roughgarden J, S D Gaines, P Possingham. 1988. Recruitment dynamics in complex life cycles. Science, 241:

1460 – 1466.

Ruitton S, P Francour, C F Boudouresque, In press. Relationship between algae, benthic herbivorous invertebrates and fishes in rocky sublittoral communities of a temperate sea (Mediterranean). Estuarine and Coastal Shelf Science.

Russ G R. 1984. Effects of protective management on coral reef fishes in thePhilippines. ICLARM Newsletter, International Center for Living Aquatic Resources Management, Manila, October: 12 – 13.

Russell B C, EII Talbot, G R V Anderson, B Goldman. 1978. Collection and sampling of reef fishes. //D R Stoddard, R E Johannes, eds. Coral Reefs: Research Methods. Monographs in Oceanography Methods No. 5. UNESCO, Paris: 329 – 345.

Sako H, M Nakamura. 1995. Preface. In: Proceedings, International Conference on Ecological System Enhancement Technology of Aquatic Environments. Vol. I-III. Japan International Marine Science and Technology Federation, Tokyo.

Sale P F. 1991a. (ed.). The Ecology of Fishes on Coral Reefs. Academic Press, San Diego. 754 pp.

Sale P F. 1991b. Reef fish communities: open nonequilibrium systems. //P F Sale, ed. The Ecology of Fishes on Cored Reefs. Academic Press, San Diego: 564 – 598.

Sale P F. 1997. Visual census of fishes: how well do we see what is there. //H A Lessios, I G Macintyre, eds. Proceedings, 8th International Coral Reef Symposium. Smithsonian Tropical Research Institute, Balboa, Panama. 2, 1435 – 1440.

Sale P F, W A Douglas. 1981. Precision and accuracy of visual census techniques for fish assemblages on coral patch reefs. Environmental Biology of Fishes, 6: 333 – 339.

Sale P F, B J Sharp. 1983. Correction for bias in visual transect censuses of coral reef fishes. Coral Reefs, 2: 37 – 42.

Samoilys M A. 1997. Underwater visual census surveys. //M A Samoilys, ed. Manual for Assessing Fish Stocks on Pacific Coral Reefs. Department of Primary Industries, Townsville, Australia: 16 – 29.

Samoilys M A, G Carlos. 1992. Development of an underwater visual census method for assessing shallow water reef fish stocks in the south west Pacific, Australian Centre for International Agricultural Research Project PN8545 Final Report, April 1992. 100 pp.

Samoilys M A, G Carlos. In press. Determining methods of underwater visual census for estimating the abundance of coral reef fishes. Environmental Biology of Fishes.

Samoilys M A, N Gribble. 1997. introduction. //M A Samoilys, ed. Manna! for Assessing Fish Stocks on Pacific Coral Reefs. Department of Primary Industries, Townsville, Australia: 1 – 6.

Sanders R M, C R Chandler, A M Landry, Jr. 1985. Hydrological, die! and lunar factors affecting fishes on artificial reefs offPanama City, Florida. Bulletin of Marine Science, 37: 318 – 328.

Schneider D C. 1994. Quantitative Ecology: Spatial and Temporal Scaling. Academic Press, San Diego.

Schreck C B, P B Moyle, eds. 1990. Methods for Fish Biology. American Fisheries Society, Bethesda, MD.

Seaman W, Jr, G A Antonini, S A Bortone, J G Halusky, S M Holland, W J Lindberg, J Loftin, J W Milon, K M Portier, Y P Sheng, A Szmant, L Zobler. 1992. Environmental and fishery performance of Florida artificial reef habitats: guidelines for technical evaluation of sites developed with state construction assistance. Project Report to the Florida Department of Natural Resources (Contract No. C-6989), Florida Sea Grant College Program, University of Florida, Gainesville.

Secretaria de Pesca. 1992. I reunion internationales sobre mejoramiento de habitats acuaticos para pesquerías (arrecifes artificiales). Instituto Nacional de la Pesca, Centro Regional de Investigación Pesquera, Manzanillo, Colima, Mexico.

Shipp R L, W A Tyler, Jr, R S Jones. 1986. Point count censusing from a submersible to estimate fish abundance over large areas. Northeast Gulf Science, 8: 83-89.

Smith C L, J C Tyler. 1972. Space resource sharing in a coral reef community. //B B Collette, S A Earle, eds. Results of the Tektite Program: Ecology of Coral Reef Fishes. Science Bulletin. Natural History Museum of Los Angeles: 125-170.

Stanley D R, C A Wilson, C Cain. 1994. Hydroacoustic assessment of abundance and behavior of fishes associated with an oil and gas platform off the Louisiana coast. Bulletin of Marine Science, 55: 1353.

Thompson M J, T W Schmidt. 1977. Validation of the species/time random count technique for sampling fish assemblages. Proceedings, 3rd International Coral Reef Symposium, 1: 283-288.

Thorne R E. 1994. Hydroacoustic remote sensing for artificial habitats. Bulletin of Marine Science, 55: 897-901.

Thorne R E, J B Hedgepeth, J Campos. 1989. Hydroacoustic observations of fish abundance and behavior around an artificial reef inCosta Rica. Bulletin of Marine Science, 44: 1058-1064.

Thresher R E, J S Gunn. 1986. Comparative analysis of visual census techniques for highly mobile, reef associated piscivores (Carangidae). Environmental Biology of Fishes, 17: 93-116.

Underwood A J. 1990. Experiments in ecology and management: their logics, functions, and interpretation. Australian Journal of Ecology, 15: 365-389.

Van Dolah R F. 1983. Remote assessment techniques for large benthic invertebrates. //C A Barans, S A Bortone, eds. The Visual Assessment of Fish Populations in the Southeastern United States: 1982 Workshop. Technical Report 1 (SC-SG-TR-01-83), South Carolina Sea Grant Consortium, Charleston: 12-13.

Watson R A, G M Carlos, M A Samoilys. 1995. Bias introduced by the non-random movement of fish in visual transect surveys. Ecological Modeling, 77: 205-214.

Williams D McB. 1982. Patterns in the distribution of fish communities across the centralGreat Barrier Reef. Coral Reefs, 1: 35-43.

第6章

社会经济评价

J. Walter Milon, Stephen M. Holland, David J. Whitmarsh

6.1 概　述

本章描述了用于评价人工鱼礁开发的社会和经济性能的诸多方法，并将基本强调点放在数据收集和测量方法上。6.2节提出了本章的目标，讨论了社会经济评估的背景和目的，并介绍了可能的社会目标和这些目标中人工鱼礁评估的相关信息类型。6.3节定义了人工鱼礁的社会和经济方面内容，包括鱼礁用户利益者的可能范围和法律及制度性考虑的重要性。6.4节更详细地讨论了社会和经济评估的类型，并强调了已经采纳这些概念的诸多研究。6.5节评述了分析时可用于收集和衡量社会与经济数据的方法。本章最后为案例研究。

6.2 引　言

6.2.1 本章目标

本章处理人们对人工鱼礁的需求问题，而前面各章主要聚焦于人工鱼礁的"供应"及其有关的生物资源。人工鱼礁的主要受益者是远洋、底栖及人类物种。然而，根据具体的关注焦点，许多人认为鱼礁部署的主要理由就是服务于人类使用目的，如休闲和商品渔业及水肺潜水。最大化来自鱼礁利用的人类益处的中心环节就是对以下内容的清晰理解：

- 人工鱼礁的直接或间接使用；
- 鱼礁使用产生的社会或经济影响；
- 社会对特定鱼礁特点和/或有关海洋物种的偏好；
- 偏好特定人工鱼礁和鱼礁特点的理由。

普遍缺乏关于人工鱼礁需求及这些项目的社会经济效力的报道或研究。已经开展的大多数研究都聚焦于有最大的鱼礁建造活动的区域。例如，人工鱼礁的社会经济影响已经在日本(Simard，1997)和美国佛罗里达州(Milon，1998；Bell et al，1998)、南卡罗莱纳州(Buchanan，1973；Liao，Cupka，1979；Rhodes et al，1994)以及得克萨斯州(Ditton，Graefe，1978；Ditton et al，1995)被分析过。一些作者提出了人工鱼礁开发中各种社会和经济层面评价所需的框架(如 Bockstael et al，1986；Rey，1990；Willmann，1990)。诸多框架也曾在被专门化之后用于评价一般意义上的人工生境的社会和经济影响和效益(Milon，1989，1991)。

本章延伸了关于人工生境的社会和经济评价的以往文献，以此提供关于用于人工鱼礁评估的社会经济数据收集和测量的指导。阅读本章之后，鱼礁分析师和管理者能更好地理解与人工鱼礁有关的潜在社会经济影响、利益和成本以及可用于评价社会和经济研究目标的合适方法。

6.2.2 为什么要进行社会和经济评价?

除非人工鱼礁的目的是用于研究或是为了缓解环境损害情况，大多数决策者会根据人工鱼礁对人类满意度的贡献情况来判断它的价值和性能，即对人类无用(未被人类使用)的一处人工鱼礁不会是一处成功的人工鱼礁。可以收集和评价社会经济数据，以此估量人工鱼礁用途的动态，并计量服务于“公共利益”的具体程度。关于用途和利益的记载有助于证实以往或者未来在建造和维护人工鱼礁上的(公共)花费是否值得，并协助沿海规划者分配人工鱼礁使用的入口和服务点。因此，社会和经济评价对政府机构示范来自一处人工鱼礁的选区服务和在提供对有效鱼礁管理而言重要的信息方面是有用的。

社会经济数据的收集和评价也是资源使用中“适应性管理”战略的不可分割的一部分，在这种战略中，“我们必须开展关于物理、生物和社会系统响应的监控和评价，以此评估初始的可行假设，降低科学上的不确定性，给公众以信息，而且如果必要，开发备择假设和行动计划”(Milon et al，1997)。图 6.1 展示了关于适应性人工鱼礁的一个通用性框架。关于人工鱼礁开发的社会和/或政策目标是通过各种各样的政治和政府机构来表示的。这些目标往往是以一般性形式声明的，并需要科学家的进一步细化，使之成为研究目标的基础。例如，可用于处理利用近岸捕鱼机会这一社会目标的替代策略可以在研究潜在人工鱼礁材料和位置的生产能力与成本效益的研究目标背景下进行检验。研究目标的设计和解释是根据科学家对人工鱼礁系统的社会与生态效应之间关系的理解及决策者对实现特定目标的兴趣形成的。当决策者与科学家在研究目标上达成一致时，就形成一系列关于人工鱼礁系统中社会与生态过程的假设，以致最终选择了优选位置与设计。在部署后，这些假设可以通过监控和评价进行检验，如果需要，还可以对这些假设进行修订。对系统假设的持续检验和修订是适应性资源管理战略的重要特性(Holling，1978；Walters，1986)。对人工鱼礁研究而言，这需要一个关于物理、生物和社会系统监控的日程安排；需要社会学家和自然科学家之间的开放交流；需要科学家给资源管理者的反馈信息。

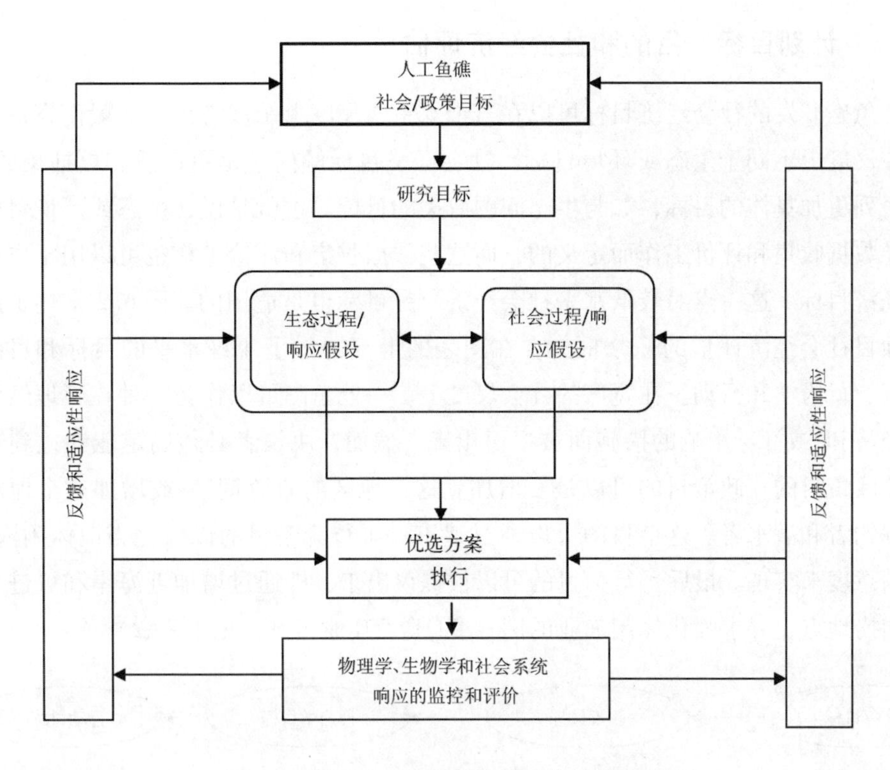

图6.1 用于人工鱼礁研究的适应性管理框架

适应性管理过程也提供了让利益相关者可以说出他们在人工鱼礁开发中具体利益的一个有用的论坛。例如，垂钓、划船和潜水俱乐部可以通过参与到鱼礁监控和评价当中来提供公共服务，展示成员支持情况，并追求俱乐部的目标。此外，关于人工鱼礁的具有良好记载的社会经济信息可以用于教育非用户，给他们以关于由海岸资源提供的服务的信息和知识(Ditton, Burke, 1985)。

6.2.3 社会经济目标、目的和评估概念的概览

人工鱼礁项目的社会经济评估一般是由具有社会科学专业技术的海洋资源管理者开展的，通常与大学经济学家或社会学家或有资格的私人咨询师合作进行。社会经济评估的阶段涉及：①目标和/或假设识别；②调查仪器开发；③数据收集和分析。这些阶段很复杂，并且容易以能使结果无效的方式发生偏倚，除非经验丰富和知识全面的科学家能指导或管理有关研究(见关于研究设计的第2章)。这一节描述了在评价的第一阶段被识别的潜在社会经济目标或假设怎样以特定研究仪器或在第二阶段和第三阶段收集的数据进行检验。讨论的基本目的就是向读者介绍可用于衡量人工鱼礁开发中确定的社会经济目标实现程度的合适评估策略类型。

6.2.3.1 计划目标、目的和社会经济评估

人工鱼礁开发的社会经济目标可以在若干水平或尺度上予以考虑。一般而言，社会经济目标在尺度上不同于生态或环境目标。社会经济目标倾向于是更广泛和更抽象的目标，包括一系列更加具体的目标，如与生态问题有关的目标。也就是说，生态或环境目标通常是为指导数据收集和评价工作而定义的，而这些数据收集和评价工作也可以用于更加广泛的社会经济目标。这一点对较低水平社会经济研究目标也是适用的。图 6.2 描述了用于人工鱼礁项目社会经济评估的一个框架，在图表的上部展示了 4 种水平的目标和目的：社会、政策、行为学和行动。在宽广的社会尺度上，一处鱼礁可以作为一种在当地经济中刺激正面经济和/或社会影响的措施而被提议出来。然而，决策者必须确定能够达到这个社会目标的政策目的。政策目的可以是：增加到这个地区的旅游量和/或增加这个地区内的休闲类垂钓者和潜水者。这个目的可以通过追求一个行为学目的以强化当地休闲渔业和/或潜水满意度来实现。最后，行为目的可以被提议出来，即通过增加近海岸和可进入海岸附近的捕捞地点，寻求强化休闲渔业的满意度(关于其他实例，见第 7 章)。

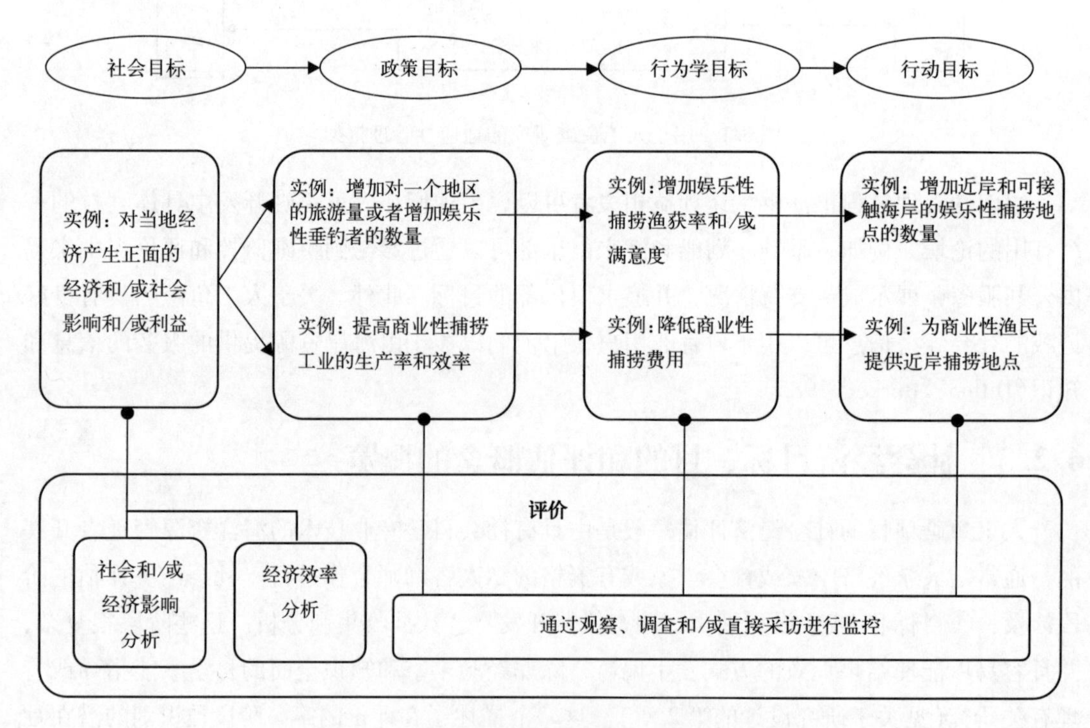

图 6.2　关于人工鱼礁项目的目标和目的的实例

一旦考虑开发一处人工鱼礁，基本的问题就是该项目是否能够实现所确定的初始社会目标。对一个已经存在的鱼礁项目也可以提出同样的问题。在任一种情况下，对广泛社会目标的评价需要对有关政策、行为和行动目的事先或同时进行评价。图 6.2 下部展示了适

用于每个目标或目的水平评价的一般性评估方法。这些评估概念是在下一节介绍的，并在 6.4 节和 6.5 节进行了更详细的展示。

6.2.3.2　评估概念

所收集的信息的类型和数量取决于社会目标、政策和人工鱼礁评价的研究目的以及需要被回答的问题(第 1 章)。表 6.1 概括了能够在人工鱼礁社会和经济评价中开展的三种类型的评估：①确定鱼礁利用模式所需的监控；②理解局部区域鱼礁利用的社会和经济重要性所需的影响评估；③确定人工鱼礁的成本效率和净收益所需的效率分析。评价的复杂性会随着评估的类型变化而变化，计量不同目的的能力(如图 6.2 所示)亦是如此。因此，鱼礁管理者应仔细选择评估方法，使之能够平衡可用于项目评价的资源和研究日程安排的目标。

表 6.1　社会经济评估的类型

第一类　监控
需要问的问题：
谁会使用人工鱼礁及其资源？
使用是什么时候出现的？
使用是在哪里出现的？
为什么会出现使用情况？
所用方法：
来自现场观察、采访和/或调查的数据收集和分析
第二类　影响评估
需要问的问题：
如有，在经济或社会活动中哪些来源于人工鱼礁开发和利用的变化是可测量的？
这些变化是什么时候出现的？
这些变化是在哪里出现的？
为什么会出现这些变化？
所用方法：
经济基础分析
投入/产出分析
社会影响分析
第三类　效率分析
需要问的问题：
鱼礁目标是在最低可能性成本上得到满足的吗？
项目收益的货币化价值超过项目成本吗？
所用方法：
成本 - 效益分析
成本 - 收益分析

监控有助于确定一处人工鱼礁是否满足设计准则以及目标用户群组是否实际在使用生境。这种类型的评价对评价广泛的项目目标是有用的，如：①在一个沿海社区增加可接触海岸的休闲渔业地点；②在沿海海湾内为小尺度沿海渔民提供近岸捕捞地点；③为对鱼叉捕鱼或摄影感兴趣的休闲类潜水者提供独立的生境；④以人工鱼礁替换被损坏的自然鱼礁。此外，生物学家可能会对人类行为对鱼类种群的影响感兴趣；即鱼礁使用者的物种偏好或单位捕捞努力量渔获量(CPUE)与其他水资源不同吗？

影响评估用于评价寻求经济活动或社会结构发生预定变化的更具体项目目标。这种类型的评价聚焦于由有关项目引起的变化，并寻求确定人工鱼礁项目是否能满足特定目标。确定人工鱼礁项目是否产生比未进行地区开发情况下“自然”发生的更多的预期效果尤其重要。例如，“使沿海群集内非常驻垂钓航行与经济活动增加××%”这一项目目标可以根据生境开发项目前后衡量非常驻活动的费用和经济影响分析进行评价。同样地，对“使源于港口的小规模商品渔业销售额增加××%”这一目标的评价可以比较在项目启动后的销售水平和项目之前的销售水平。在经济影响评价中使用最为普遍的方法就是经济基础和投入/产出分析。对社会结构的影响是以社会影响分析或重要性/性能分析来进行评价的，后一种分析方法提供了关于参与者对具体特点的相对关注度及鱼礁具备这些特点所达到的程度的反馈信息。

效率分析是适于项目经济绩效相关的目标的另一类评估。效率分析通常被分成：成本-效益评价或成本-收益评价。成本-效益分析可以确定一个项目是否以最低成本产生了(或者能够产生)预期影响，而成本-收益分析可以确定是否一个项目收益的货币化价值超过了有关成本。成本-效益分析和成本-收益分析都可以用于比较若干人工生境项目的绩效，而且其结果可以同其他类型强化项目的效率分析进行比较。此外，两种类型的分析可以在人工生境计划阶段启动，以此对一个人工开发项目是否一次可行的经济投资做一个初步的评价。“使用最少成本替代物使沿海港湾内物种yy可开发的生物量增加××%”这一项目目标可以用成本-效益分析方法进行评价。或者，“提供人工鱼礁地点以获得正经济收益”这一项目目标可以用成本-收益分析方法进行评价。

6.3 人工鱼礁的社会和经济层面

这一节提供了关于人工鱼礁目标、用户利益和影响人工鱼礁开发和评价的法律及制度问题之间关系的讨论。

6.3.1 用户利益者和制度要素

有很多人类活动受到人工鱼礁开发的影响。这些活动促进了可能对多种制度框架感兴趣的各种利益相关者群体的产生。表6.2呈现了关于潜在人工鱼礁利益相关者和影响这些利益相关者利益的可能制度框架的列表。在大多数情况下，大多数用户直接受益于作为公共资源由政府机关或公社群体开发和管理的人工鱼礁。这是因为每个利益相关者群体可能不具有诸多资源或动机去独自投资人工鱼礁以满足其目的。商业性或社区性捕捞和潜水群组可能是一种例外，但在他们能够为了其自身收获为人工鱼礁提供资金并保护这些鱼礁的范围内。然而，如果在一个地区存在众多潜在鱼礁用户，有效地限制鱼礁使用就变得比较困难。在这些情况下，资源使用拥塞可能会出现，并最终导致用户冲突(Samples，1989)和/或资源消耗。社会经济监控和评价可以用于识别不兼容的或未设想的使用以及人工鱼礁地点的潜在冲突源，如在带有严重钩线捕捞压力的地点的鱼叉捕鱼。有了这种信息之后，鱼礁管理者就能设计减少用户冲突的管理规定或制度(Milon，1991)。

表6.2　人工鱼礁利益相关者群体和制度框架

利益相关者群体	制度框架		
	私人	社区	公共
游钓者			×
运动潜水者			×
手工性或商业性渔民	×	×	×
商业性潜水者	×		×
资源管理者和科学家	×		×
环境群体	×		×

注意到术语“利益相关者”不仅仅包括预期能受益于一份人工鱼礁提议并因此支持该提议的群组(如渔民)，而且包括可能会积极反对这种项目开发的那些人(如环境群组)很重要。后者可能会怀疑人工鱼礁项目的目标和目的，而且出于这个原因利益相关者分析(这种分析识别了有关的利益相关者群组、他们的期望和可能的行为)对识别反对者的考虑而言是一个必要的步骤(Pickering，1997a)。利益相关者分析可以被视为由一系列研究者作出的提议的一个逻辑延伸(Ditton，1981；Greefe，1981；Bohnsack 和 Sutherland，1985；Milon，1991)，也就是社会经济研究应该识别一个鱼礁项目当中所有可能的赢家和输家。这种信息可用于确定每个群组影响项目开发的能力，同时设计有关的工作区处理反对意见。

关于人工鱼礁开发中利益相关者群体角色的图解是围绕北海石油平台废弃之争议提供的(Aabel et al，1997)。在实际运作中，这些结构物是作为实际人工鱼礁起作用的，而且停止使用后，鱼群聚集的“鱼礁效应”可能会继续。一系列的废弃计划已经被人们探究过。关于(归因于它们的尺寸和水深度情况)石油平台无需完全排除的两个选项就是：①在原地推翻无效的石油平台；②将石油平台外罩的零件移动，并以集群的方式将它们在有限数量的预定地点上组群安置。尽管看起来有开发这些选项的经济可行性的基础，一些环境群组会将海上石油平台的处置仅仅当作“倾卸活动”，无论是否存在潜在利益。这些群组影响事件的能力已经通过他们成功转变反对布兰特史帕尔石油平台的深水废弃的公共意见演示出来(Wright，1998)，尽管独立的环境评估的发现结果是有利的。

6.3.2 法律要素

与大多数海洋和淡水资源一样，人工鱼礁一般可以自由取用，因为人工鱼礁区域的财产权或生产率没有进行明确规定和保护。正如在前面一节提出的，有时一个私人群组也能够建造人工鱼礁，并防止其他人使用，以致有关财产权一般是由私人群组拥有的。在这些情况下，控制进入生境的能力可以直接源于对水生系统的私人所有权、与其他用户群组隔离开来、由政府权威机构授予的排他使用权，或者由习俗和/或暴力强制执行的实际上的土地保有关系。Kurien(1995)根据印度喀拉拉邦人工鱼礁开发的历史情况提供了关于社区管理的若干类型制度性安排的讨论。

认识到人工鱼礁所有权(或者对鱼礁海洋产品的权利)的潜在范围按照不同地区的海洋资源法发生国际性变化很重要。例如，英国法律允许创造适用于特定贝类的鱼礁所有者专有权(称为个人专有的渔场)。1997 年，该法律延伸到包括龙虾和其他甲壳纲动物，这毫无疑问会影响为强化龙虾存量目的而建造的人工鱼礁的经济方面的变化(Jensen，Collins，1997；Pickering，1997b；Whitmarsh，1997)。总之，存在对人工鱼礁资源私人或共有产权的有限形式识别。例如，Pickering 评述了在欧盟诸国内人工鱼礁的财产权结构，并得出这样的结论：

> 在国际水平和国家水平上，大多数捕捞管理规定通常是以一种方式定义的，这种方式不会包括诸如人工鱼礁这样的非直接活动。因此，除非有相反的立法，任何人都可以在鱼礁周围进行捕捞作业(Pickering，1997b：第 218 页)。

6.4 社会和经济评估概念

本节提供关于人工鱼礁监控、社会评估和经济评估的一般性介绍，同时还有更加详细讨论的参考说明。关于用于各类评估的数据收集和测量方法的讨论见 6.5 节。

6.4.1 监控和描述

监控是最为基本的社会经济评估类型，因为它能提供用以回答一系列关于人工鱼礁评价的基本问题的信息(见表 6.1)。这些问题在性质上通常是描述性的，而且聚焦于鱼礁使用情况动态。例如，鱼礁管理者可以采用监控方法确定谁使用特定人工鱼礁以及为什么使用这些人工鱼礁。而监控的预备步骤就是确定潜在用户。研究者曾经依赖各种来源，包括小船执照筛检调查、拦截现场调查、包船/钓鱼船乘客名单、商业性渔船执照记录、潜水或垂钓俱乐部以及咸水捕捞执照记录等。

用于监控人工鱼礁使用和性能基本方面的数据收集和评价方法可以被分为三个大类：①对在诸多地点上的活动开展的直接观察；②现场或岸上采访；③邮件或电话调查。这些方法可以单独使用，如果需要，也可以组合使用，以此定制化和/或交叉检查所收集的数据。成功的监控取决于有效的数据配置，这些数据配置应该不会不恰当地受到在数据收集期间的某天或数天内发生的事件的影响(Selltiz et al，1976；Finsterbusch et al，1983；Babbie，1997)。因此，监控应该是在一个单次时间基础上和/或在一个较短的时间间隔内完成的。不管采用什么监控方法，我们都应该编制观察或采访时间计划表，以系统地记录与鱼礁有关的用户行为的特定方面。在收集监控数据之后，应该应用不同类型的频率和/或统计检验，以此概括研究的重要结果。

在确定所承担监控的类型中，考虑的基本问题就是：①预期的数据可靠性；②可供利用的资源；③评价者的研究技能；④生境地点的物理特点。6.5节提供了关于三种通用社会经济监控方法(观察、采访和调查)的更加详细情况以及考虑什么时候在其中作出选择的诸多因素。对以往研究的简要评述说明了可以用社会经济监控处理的问题范围。对关于个别研究的更多信息感兴趣的读者可以直接查询有关研究报告或者查询在Milon(1989，1991)和Roe(1995)中给出的详细概述。

Ditton和Graefe(1978)通过邮寄调查向休闲渔船船东和包船/钓鱼船船长获取信息。该调查是被设计为获得关于美国得克萨斯沿海区域的轮胎礁、石油平台和沉船使用模式的数据以及用户的社会经济特点。用于调查的一个分层样本根据休斯顿和加尔维斯顿周围地区的船东名单及包船/钓鱼船广告获得。

Murray和Betz(1991)调查了北卡罗来纳州、佛罗里达州和得克萨斯州海岸附近的人工鱼礁周围美国运动性垂钓者、商业性垂钓者、运动性潜水者和环境主义者的态度。调查问题被设计为计量潜在用户群组的人工鱼礁意识并评估对鱼礁项目各种目标的相对接受度。收集了关于不同管理措施的意见及人工鱼礁项目的支付意愿相关信息。大部分提问工作旨在提供关于措施的反馈，比如进入时间限制，目的在于使鱼礁地点周围的冲突达到最少。用于邮寄调查的样本根据被视为包括对人工鱼礁很在行的各种俱乐部和协会的成员名单选择。这种样本选取准则将更大的重点放在选择“重型”人工鱼礁用户，但可能不能代表其他潜在鱼礁用户。

Ditton等(1995)曾开展了一次关于得克萨斯州包船捕捞和潜水行业的邮寄调查，以此确定其对人工鱼礁结构物的使用情况。该研究在这一点上是独一无二的：该调查包括了包船捕捞和潜水渔船的整个种群，而不仅仅是一个预先确定的样本。调查文件要求填写关于鱼礁活动，诸如人工鱼礁使用比率和频率、所采取的离岸行程的数量以及航行到有关地点的距离的详细信息。还有引出关于人工鱼礁材料、选址和管理选项的偏好信息的问题。回答这类关于用户偏好情况的问题为鱼礁规划过程提供了有价值的意见。例如，有关作者报道了压倒性的统一意见：应该有更多国家赞助的鱼礁，而且各类渔船的船长最为偏好的材料是石油结构物、船舶和驳船。一些现存的地点也不是因为离开海岸的距离而被使用的。得克萨斯州的人工鱼礁项目管理者可以使用这种监控信息去证实用包船渔船船长要求的材料制造的新鱼礁的开发和推广的具体价值，并将诸多鱼礁定位在离开海岸一个实用的距离范围之内。然而，作者发现如果得克萨斯州人工鱼礁项目寻求满足各种各样的用户利益，类似的调查需要以其他用户群组的调查予以补充使之成为完整的调查(Ditton et al，1995：第24页)。

6.4.2 社会评估

确定一项政策或一个项目后，社会评估被用于隔离和测量既定社会关系、社会结构物和规范系统内(可能)出现的变化(Vanderpool，1987)。然而，在社会系统变化可以被评估之前，必须确定项目或政策实施之前的条件。这些先前的或基线条件具有数个维度：历史、文化、人口统计、社会和经济或生态(Leistritz，Murdock，1981)。关于前4个维度的评述可以确定社会评估的基线，而最后一个维度可以予以评述，以此勾勒一项更加详细的经济评估的预先影响条件(见6.4.3节)。

关于人工鱼礁历史维度的重要背景可以包括关于鱼礁附近商品和休闲渔业模式的信息、服务于鱼礁管理的过去制度性安排、鱼礁有关的工业和产品的商业周期和过去在鱼礁捕捞权利方面的政治性冲突。文化的维度涉及定义在人工鱼礁财产方面的所有权(认识到的)模式以及在鱼礁资源上的冲突可以归因于分歧的不同利益相关者群组的“世界性观点”的程度(Vanderpool，1987：第481页)。人工鱼礁的人口统计维度涉及关于利益相关者特点的数据(即数量、年龄、种族和收入)。社会维度的其他方面可以处理利益相关者(如船东和船长)、在鱼礁相关的行业内所有权的变化模式和受人工鱼礁开发影响的社区内存在的权力结构之间的相互作用。

这些社会维度的基线评估需要对与有关项目的目标一致的社会变量进行系统和比对监控。社会变量可以是基于使用量、使用类型、目标鱼类的类型、利用有关地点的社会群组的类型和/或满意度水平当中的变化的。满意度可以被用作一个“全球通用型”测量(如“你对今天参观的人工鱼礁满意吗?”)或者被用作关于行程特点的一个特定测量(如“鱼礁离海岸足够近而容易被发现吗?”“你捕获到你预期的鱼吗?”“你对鱼的尺寸满意吗?”“鱼礁上的鱼很拥挤吗?”)。特定满意度问题提供了可以帮助管理者改变一个问题情境的更加有用信息。关于构造社会影响或满意度问题的细节可以在以下参考文献中找到：Ditton和Graefe(1978)；Ditton等(1981)；Finsterbusch等(1983)；Fedler(1984)；和Milon(1988)。

用于社会评估分析的基本方法就是通过统计检验在多个时间段(若可以，项目前后阶段)比较社会变量监控数据(见第2章)。可以使用直接观察、采访和邮寄及电话调查。但

是因为社会评估需要进行比较，所以仔细规划数据收集过程，从而作出有效的统计比较很重要。这意味着必须合理选择样本并收集相同的测量变量(见第 2 章)。无论比较是以测量前后或采用统计控制的截面分析为基础，都有必要作出规划。关于社会评估和影响分析的详细指南见 Finsterbusch 等(1983)和 Burdge(1996)文献。

在许多情形下，准确评价一个项目的社会影响的最可取方式是在建立生境前后测定相关指示变量。例如，减少近岸渔夫移动距离这一项目目标不应通过比较近岸生境用户与离岸渔夫移动的距离或未使用生境的其他近岸渔夫移动的距离来评价。在第一种比较中，由于不管是否存在生境，近岸渔夫移动的距离都很短，所有离岸渔夫移动的距离不具有相关性。在第二种比较中，选择人工鱼礁的渔夫可能已经移动了比非用户更短的距离，因此项目的影响可能只是迁移新址或集中于捕鱼活动。合理的比较是设立项目前后生境用户移动的距离，这样才能测得移动距离的净变。

尽管测量前后是影响评价中最可取的步骤，但它可能不具有实用性。关于捕捞和潜水活动的数据可以是有限的，因此在项目开始之前为建立基线测量，特殊的努力可能是必需的。或者，建立关于被限制而不能实际使用该项目的潜在用户的一个控制群组并测量其与用户活动同时进行的活动是可能的。

如果项目前测量和控制群组都是不可行的，唯一的替代物就是有关数据的仔细统计分析，以此识别混杂效应对结果测量的影响。这类统计控制需要更多关于能够影响结果的合适因素的信息。例如，在评价人工鱼礁建设后近岸渔夫所移动的距离时，关于渔船长度和目标物种的数据可以用作控制措施，以此比较鱼礁用户和非用户所移动的距离。这些因素可以影响捕捞地点的选择，并因此影响移动的距离。如果船长和目标种选择均与非用户相同的用户移动的距离更短，那么生境实际上减少了移动的距离这一结论比仅仅基于所有近岸用户和非用户移动的距离的评估更可信。这类统计控制取决于评价者的关于可能的混合因素的预备知识。用于这类评价的合适统计程序是在第 2 章以及在许多标准统计学课本中描述的(如 Wright，1979)。

为了记载一处鱼礁的各种管理相关的特点(离海岸的距离、位置的方便性、鱼的数量或质量等)的相对重要性，可以采用重要性或性能分析。一旦已经确定了管理相关的地点特点的列表，调查参与者会被要求为每个特点划分出具体等级(使用一个预先确定的尺度)，并描述他们对某个特定地点的有关特点的满意度如何。例如，一位参与者可能会这样报告：“容易发现”鱼礁是非常重要的，但是也会报告道：某个特定鱼礁是“不那么容易发现的”(较低性能)。通过以散点方式将各种重要性或性能分数描绘在一个栅格上，高过性能或低于性能的鱼礁特点可以基于它们被赋予的重要性水平予以识别。关于重要性或性能分析的细节可以在 Martilla 和 James(1977)文献当中发现。

在海洋背景中大多数社会评估曾集中于不同捕捞管制措施对商业性垂钓者的影响(Vanderpool，1987)。处理人工鱼礁的少数研究倾向于聚焦由鱼礁开发带来的群落变化

(影响)。Simard(1997)评述了日本人工鱼礁的社会效应。作者描述了日本人工鱼礁开发情况，并概括了日本渔民关于人工鱼礁对捕捞生产率和有关社会变化影响认识的调查。一项研究调查了日本大约4 000个捕捞合作协会当中的40个协会，以此确定他们使用人工鱼礁的情况，并评估他们关于鱼礁吸引和增加海洋资源生产率的观念。另外一项研究检查了人工鱼礁在65位经历过渔获量增加的渔民的经验中的角色位置。Simard(1997)注意到这些研究证据表明人工鱼礁在日本渔民的生活中扮演了一种“使人安心”的角色。这种使人安心的效应对使用人工鱼礁的渔民而言有若干重要的社会结果，包括渔民妻子能够在家务活动中花费更多的时间(这是与技术进步对农耕生活方式的影响联系在一起的)。人工鱼礁也是作为由诸多捕捞合作协会开发或为之开发的大型计划的一部分而被引用的，该计划旨在“通过在渔获之前引入人类操作来消除对自然的依赖性。”

Kurien(1995)评述了在印度喀拉拉邦手工捕捞行业内人工鱼礁的社会重要性。他的分析很大程度上是基于作者的第一手经验和散佚的证据。在这个地区，关于鱼礁建造和维护活动的共享知识的丰厚历史是作为渔民们对海洋资源的保护伦理观念的表征而被报道的。Kurien相信人工鱼礁已经起到社区努力“使大海变环保”的一个象征的作用，也起到了收集和传播世代相传的知识的机制作用。手工渔民也使用人工鱼礁去有效隔断他们独有的捕捞区域(由邦分配的)，避免拖网渔船的侵入。这已经实现了以往因“过度捕捞”而损坏的近岸区域的复原，并使手工渔民有了更大的安全感。Kurien表示在海洋资源方面不断增加的信心又反过来促进了对手工捕捞团体而言的正面社会影响，这类似于Simard(1997)在日本发现的“使人安心的效应”。

6.4.3 经济评估

人工鱼礁性能的经济评估可以：①提供关于鱼礁开发实际或潜在的经济影响的信息；②确定一个鱼礁项目是否一项有效的(公共或私人)投资。第一类评估属于经济影响分析，而第二类属于经济效率分析。这两种分析都需要用社会经济数据来评价与人工鱼礁项目有关的经济活动和收益及成本方面的变化。

6.4.3.1 经济影响分析

经济影响分析关注于归因于一个项目的销售额、收入和就业的变化。如果项目目标与沿海群集或区域内经济的预期变化有关，它就是合适的评价方法。一个项目的三类影响是可以被测量的：①直接影响或者与人工鱼礁开发直接相关的地方支出或最终商品和服务需求方面的变化；②间接影响，归因于直接受到①影响的企业在投资购买方面的变化；③诱发影响，发生在直接受到①和间接受到②影响的企业的本地员工改变其商品和服务购买之时。项目的间接的和诱发影响一般被称为次要影响，因为它们只是作为直接影响的结果而出现。经济影响分析通过将直接和次要影响相加的方式测量一个项目对销售额、收入和就业的总经济影响。

一个人工鱼礁项目的直接经济影响是使用通过数据收集和监控所获得信息来测量的。例如，关于在航行到人工鱼礁地点的(平均)地方支出方面的数据对预估由休闲类垂钓者使用人工鱼礁引起的直接经济影响而言是必需的。这些关于花费的数据可以和来自鱼礁使用监控的信息一起使用，以此预估人工鱼礁使用的总直接经济影响。

一个鱼礁项目的次要影响的预估可以以诸多乘数来计算。一个乘数表示了在导致受影响区域的销售额、收入(工资和收益)和就业的变化方面一个鱼礁项目的直接影响之间的关系。这些被称为销售额或产出乘数、收入乘数和就业乘数。其他乘数也可以为特殊评价目的进行开发(Stevens，Lahr，1988)。每个乘数都是对由一种活动导致的变化的有用测量，但是关于经济影响分析的合适选择应该是与项目目标有联系的。许多鱼礁开发都努力寻求改善社区的收入和工作数量，因此收入和就业乘数是最为有用的。

两个使用最普遍的方法就是经济基础方法和投入/产出方法。每种方法都体现了对能够影响一种影响评价的结果的开发过程的不同观点。Milon(1991)呈现了关于用于人工生境评价的经济基础和投入/产出分析的介绍。用于计算乘数的各种方法是在以下参考文献中详细给出的：Leistritz 和 Murdock(1981)；Hewings(1985)；Miller 和 Blair(1985)；Richardson(1985)；和 Propst 和 Gavrilis(1987)。这些出版物描述了为在美国使用而特殊开发的模型。在具体实践中，用于经济影响研究的乘数应该为开展分析的具体国家和/或地区进行特殊预估。

Buchanan(1973)提供了关于人工鱼礁生境经济影响的首项已发表研究。该研究使用了关于美国南卡罗莱纳州默勒尔斯因莱特市垂钓者的直接观察和邮寄调查的一种组合。因为生境开发之前的基线数据是不可获的，对邮寄调查问题的回复被用于将旅游垂钓者分成：如果人工生境并未出现，是否会回归默勒尔斯因莱特市的两种情况(即会回归和不会回归)。表示不会回归的那个群组被分类为由该生境引起的捕捞努力中的变化。这个群体占捕捞努力的16%，占由旅游垂钓者花出的直接花费的10%。作者并没有试图计算这些花费对经济的次要影响。

Rhodes 等(1994)用年度和月度邮寄调查文书来收集关于南卡罗莱纳州诸多鱼礁地点上人工鱼礁使用模式和影响捕捞活动水平因素的数据。用于这两种调查的样本都是从拥有大于或等于16 ft 的动力船舶的注册船东的群体随机抽取的。作者将响应者报道在一处人工鱼礁上有排他性捕捞的平均天数进行外推处理，以此粗略估计人工鱼礁捕捞总计天数和沿着南卡罗莱纳州海岸(在1991年)发生的有关花费。一个简单乘数被用于粗略估计人工鱼礁花费对南卡罗莱纳州经济的累积影响。

6.4.3.2 效率分析

关于人工鱼礁利用的更加彻底的理解可以通过评价鱼礁的效率获得，因为，尽管影响评价测量了一个项目对社会经济条件的效应，在影响研究中并没有特定的准则内嵌其中用于确定该项目是有益的还是有害的。因此，从分析方法并未强加了任何价值判断的意义上来说，影响分析属于“价值无涉”的方法。相反地，效率评价强加了一个标准，以此评价一个项目是好的还是坏的。然后，有关标准是以有关数据进行评价的，以此记录一处鱼礁正在(可能会)怎样表现的情况和/或经济成本和收益。本节将简要描述两类人工鱼礁效率分析：成本－效益分析和成本－收益分析。关于人工生境和沿海资源评价的这些类型分析的更加详尽的处理方法可以在如下文献中发现：Bockstael 等(1985)；Milon(1989，1991)；Penning－Rowsell 等(1992)；Lipton 等(1995)和 Whitmarsh(1997)。

成本－效益分析和成本－收益分析均强加了一个标准，以此评价一个项目是否我们偏好的。然而，由成本－效益分析强加的标准是与由成本－收益分析强加的标准不同的。成本－效益分析寻求能够以最低成本产生预期结果的项目替代物，而成本－收益分析能确定结果的货币价值是否足以证明项目成本的合适性。一个评价标准的选择取决于有关项目的目标及由它产生的收益的特点。作为一般性准则，如果我们希望的是某个无法以货币性术语测量的特定有形结果，成本－效益分析是最有用的。例如，为了给某一濒危物种提供有关生境，替代型生境设计的使用将通过比较每个单位遮蔽物体积的成本进行评价。假定遮蔽物体积是生境可获性的一个合适指标，最低成本设计将成为首选。项目效益可以货币化且与特定用户群有关时，成本－收益分析更加合适。例如，出于休闲和商品采收之目的，为增加物种可开发的生物量而进行的替代人工鱼礁设计可以货币化(表 6.3)，然后可将总货币收益与每种设计的成本进行比较。

表 6.3　人工鱼礁项目的潜在收益

收益	经济参数	现有测量方法或数据来源
海洋生境/物种保护	对海洋生境保护的偏好(消费者剩余)	条件性评价
潜水和浮潜地点	对潜水和浮潜地点的需求(消费者剩余)	旅行成本，条件性评价
休闲渔业地点	对休闲渔业地点的需求(消费者剩余)	旅行成本，条件性评价
商品渔业地点	对商品渔业地点的需求(生产者剩余)	调查，工业记录，生产率方法

成本－效益分析和成本－收益分析之间的另外一个重要区别就是开展每类分析所需收集的数据。人工鱼礁的经济收益通常与在鱼礁地点上集中于项目用户或向用户提供服务的商业部门(如包船渔船和饭店)之间的持续活动有关。这意味着为了获得关于人工鱼礁使用的收益(价值)的特定信息，牵涉受控观察、调查和/或采访的特殊监控工作是需要的。在另一方面，通常可以通过定址和建设鱼礁的政府或私人主体提供的档案或记录检索资料利用人工鱼礁项目的场内相关和场外相关成本。因此，为了获得关于人工鱼礁使用的收益的信息，与收集关于人工鱼礁部署成本所需数据不同的策略可能是必需的。

区分经济效率分析和经济影响分析之间的不同很重要，因为这两类评价经常被混淆。

正如前面所讨论的，经济影响分析聚焦于由有关项目引起的在销售额、收入和就业方面的直接和次要的变化。这些变化通常被认为是对当地社区有益的，但是，这些变化可能仅仅是其他地方经济活动上的抵消性下降的结果(Talhelm，1985)。此外，影响评价不会考虑项目实施的成本。成本－收益分析会考虑总账的两个方面，而且只会计算对项目带来的收入或用户收益的直接影响。可以被视为有益影响的其他类别，如销售额和就业增加，是不会被计算的，因为此等影响是收入变化引起的。在成本－效益分析中聚焦于直接收入变化能够避免重复计算有关收益的问题，而且能够为比较收益和成本提供一个一致的基础。

在经济效率分析中，一个人工鱼礁项目的收益是以货币单位表示的净结果。表 6.3 列示了一个人工鱼礁项目的潜在收益，并附有对应的经济参数和适用的测量方法。这些收益可以包括有形的结果，如归因于有关生境的商业性渔场收获量的变化和无形的结果，如一位运动性潜水者从生境摄影中体验的快乐感。有形的效应是通过测量商业性渔场利润或收入的变化等结果中获得的金额来评价的。无形的效应是通过测量受益者为有关结果作出支付的净意愿来评价的。在一些情况下，无形的效应可能过于模糊不清而无法测量，如当人工鱼礁的部署是为了保护某个濒危物种，或者是为了在一个研究项目中使用时。在这些情况下，成本－效益分析和成本－收益分析相比可以是一个更加可靠的评价工具。

人工鱼礁一般而言是被认为有益的，因为它们能够吸引和聚集海洋资源，并可能增加局部生物量(Pickering，Whitmarsh，1996)。这种集中的海洋资源对人类使用是有益的，主要有两种方式，可以以单独方式出现，也可以以两种方式组合形式出现：①从一次到人工鱼礁地点的航行中所收获的生物量或快乐感与从一次到自然生境地点的情况相比更高，而航行成本却是一样的；②所收获的生物量或快乐感是同样的，但是前者航行成本更低。商业性和运动性人工鱼礁用户都能享有来自这两种效应的收益；然而，用于测量预期收益的方法对商业性用户和运动性用户而言是不同的。

商业性用户的收益是以因为人工鱼礁的出现而出现的利润或者“生产者剩余”当中的变化来衡量的，也就是说，在有和没有新生境的情况下，生产者利润方面的差异。如果获得了关于预期由鱼礁引起的渔场生产率的潜在变化的信息，对在生产者剩余当中的变化的预估是相当直接的(见 Milon，1989，1991)。然而，记住可能需要关于特定经济变量行为的关键假设很重要。例如，进入人工鱼礁的财产权必须予以确定，而且可市场化的渔获量的预期市场价格必须就规划周期予以预估(如 Whitmarsh，1997)。

运动性用户从一处人工鱼礁收获的收益是以用户愿意为生境地点支付金钱的意愿或者“消费者剩余”来衡量的。消费者剩余是运动性用户愿意为生境支付超过在使用生境中发生的实际花费的数额。这种剩余可以针对定居运动性用户和旅游运动性用户进行测量，因为每个群组都可以直接从有关项目获得收益。与将收益效应归因于新旅游消费的经济影响评价相比，这是一个重要的区别。也需要注意到这种收益测量不包括航行费用，因为这些花费可以在其他地方发生。这些运动性用户收益可以用调查研究方法进行测量，以此识别用户对人工鱼礁特点的偏好，并诱发出支付的意愿。Bockstael 等(1985，1986)，Milon 和 Schmeid(1991)，Penning－Rowsell 等(1992)和 Lipton 等(1995)提供了关于使用这些用于自然资源和沿海评价的收益预估方法的诸多研究的介绍性讨论和评述；Milon(1991)对人工海洋生境中收益衡量的应用进行了评述。

源于人工鱼礁的潜在收益也可以是"有形"但间接的，如鱼礁为支持其他经济活动而提供的功能性收益(Pickering et al，1999)。例如，一处人工鱼礁的出现有助于从目前已经过度开发的既定商品渔业中转移精力，因此间接增加该渔场的生物量和生产率(Whitmarsh，Pickering，1997)。一处人工鱼礁也可以促进对由渔场产生的溶解养分的捕获(主要是磷和氮)，同样会对水产品带来正面但间接的影响(Laihonen et al，1997)。此外，人工鱼礁可以满足沿海保护和生物支持功能，如在地中海的某些国家，波西多尼亚海草海床(对幼体鱼而言这是重要的生境)就是受沉水的防拖网作业的结构物保护的(Bombace，1997)。因为这些间接的效应通常牵涉一系列在社会价值产出(如商品鱼)变化时能达到顶点的物理影响，如果关于物理学上的因果关系和最终产品的货币价值(以市场价格或代用产品价格的形式)的信息是可以获得的，则可以测量人工鱼礁的功能性收益。然而，我们需要认识到：即使评价生产率的方法可以这种方式使用，这种方法仍可能不能充分解释源于有关人工鱼礁项目的总经济收益。例如，如果人工鱼礁缓解了由水产养殖引起的富营养化作用，这种情况也会是正确的。在这种情况下，认识到的水质的改善可以通过一个直接的评价方法来更加合适地测量，如条件性评价方法。

人工鱼礁效率评价的一个重要元素就是合理解释一个项目的经济成本。这是一个看似简单的评价元素，因为所有项目成本并非总是被考虑到的，资源成本并不总是能够在其价格中得到反映，而且项目生命周期内产生的费用往往被忽略。一个人工鱼礁项目成本的合适范围应该是从初始设计和规划阶段到最后阶段所使用的全面范围的资源，包括从水体中移除有关生境的成本(如果适当)。列于表 6.4 的主要成本分类是在人工生境项目中典型发生的私人和/或社会成本的代表性成本。大多数成本类别，如人员、运输、维护和规划，都是基于工程设计分析的，而且是相当直接进行预估的。然而，在具体实践中，人工鱼礁成本的预估容易倾向于仅仅聚焦于材料和运输成本(如 Prince，Maughan，1978；Shomura，Matsumoto，1982)，而且往往会忽略计划、设计、管理和执行项目的人员成本。此外，在项目的整个寿命周期内，初始部署后标记浮标、重新定位或其他活动的维护与评价成本往往被忽视。维护和评价费用是项目开发的必需部分，而且应该反映在项目成本中。由项目导致的潜在外部成本，如在风暴后把有关材料从海滩移除的成本，或者船舶损坏，在规划过程中也应被视为项目成本的一部分。尽管在项目执行之前，此等外部成本可能是不为人知的，并且可通过合理规划和选址避免，认识到这些都是合理的项目成本会鼓励人工鱼礁规划者考虑特定设计的全部成本。

表6.4 人工鱼礁项目的潜在经济成本

成本	经济参数	可获的数据来源或测量方法
人员	报酬和薪水	项目成本预估
规划和管理	费用	项目成本预估
建造和鱼礁材料(包括预知的废料价值)	费用	工程设计预估
运输	费用	工程设计预估
标记浮标定位	费用	工程设计预估
材料维护	费用	操作成本预估
拆卸和移除	费用	工程设计预估
责任保险	费用	项目成本预估
"松垮"材料的损坏	修理成本	修理成本预估
对船舶的损坏	修理成本	修理成本预估
生态系统毁坏	预知的生产率或不使用价值	生态系统或生境评价方法
存量外部性[1]	生产性价值的损失，补偿设备的成本	咨询一位资源经济学家
拥塞外部性[1]	生产性价值的损失，补偿设备的成本	咨询一位资源经济学家

[1] 关于在人工生境管理背景中存量和拥塞外部性的讨论，见 Milon(1991)。

建筑租赁或船坞使用费等成本可能是相对容易计量的，因为它们的市场价格反映了(应该能反映)使用这些资源的经济成本。但是，其他在人工鱼礁开发中使用的资源可能并没有完整的定价，或者根本没有定价。就这些资源而言，我们需要特别小心并确保其真实机会成本在项目成本分析中被计算到。在人工鱼礁中使用的任何资源的机会成本是该资源以某替代性用途使用将带来的预知经济回报(价值)。例如，美国国防部考虑将非军事化战斗坦克用于人工鱼礁项目(PRC Environmental Management Inc. 1994)。因为这些坦克是美国政府已经拥有的，所以不存在任何收购成本价格。然而，因为这些坦克可以被当作废金属出售，而且有关收入可以用于购买预制的生境结构物，这些坦克有替代性使用价值。将这些坦克用于人工鱼礁项目的机会成本是作为废料的坦克的价值，而且这种成本是被包括在项目总成本当中的。同样地，可用于人工鱼礁的废弃海上油气平台的机会成本等于陆上残值减去拆卸和运输成本(Stelzer, 1989)。从社会计算角度来看，这个机会成本是应当被视为效率分析中购置成本的资源真值。以其他方式测量机会成本的实例是在关于效率评价的课本中给出了更详细的讨论，如 Thompson(1980)的著作。

人工鱼礁项目的效益与成本计量贯穿整个项目期限也很重要。例如，由于部署鱼礁后相关成本就会变得不可避免，有必要在项目期末计算鱼礁结构维护、监控及拆除的预期成本。更复杂的情况可能会因这样一个事实而出现：由于货币的时间价值，项目后期发生的成本效益不如初始成本效益那么有价值。时间对货币价值的效应是通过将未来成本和收益折现为现值在效率分析中进行计算的。例如，如果一个项目的已知使用寿命是3年，移除成本是10 000美元，且货币成本是10%，那么未来成本的现值就是7 513美元。关于折现的更多信息可以在成本-收益分析手册内找到，如Thompson(1980)，Penning-Rowsell等(1992)和Zerbe与Dively(1994)。

只有很少的研究能够全面评估人工鱼礁项目的效率。大多数研究不是聚焦于成本，就是聚焦于收益，都未考虑对两者进行平衡分析。早期在人工生境效率评价方面的努力是Milon(1989，1991)予以评述的。Whitmarsh(1997)对关于服务于欧洲龙虾(*Homarus gammarus*)生产的人工鱼礁所用不同建造材料的一份成本-收益分析进行了报道。用于分析的项目收益是以来自龙虾销售的收入进行预估的，尽管其他可能的"外部"项目收益如改善的休闲和商品渔业也是被注意到的。在100年的项目寿命周期内预计的收入预估使用了关于龙虾生产及其单位价值的一个预测，并带有关于以下关键变量的诸多假定：

- 对鱼礁及其收获物的财产权；
- 捕捞率、重量和控制；
- 龙虾价格；
- 孵化场释放；
- 自然定植；
- 出入渔场情况。

预计的年度项目成本的预估包括建造、海洋运输和安置费用以及与捕获有关的操作费用和幼体龙虾的成本。从预计龙虾收入源流中减去这些年度成本，以此比较人工鱼礁与稳定的发电站火山灰岩或粗石块建设的收益减成本或净现值(NPV)。净现值(NPV)曲线是予以预估的，以此展示有关分析对关键假定的变化的敏感性，而且成本-收益比率或内部收益率是针对不同项目选项进行计算的。风险模拟展示一个针对灰烬石的负净现值和一个针对粗石的正净现值。从Whitmarsh(1997)分析中生出两个关键问题：①来自经济分析的结果是高度依赖于关于人工鱼礁的生物学生产率的可靠数据的；②明确确定的排他性捕获渔场产品的财产权对确保来自人工鱼礁开发的经济回报是必需的。

最近一项研究(Whitmarsh et al，1998)更详细地检查了诸多环境，在这些环境中基于人工鱼礁技术的龙虾存量强化在经济上是可行的。在英国，释放到大海里的孵卵饲养幼体龙虾的较低重新捕获比率已经提及关于公共龙虾存量强化项目的经济效率的问题(Lee，1994)。然而，假定来自野生种群的龙虾可以定植于人工鱼礁(Jensen，Collins，1997)，此等结构物作为一种放牧基底的使用提供了一种增加收获效率和提高重新捕获比率的可能方式。由Whitmarsh等进行的该研究的主要关注点就是重新捕获的成本及其相对于一个基于鱼礁的存量强化项目的经济可行性的含义。在该分析中，鱼礁上的收获被假定为由商业性渔民使用饵雷在一系列成本假定情况下完成的。零增长收获成本的有限例子被认为仅仅在一个已经建立的龙虾渔场存在的情况下才是有效的。在大多数情况下，人们的预期是这样的：收获强化的存量将需要在捕捞努力上的增加以及更多要素投入的承诺。这些是用来自一项关于英国商业性龙虾渔民们的成本和收入研究的数据来评估的。所用的不同成本假定在捕捞努力方面的边际增加通过以下内容进行测量：①仅运行成本；②变化成本；③总成本；④总成本，包括资本的机会成本。该研究发现：用于龙虾存量强化的人工鱼礁项目的净现值对关于收获成本的诸多假定是敏感的。特别地，一旦零增加成本基准线假定被松解之时，平衡重新捕获比率(即在该比率以上，净现值变成正值)明显更高。

6.5 数据收集和测量方法

6.4节综述的许多研究采用邮寄调查来获取数据，以此评价人工鱼礁是否满足了社会和政策目标。然而，有其他可用于收集社会经济数据的方法。本节将以更详细的方式描述邮寄和电话调查方法，并介绍另外两种用于社会和经济评估的数据收集和测量方法。

6.5.1 直接观察

获得关于人工鱼礁的社会经济信息的一种方法是通过在现场直接观察实现的。一位评价者或观察者可以在不同时间段内记录在人工鱼礁现场的渔船数量和类型以及各种活动的类型。也可以使用直接观察辨别渔船的长度、每条渔船上的人数、捕捞类型和可能的目标物种。然而，如果不通过渔船注册数据或关于周围沿海地区的其他调查进行确认，准确收集这些附加信息可能比较困难。有关研究表明即使有确认方面的协助，单单正确测量渔船长度都可能是困难的(Ditton, Auyong, 1984)。

如果地点是容易监控的，而且评价的目的就是识别一般性用途的模式，那么直接观察可能是我们所希望的方法。然而，就识别什么时候可以把直接观察当作收集关于人工鱼礁的社会经济数据的一种选项而言，存在若干限制。首先，直接观察可能是昂贵的，因为它需要有关人员在现场待上很长一段时间，旅行成本可能是较高的，而且还必须考虑观察者的安全。如果研究区域很大，那么整个区域的直接观察可能变得不切实际或者不具有经济可行性。其次，直接观察通常不能提供关于个体用户的人口统计、社会或经济信息。这可能会是一个严重的缺点，因为关于鱼礁用户的社会经济特点的信息通常是在鱼礁管理决定中人们感兴趣的。其三，直接观察不能提供关于并未直接使用研究地点的个体或群组的信息。最后，从直接观察中真正随机收集样本可能是困难的，特别是对诸如石油平台这样的地点，这些平台都需要私人业主和/或行业的合作。因此，研究者可能必须根据其能够在观测场得到合作的地点和时间而依赖于“便利样本”。缺乏具有代表性(随机)的样本可能会限制对在诸多地理区域或利益相关者群组之间使用特点之差异的统计检验的有效性，并约束了制定模型预测使用模式的能力(Ditton, Auyong, 1984)。

系统观察程序是相当直接的。大多数技术指南都聚焦于为观察者提供准确和真实的指示以及其他对所有调查研究而言普遍的考虑问题。关于系统观察方法的更多细节在以下文献中也是可获的：Webb等(1966), Weick(1968), Whiting和Whiting(1970), Hogans

(1978), Peine(1983)和Smith(1991)。

对大型而分散的地点而言，有用的直接观察方法的一个变种就是航空摄影。观察可以就计划的时间段进行安排，照片记录可用于确定用户的数量和类型。除了所注明的现场观察的劣势之外，航空摄影可能在有关地点的使用模式方面是难以解释的，如石油平台结构物，在那里用户容易在上部结构物下方进行收集作业。此外，如果在一段时间内收集利用模式观察结果需要附加航班数据，成本可能成为一个限制性因素。同时，以航空摄影收集的使用数据可能会代表某处地点上使用水平的上界，因为航空调查通常是限于天气晴朗的时日。开展集合经济研究的分析师应该考虑到：航空调查数据可能会夸大人工鱼礁项目的收益、成本或影响(Daniel, Seward, 1975)。

6.5.2 直接采访

对社会经济数据收集有用的一个替代性的基于现场的方法就是直接采访。采访可以在现场直接开展，也可以与观察数据组合在一起，或者采访也可以在用户进入点如游船码头、港口或近岸生境地点的入口处开展。直接采访可用于收集关于社会经济特点、花费和态度的用户(和非用户)配置信息，并为采访者提供正确识别在保有渔获内的物种的机会。直接采访的不足之处主要是与成本相关的。在一段充分的时间内安排一个能提供代表性数据的采访时间计划可能是昂贵的，特别是在现场和进入点被广泛散布的情况下。此外，受访者可能不愿意停下他们手中的活动来接受一次采访，或不愿意向陌生人说出个人信息(如年龄和收入)。在一些情况下，采访可以和其他类型的调查组合起来，以获取关于未来使用的数据或对一次采访来说太难收集或需要花费太多时间才能获得的其他信息。

有效的标准化采访具有数个重要元素(Fowler, 1995)：①为所有关键术语提供良好的定义；②诸多问题已经事先予以检验；③诸多问题是以一个符合逻辑的和非重复的顺序进行询问的。对确保受访者能对所提出的问题有清楚的理解并无需用外部的问题来中断采访过程而言，第一个元素是至关重要的。在受访者需要提供人工鱼礁位置和生态特征等详细信息时这一点尤其重要。第二个采访元素，预先检验有关问题，有助于确保采访者可以容易地看清问题，受访者可以容易地理解问题。预先检验的范围可以从带有观察的简单实践采访到更加涉及焦点群组的评价，甚至可以包括对受访者的观念的密集或认知评价。保证的预先检验的程度取决于有关问题的固有复杂性(见Fowler, 1995：第5章)。有效采访的最后一个元素需要对受访者的潜在思想过程有良好的理解，以使有关问题能以一个符合逻辑的顺序进行询问。例如，对其在过去2个月内是否曾在人工鱼礁地点处捕鱼这一问题回答“是”的钓鱼者很可能同时提供具体位置和/或名称。在这种情况下，我们无需迫使采访者询问和编码一个单独的关于位置的问题，因为这种问题会不恰当地中断采访过程。为了避免这种重复性问题，应给予采访者一定灵活性，使之以一种更加符合对话的形式询问有关问题，从而使采访能自然进行。关于采访方法的更多细节可以在以下文献中发现：

Fowler 和 Mangione(1990)，Salant 和 Dillman(1994)，Fowler(1995)和 Babbie(1997)。

6.5.3 邮寄和电话调查

具有灵活性和相对较低的成本使邮寄和电话调查成为获得许多类型社会经济信息(包括关于人工鱼礁用户的数据)的一种常用方法。这些调查可与直接观察或者简短采访相结合获得比在现场获得的信息更加详细的跟踪信息。在邮寄或电话调查独立于采访使用时，关于潜在人工鱼礁用户(或非用户)的一个样本框架可以从公共记录列表当中予以识别，如娱乐性和商业性渔船注册情况、休闲和商品渔业执照和游钓和潜水俱乐部成员身份等。例如，Ditton 等(1995)开展了一次关于杂志、报纸和电话簿、宣传手册、商业名片和商会记录的彻底评述，以此开发一份关于得克萨斯州内全时间包船和潜水渔船操作者的邮寄名单。

样本可以用一系列方式从潜在人工鱼礁的列表中选取，具体范围从基于方便性的方法到更加复杂的多阶段选择协议(第2章)。确保所有有关群组都在样本中获得具体代表性的一个简单有效的方式就是按比例将样本进行分层处理(Henry，1990)。例如，Ditton 和 Graefe(1978)将一个关于得克萨斯州内注册渔船船工的样本框架进行分层处理，以此生成来自两个群组的一个比例样本：与低于 26 ft 的船舶有关的船工和与超过 26 ft 的船舶有关的船工。样本框架和尺寸选择在6.4节进行了简要讨论，并在第2章进行详细讨论。

调查文件可以设计成能引出关于在人工鱼礁地点和其他自然生境地点的使用和渔获量的信息。更多关于用户和非用户配置的信息包括社会经济特点、花费和态度。邮寄和电话调查的主要缺陷就是：受访者可能并不能够提供关于特定地点使用情况、在一段时间内地点使用的时机和持续情况或者渔获当中准确识别物种的信息。这些问题可以部分地通过如下措施予以克服：限制用于回想的持续时间(最多3~6个月)，在主要使用阶段(如捕捞季节)跨度上调查的顺序分布和使用视觉辅助，如地图和图表等。

与调查滞后有关的回想问题也可以用日志本予以克服，这种日志本能够使研究参与者在情况出现时直接记录有关信息。一项日志本计划是与关于娱乐性垂钓者的一项调查一起使用的，以此识别关于路易斯安那州沿海离岸油气平台的使用模式和捕捞努力数据(Stanley，Wilson，1989)。航程日志本需要垂钓者列出同行的垂钓者数量、被捕捞的结构物、所采用的捕捞方法和有关物种和捕获的鱼的数量。

其他数据收集问题，如不足的样本尺寸和调查文件偏性，可以通过遵照在以下社会调查参考文献中概括的一般公认程序予以处理：Dillman(1978)，Rossi 等(1983)，Salant 和 Dillman(1994)，Babbie(1997)以及 Rea 和 Parker(1997)。

6.5.4 质量控制

在前面诸节内描述的每种数据收集方法都有自身的优势和劣势。表6.5确定了选择的调查研究准则，并描述了邮寄和电话调查、采访和直接观察相互之间的比较情况。同样地，表6.6比较了来自每种数据收集方法的关于所选社会经济变量的信息的相对可靠性或可获性。所提供的数字和等级是基于作者在各种背景下开展社会经济研究的经验。注意到所有研究项目，不管所用的方法是什么，都有地点特定的特性很重要，而这些特性会不可避免地影响评估所列示准则的方式以及可以被收集的社会经济数据的范围。然而，存在诸多在整个研究项目过程中可以采取的质量控制程序，这些程序会影响对研究准则的遵守情况，并控制数据的可获性和质量。

表6.5　社会经济数据收集方法的比较[1]

研究准则	定义	方法			
		邮寄调查	电话调查	采访	观察
培训/准备时间	在可以开始数据收集之前，选择样本、准备或预先检验和打印调查文件和/或招募或培训采访者所需的典型时间	6～8周	6～8周	8～10周	4～6周
数据收集时间	在数据分析和报告编制可以开始之前，培训或预先检验之后，收集数据所需时间	2～5周	1周	2～5周	50 h以上[2]
响应率	初始联系过又实际完成调查的潜在受访者的百分比	20%～60%	40%～70%	60%～80%	不适用
匿名性	维持受访者匿名性的能力	高	高	高	高
遵守指示情况	确保受访者遵守指示及按照要求回答问题的能力	低	中	高	不适用
采访者偏性	采访者影响受访者回答的可能性	无	中—高	高	不适用
弹性	刺探出更多细节、解释不清楚问题和使用视觉帮助的能力	低	中—高	高	不适用
复杂性	通过提供更详细的指示和关于可选响应的长列表获得复杂信息的能力	低	中	高	不适用
每位受访者的平均成本[3]	调查总成本除以完成的响应的数量（以美元为单位）	15～50	15～60	40～120	变化范围较宽

[1] 基于由Rea和Parker(1997)中提供的信息和作者们的经验；
[2] 包括用于任务执行、关键开发和照片准备和解释的时间(Deuell, Lillesand, 1982)；
[3] 基于获得300～400份响应，以1998年美元预估；较小的调查和较大的调查相比可能成本更高。

表6.6　社会经济数据收集方法的信息可靠性比较[1]

信息	数据的相对可靠性/可获性[2]			
	邮寄	电话	采访	观察
人口统计数据	3～4	3～4	4～5	1～2
活动的积极性/模式	3～4	3～4	5	4～5
行程位置	3～4	3～4	5	5
行程目的	3～4	3～4	4～5	2～3
船舶/设备数据	4	4	5	4

续表

信息	数据的相对可靠性/可获性[2]			
	邮寄	电话	采访	观察
费用	3 ~ 4	3 ~ 4	4 ~ 5	1
渔获数据	2 ~ 3	2 ~ 3	4 ~ 5	3 ~ 4
偏好或态度	3 ~ 4	4 ~ 5	4 ~ 5	1
资源评价	3 ~ 4	3 ~ 4	4 ~ 5	1

[1] 基于作者们的经验评出的等级；

[2] 尺度从 1 ~ 5，其中高度不可靠的或不可获的等同于 1；高度可靠的或可获的等同于 5。

社会经济数据的获取通常是比较费时的，而且(或者)是比较昂贵的，因此质量控制就变得很重要。在研究工作过程当中的每一步对细节的仔细关注将最大化质量数据支持政策有关的结论的可能性。社会经济评估质量控制的重要方面包括观察者之间或采访者之间的可靠性、标准化提问、样本框架和样本尺寸、编码一致性和固定的数据收集频率。

如果数据是由观察者或采访者直接收集的，观察者或采访者在作出观察过程中应该使用标准化的指标或问题(Flower，Mangione，1990)。应该对观察者和采访者在一致性、准确度和对样本选择准则和无偏性提问的符合性的重要性方面进行培训。角色扮演(如受访者和采访者)对决定用于处理潜在问题的合适响应和策略也是有价值的。

关于取样框架的决定会影响数据收集的总误差和成本(Henry，1990)。一些数据收集方法不需要一个取样框架，如用于电话调查的随机数字拨号。其他方法，如邮寄调查，需要在不同目标总体内进行仔细选择。例如，为了收集关于人工鱼礁用户的社会经济数据，取样框架可能会成为沿海国家或捕捞和潜水俱乐部的成员等特定利益相关者中的普通群体。尽管一项普通群体邮寄调查可提供比捕捞和潜水俱乐部成员调查更具代表性的样本数据，但前者可能会是更加昂贵的，而且可能只有较低的响应率。

一旦样本框架(如果需要)被确定，则必须选择样本的大小。样本大小将决定估计量的置信区间(见第 2 章)。关于调查研究的标准参考文件(如 Henry，1990)提供诸多表格，以此确定特定精确度水平的样本大小。

社会经济取样的一个不可分割的部分就是一个一致的编码计划的开发和使用以及准确性检查。应该开发有关协议以跟踪数据收集和输入，特别是在不止一位采访者或观察者收集和记录的情况下。跟踪哪项任务已经完成以及谁应该对此负责的一个简单方法就是要求每个数据程序都由处理这些数据的个人启动(不管是以书面形式，还是以电子形式)(Van Kammen，Stouthamer - Loeber，1998)。

最后，在服务于人工鱼礁研究的适应性管理框架的背景下(图 6.1)，社会经济数据收集应该是定期开展的(每隔一定时间，如果可能)，以此提供一个纵向的记录，并告知决策者、管理者和其他科学家。应该注意各种各样的可能影响人工鱼礁利用的周期(工作日/周末、白天时间、应时/过时、气候、物种关闭等)。在理想情况下，在鱼礁部署之前，社会经济数据的基线应该是予以记录的。然后，数据收集应按照频繁使用、正常使用和较少使用的期限定期进行。定期的连续数据收集，如渔船在鱼礁上捕捞作业的月度记录、新鱼礁在何时和何处被创建、旅游者计数、包船渔船的数量以及当地花费数据将为社会经济评价提供质量信息。

6.6 案例研究——收集人工鱼礁用户相关的社会经济数据所需的小船斜面调查

社会经济评价的最困难方面之一就是收集关于人工鱼礁用户的高质量数据。人工鱼礁往往是远离海岸，而且在一个广泛区域上散布的。这种情况使在任何时限内进行现场采访都相当困难和昂贵。然而，对人工鱼礁用户的亲自采访非常理想，因为详细的个体的和捕捞渔获量信息是可以被收集来的，而这些信息可能是邮寄和电话调查方法无法收集来的。以下所描述的案例研究碰到了属于在其他位置一系列鱼礁评估问题的许多元素。

6.6.1 调查设计

为了评价关于人工鱼礁用户的亲自采访的一个相对低成本方法是否能够开发出来，与美国国家海洋渔业局(NMFS)合作在佛罗里达州坦帕湾区域开展了一项试点研究。美国国家海洋渔业局(NMFS)整合了海洋休闲渔业统计调查(MRFSS)，即唯一的持续的关于大西洋和墨西哥湾诸多海岸的海洋捕捞的调查。MRFSS 包括电话调查和现场采访。关于 NMFS 取样和调查方法、用于捕捞努力的程序、渔获量和参与情况预估的细节可以在 Van Voorhees 等(1992)著作当中找到。电话调查收集了关于家庭型海洋和娱乐性垂钓者的出现和数量的数据以及在为期两个月的期间的捕捞行程的数量、模式和主要位置。同时，在水体供应口地点对返航的钓鱼者进行了拦截采访。拦截采访收集了来自海岸、包船渔船和私人渔船垂钓者的以下信息:

- 按照物种分类的所捕获的鱼的数量、重量和长度;
- 垂钓者居住地所属的州和县郡;
- 垂钓者的积极性水平，即每年行程次数;
- 捕捞模式;
- 主要捕捞区域。

为了确定一位渔船垂钓者是否人工鱼礁用户，一个问题被添加用于试点研究的基本 MRFSS 拦截采访当中。垂钓者被问到是否他们已经在人工鱼礁 200 ft(60.96 m)范围内进行过捕捞作业。如果答复是正面的，关于人工鱼礁的后续跟进问题也会被询问到，以提供关于以下方面的更多信息：

- 垂钓者进行捕捞作业的特定人工鱼礁；
- 来自人工鱼礁的渔获；
- 垂钓者决定在人工鱼礁上进行捕捞作业的原因。

该试点研究于 1992 年上半年在坦帕湾周围的 4 县郡地区内开展，因为这些县郡有已建成的人工鱼礁项目。许多个体鱼礁地点在当地航海图上都被标记为"鱼堰"，而且是当地渔民所熟知的。为了帮助垂钓者识别特定人工鱼礁地点，在该研究地区的 MRFSS 采访者使用展示了诸多人工鱼礁的准确位置和名称的详细地图。在这些地图上，该地区内总共有 46 处鱼礁地点是被识别到的。所识别的所有地点只有渔船可以进入。因为这是一项试点研究，后续跟进问题的数量是有限的，而且其他重要的社会经济数据，如人工鱼礁捕捞费用，是未被收集的。在未来的研究中，费用数据可以作为拦截采访的一部分予以收集，或者可以在后续跟进的邮寄或电话调查中引发出来。

6.6.2 结　果

在调查期间，在用于 MRFSS 的研究地区内的小船斜面和码头上，共有 2 255 位渔船垂钓者接受了采访。其中，79 位垂钓者在采访当日在一个或更多人工鱼礁地点上进行过捕捞作业。后续跟进调查是以 67 位个体或者 85% 的已经在人工鱼礁上进行过捕捞作业的垂钓者来完成的。在人工鱼礁上捕捞的垂钓者的数量和完成跟进调查所涉及的垂钓者的数量之间存在差异是因为：①缺少来自垂钓者的合作；②采访者未能管理跟进调查，使之涉及人工鱼礁垂钓者；③MRFSS 采访者未能识别的其他因素。

在该研究地区内的 46 个地点中，在后续跟进调查中被采访的人工鱼礁垂钓者使用了 19 个地点。这些地点中的绝大多数地点是在距离海岸 10 英里(16 km)的范围之内。表 6.7 概括了在 MRFSS 和该试点研究中识别的人工鱼礁用户和其他垂钓者的人口统计特点(居住状态、平均年龄、性别和以往捕捞活动)。用户和非用户中的大多数是佛罗里达州的居民，也是在坦帕湾周围的 4 县郡地区内的居民。这些结果表明了在该研究地区旅游者不是娱乐性渔船捕捞努力的主要部分。人工鱼礁用户和其他垂钓者之间的其他社会经济差异相对次要。人工鱼礁用户在年龄上和其他垂钓者是同样的，而且两个群组占主导地位的都是男性。两个群组的垂钓者都是相当积极的渔民，其中人工鱼礁用户在过去两个月内平均进行捕捞作业 7.8 d，在过去一年内平均进行捕捞作业 50.3 d。其他垂钓者在过去两个月内和过去一年内分别平均进行捕捞作业 7.3 d 和 44.6 d。

表 6.7　人工鱼礁用户和其他渔船垂钓者的人口统计特点

特点	人工鱼礁用户	其他垂钓者
居民(佛罗里达州)	75(94.9%)	2 072(95.2%)
非居民	4(5.1%)	104(4.8%)
年龄(岁)	38	37.5
性别：男性	88.6%	87.9%
女性	11.4%	12.1%
在过去2个月内(平均)捕捞天数	7.8	7.3
在过去12个月内(平均)捕捞天数	50.3	44.6

表6.8展示了在人工鱼礁上捕捞的最为重要的原因就是：鱼礁地点是容易定位的。人工鱼礁用户也声明和在自然海底地点捕获的情况相比，他们期望在人工鱼礁上捕获更多的鱼，而且鱼礁靠近海岸也很重要。这些结果表明方便性以及对于渔获的期望促成了人工鱼礁地点的选择决定。

表 6.8　在人工鱼礁上捕捞的不同原因的重要性

原因	非常重要				不重要
	1	2	3	4	5
鱼礁靠近海岸	42.4%	18.2%	12.1%	1.5%	25.8%
以鲷鱼和石斑鱼为目标	27.3%	15.2%	18.2%	12.1%	27.3%
鱼礁容易定位	63.6%	15.2%	4.5%	3.0%	13.6%
预期更好的渔获	45.5%	10.6%	16.7%	7.6%	19.7%

表6.9呈现了对人工鱼礁用户和其他垂钓者而言6种最为流行的主要目标物种之间的比较。对这两个群组而言，最常引用的(超过每个群组的1/3)响应答复就是没有任何目标物种。确实有目标物种的人工鱼礁用户引用了石斑鱼(鮨科)、红鼓鱼(美国红鱼)和马加鱼(椭斑马鲛)作为他们最为流行的目标物种。在另一方面，其他垂钓者引用了云斑海鲑(云纹犬牙石首鱼)、锯盖鱼(锯盖鱼属)和红鼓鱼(美国红鱼)作为他们的目标物种。这些结果表明人工鱼礁用户和其他垂钓者相比更加聚焦于鱼礁群落鱼类。

表 6.9　人工鱼礁用户和其他垂钓者识别的主要目标物种

人工鱼礁用户		其他垂钓者	
无	46.8%	无	33.4%
石斑鱼	10.1%	云斑海鲑	16.1%
红鼓鱼	8.9%	锯盖鱼	8.4%
红石斑鱼	6.3%	红鼓鱼	7.55
马加鱼	6.3%	石斑鱼	6.2%
红鲈	3.8%	马加鱼	5.4%

6.6.3　讨　论

该试点研究示范了在小船斜面上直接采访鱼礁垂钓者是一种可行的数据收集方法，而且成本并不很高。与 70 ~ 120 美元之间的标准直接采访成本相比，每次完成的采访成本大约为 40 美元(表 6.5)。这些成本节约说明了增加现有渔场数据收集努力以包括有关的人工鱼礁信息存在某种优势。

来自该试点研究的数个其他结果应该引起注意。首先，在坦帕湾区域受访的 2 255 位渔船垂钓者中 5% 以下在人工鱼礁处捕鱼这一事实表明在该地区人工鱼礁用户的人群相对较少。如果该研究地区是其他沿海地区的代表性地区，这意味着获得关于大量用户的详尽的社会经济数据可能是困难的，而且成本高昂。此外，一项宽广地区调查不太可能提供针对特定人工鱼礁地点的大量的观察数据。

尽管以小船斜面调查获得关于大量人工鱼礁用户的数据可能是困难的，相对于邮寄和电话调查而言，这种方法有一些迥异的优势。较少数量的人工鱼礁用户表明人们作了非常庞大数量的邮寄或电话调查，其结果仅仅是联系了少数人工鱼礁用户。通过使用咸水捕捞执照记录以建立样本框架，增加人工鱼礁用户在一项邮寄或电话调查中的发生率，这或许是可能的。然而，不管是邮寄调查，还是电话调查，仍然将仅限于能够被收集的地点使用和渔获量数据的类型。

这些考虑表明：如果社会经济监控和评估的目标是收集关于特定人工鱼礁地点的在统计学意义上可靠的信息，直接在现场采访有关用户可能是必要的。如果采访在一个较长的时间段内开展，这可能会很昂贵。然而，为了获得用于社会经济变量的精确统计预估的针对特定人工鱼礁的足够样本大小，这或许是唯一的方式。

6.7　鸣　谢

作者感谢 Bill Seaman 给予的帮助和鼓励。我们还感谢 Virginia Vail 和佛罗里达州环境保护部对试点研究给予的金融支持，也感谢来自弗吉尼亚州阿林顿市 QuanTech 公司的 Robert Hiett 在设计和开展试点研究方面提供的协助。最后，我们感谢盖恩斯维尔市佛罗里达大学食品和资源经济学系的研究生 David Carter 提供图书馆搜索和编辑方面的协助。

参考文献

Aabel J P, S Cripps, A C Jensen, G Picken. 1997. Creating Artificial Reefs from Decommissioned Platforms in the North Sea: Review of Knowledge and Proposed Programme of Research. Report prepared for the Offshore Decommissioning Communications Project (ODCP), London, 129 pp.

Babbie E. 1997. The Practice of Social Research. 8th Ed. Wadsworth Publishing, Belmont, CA.

Bell F W, M A Bonn, V R Leeworthy. 1998. Economic impact and importance of artificial reefs in northern Florida. Report to the Office of Fisheries Management, Florida Department of Environmental Protection, Tallahassee, FL, 389 pp.

Bockslael N, A Graefe, I Strand. 1985. Economic analysis of artificial reefs: an assessment of issues and methods. Artificial Reef Development Center Technical Report No. 5, Sport Fishing Institute, Washington, D. C.

Bockstael N, A Graefe, 1 Strand, L Caldwell. 1986. Economic analysis of artificial reefs: a pilot study of selected valuation methodologies. Artificial Reef Development Center Technical Report No. 6, Sport Fishing Institute, Washington, D. C.

Bohnsack J A, D L Sutherland. 1985. Artificial reef research: a review with recommendations for future priorities. Bulletin of Marine Science, 37(1): 11 - 39.

Bombace G. 1997. Protection of artificial habitats by artificial reefs. //A C Jensen, ed. European Artificial Reef Research, Proceedings, First EARRN Conference, Ancona, Italy, March 1996. Southampton Oceanography Centre, Southampton, England: 1 - 15.

Buchanan C C. 1973. Effects of an artificial habitat on the marine sport fishery and economy of Murrells Inlet, South Carolina. Marine Fisheries Review, 35(9): 15 - 22.

Burdge R J. 1996. A Conceptual Approach to Social Impact Assessment. Social Ecology Press, Middleton, WI.

Daniel D D, J E Seward. 1975. Natural and Artificial Reefs in Mississippi Coastal Waters: Sport Fishing Pressure, and Economic Considerations. Bureau of Business Research, University of Southern Mississippi, Hattiesburg.

Deuell R L, T M Lillesand. 1982. An aerial photographic procedure for estimating recreational boating use on inland lakes. Photogmmmetric Engineering cmd Remote Sensing, 48(11): 1713 - 1717.

Dillman D A. 1978. Mail and Telephone Surveys - The Total Design Method. John Wiley & Sons, New York.

Dítton R B. 1981. Social and economic considerations for artificial reef deployment and management. //D Y Aska, ed. Artificial Reefs: Conference Proceedings. Florida Sea Grant College Program Report 41, University of Florida, Gainesville: 23 - 32.

Ditton R B, A R Graefe. 1978. Recreational Fishing Use. of Artificial Reefs on the Texas Cnilf Coast. Texas Agricultural Experiment Station, Texas A & M University, College Station.

Ditton R B, J Auyong. 1984. Fishing Offshore Platforms Central Gulf of Mexico. OCS Monograph MMS84 - 0006, Minerals Management Service, U. S. Department of Interior, Metairie, LA.

Ditton R B, L B Burke. 1985. Artificial Reef Development for Recreational Fishing: A Planning Guide. Sport Fishing Institute, Washington, D. C.

Ditton R B, A R Graefe, A J Fedler. 1981. Recreational satisfaction at Buffalo National River: some measurement concerns. //Some Recent Products of River Recreation Research. USDA Forest Service Report NC - 63, St. Paul, MN: 9 - 17.

Ditton R B, L D Finkelstein, J Wilemon. 1995. Use of Offshore Artificial Reefs by Texas Charter Fishing and Diving Boats. Texas Parks and Wildlife Department, Austin.

Fedler A J. 1984. Elements of motivation and satisfaction in the marine recreational fishing experience. //R

Stroud, ed. Marine Recreational Fisheries. Vol. 9. National Coalition for Marine Conservation, Savannah, GA: 75 – 83.

Finsterbusch K, L G Llewellyn, C P Wolfe, eds. 1983. Social Impact Assessment Methods. Sage Publications, Beverly Hills, CA.

Fowler F J, Jr. 1995. Improving Survey Questions: Design and Evaluation. Sage Publications, Newbury Park, CA.

Fowler F J, Jr, T W Mangione. 1990. Standardized Survey Interviewing: Minimizing Interviewer – Related Error. Sage Publications, Newbury Park, CA.

Graefe R B. 1981. Social and economic data needs for reef program assessment. //D Y Aska, ed. Artificial Reefs: Conference Proceedings. Florida Sea Grant College Program Report 41, University of Florida, Gainesville: 152 – 166.

Henry G T. 1990. Practical Sampling. Sage Publications, Newbury Park, CA.

Hewings G J D. 1985. Regional Input – Output Analysis. Sage Publications, Beverly Hills, CA.

Hogans M L. 1978. Using photography for recreation research. U. S. Forest Service Research Note, PNW – 327, U. S. Department of Agriculture, Portland, OR.

Holling C S. 1978. Adaptive Environmental Assessment and Management. John Wiley & Sons, New York.

Jensen, A C, K Collins. 1997. The use of artificial reefs in crustacean fisheries enhancement. //A C Jensen, ed. European Artificial Reef Research, Proceedings, First EARRN Conference, Ancona, Italy, March 1996. Southampton Oceanography Centre, Southampton, England: 115 – 121.

Kurien John. 1995. Collective action for common property resource rejuvenation: the case of people's artificial reefs in Kerala State, India. Human Organization, 54(2): 160 – 168.

Laihonen P, J Hanninen, J Chojnacki, I Vuorinen. 1997. Some prospects of nutrient removal with artificial reefs. //A C Jensen, ed. Artificial Reef Research, European Proceedings, First EARRN Conference, Ancona, Italy, March 1996. Southampton Oceanography Centre, Southampton, England: 85 – 96.

Lee D. 1994. The potential economic impact of lobster stock enhancement. M. Sc. dissertation, University of York, U. K. 27 pp.

Leistritz L F, S H Murdock. 1981. The socioeconomic impact of resource development: methods for assessment. Westview Press, Boulder, CO.

Liao D S, D M Cupka. 1979. Economic impacts and fishing success of offshore sport fishing over artificial reefs and natural habitats in South Carolina. South Carolina Marine Resources Center Technical Report 38, Charleston.

Lipton D W, K F Wellman, I C Sheifer, R F Weiher. 1995. Economic valuation of natural resources – a handbook for coastal resource policymakers. NOAA Coastal Ocean Program Decision Analysis Series No. 5, NOAA Coastal Ocean Office, Silver Spring, MD.

Manilla J A, J C James. 1977. Importance – performance analysis. Journal of Marketing, 41: 77 – 79.

Miller R E, P D Blair. 1985. Input – Output Analysis: Foundations and Extensions. Prentice – Hall, Engle-wood Cliffs, NJ.

Milon J W. 1988. The economic benefits of artificial reefs: an analysis of the Dade County, Florida reef system. Florida Sea Grant College Program Report No. 90, University of Florida, Gainesville.

Milon J W. 1989. Economic evaluation of artificial habitat for fisheries: progress and challenges. Bulletin of Marine Science, 44: 831 - 843.

Milon J W. 1991. Social and economic evaluation of artificial aquatic habitats. //W Seaman, Jr, L M Sprague. eds. Artificial Habitats for Marine and Freshwater Fisheries, Academic Press, San Diego: 237 - 270.

Milon J W, R Schmeid. 1991. Identifying economic benefits of artificial reef habitat. //J G Halusky, ed. Artificial Reef Research Diver's Handbook. Florida Sea Grant College Program, University of Florida, Gainesville: 53 - 57.

Milon J W, C F Kiker, D J Lee. 1997. Ecosystem management and the Florida Everglades: the role of the social scientist. Journal of Agricultural and Applied Economics, 29(1): 99 - 107.

Murray J D, C J Betz. 1991. User views of artificial reef management in the southeast. University of North Carolina Sea Grant College Program Report 91 - 03, Raleigh.

Peine J D, ed. 1983. Proceedings, Workshop on Unobtrusive Techniques to Study Social Behavior in Parks. National Park Service, Atlanta, GA.

Penning - Rowell E C, C H Green, P M Thompson, A M Coker, S M Tunstall, C Richards, D J Parker. 1992. The Economics of Coastal Management: A Manual of Benefit Assessment Techniques. Belhaven Press, London.

Pickering H. 1997a. Stakeholder interests and decision criteria. Paper presented at EARRN Workshop 3: Socioeconomic and legal aspects of artificial reefs, Olhao, Portugal, July 1997.

Pickering H. 1997b. Legal framework governing artificial reefs in the EU. //A C Jensen, ed. European Artificial Reef Research, Proceedings, First EARRN Conference, Ancona, Italy, March 1996. Southhampton Oceanography Centre, Southampton, England: 195 - 232.

Pickering H, D Whitmarsh. 1996. Artificial reefs and fisheries exploitation: a review of the "attraction versus production" debate, the influence of design and its significance for policy. Fisheries Research, 31(1 - 2): 39 - 59.

Pickering H, D Whitmarsh, A C Jensen, 1998. Artificial reefs as a tool to aid rehabilitation of coastal ecosystems: investigating the potential. Marine Pollution Bulletin, 37: 505 - 514.

PRC Environmental Management, Inc. 1994. Draft economic analysis of marine environmental enhancement project. Prepared for Defense Logistics Agency, Alexandria, VA.

Prince E D, O E Maughan. 1978. Freshwater artificial reefs: biology and economics. Fisheries, 3: 5 - 9.

Propst D B, D G Gavrilis, 1987. Role of economic impact assessment procedures in recreational fisheries management. Transactions of the American Fisheries Society, 116: 450 - 460.

Rea L M, R A Parker. 1997. Designing and Conducting Survey Research: A Comprehensive Guide. Jossey - Bass Publishers, San Francisco.

Reggio V, ed. Petroleum Structures as Artificial Reefs: A Compendium. Minerals Management Service Report No. 89 - 0021, U. S. Department of Interior, New Orleans. LA.

Rey H. 1990. Toward the formulation of a method to assess the socio - economic impact of artificial reefs. //IPFC

Symposium on Artificial Reefs and Fish Aggregating Devices as Tools for the Management and Enhancement of Marine Fishery Resources. Colombo, Sri Lanka, May 12 – 17, 1990: 295 – 302.

Rhodes R J, J M Bell, D Liao. 1994. Survey of recreational fishing use of South Carolina's marine artificial reefs by private boat anglers. Project No. F – 50 Final Report, Office of Fisheries Management, South Carolina Wildlife and Marine Resources Department, Charleston.

Richardson H W. 1985. Input-output and economic base multipliers: looking backward and forward. Journal of Regional Science, 25(4): 607 – 661.

Roc B. 1995. Economic valuation and impacts of artificial reefs: a summary of literature on marine artificial reefs in theUnited States. Prepared for the Artificial Reef Technical Committee, Atlantic States Marine Fisheries Commission, Alexandria, VA.

Rossi P H, J D Wright, A B. Anderson, eds. 1983. Handbook of Survey Research. Academic Press. New York.

Salant P, D Dillman. 1994. How to Conduct Your Own Survey. John Wiley & Sons, New York.

Samples K C. 1989. Assessing recreational and commercial conflicts over artificial fishery habitat use: theory and use. Bulletin of Marine Science, 44: 844 – 852.

Selltiz C, L S Wrightsman, S W Cook. 1976. Research Methods in Social Relations. Holt, Reinhart & Winston, New York.

Shomura R, W Matsumoto. 1982. Structured flotsam as aggregating devices. NOAA Technical Memorandum NOAA – TM – NMFS – SWFC – 22. National Marine Fisheries Service, Southwest Fisheries Center. Honolulu, HI.

Simard F. 1997. Socio-economic aspects of artificial reefs in Japan. Pages 233 – 240. In: A C Jensen, ed. European Artificial Reef Research. Proceedings, First EARRN Conference, Ancona, Italy, March 1996. Southampton Oceanography Centre, Southampton, England.

Smith H W. 1991. Strategies of Social Research. 3rd Ed. Holt, Reinhart & Winston, Orlando, FL.

Stanley D R, C A Wilson. 1989. Utilization of offshore platforms by recreational fishermen and scuba divers off the Louisiana coast. //V C Reggio, ed. Petroleum Structures as Artificial Reefs: A Compendium. Minerals Management Service Report No. 89 – 0021, U. S. Department of Interior, New Orleans, LA: 11 – 24.

Stelzer F, Jr. 1989. Rigs-to – Reefs as an alternative to platform salvage. //V C Reggio, ed. Petroleum Structures as Artificial Reefs: A Compendium. Minerals Management Service Report No. 89 – 0021, U. S. Department of Interior, New Orleans, LA: 143 – 154.

Stevens B H, M L Lahr. 1988. Regional economic multipliers: definition, measurement, and application. Economic Development Quarterly, 2: 88 – 96.

Talhelm D R. 1985. The economic impact of artificial reefs on Great Lakes sport fisheries. //F. M. DTtri, ed. Artificial Reefs: Marine and Freshwater Applications. Lewis Publishers, Chelsea, MI: 537 – 543.

Thompson M S. 1980. Benefit – Cost Analysis for Program Evaluation. Sage Publications. Beverly Hills, CA.

Van Kämmen W B, M Stouthamer – Loeber. 1998. Practical aspects of interview data collection and data management. //L Brickman, D J Rog, eds. Handbook of Applied Social Research Methods. Sage Publications, Newbury Park, CA: 375 – 397.

Van Voorhees D A, J F Witzig, M F Osborn, M C Holiday, R J Essig. 1992. Marine recreational fishery statistics survey, Atlantic and Gulf coasts, 1991—1992. Current Fisheries Statistics Number 9204, National Marine Fisheries Service, Silver Spring, MD.

Vanderpool C K. 1987. Social impact assessment and fisheries. Transactions of the American Fisheries Society, 116: 479 – 485.

Walters C J. 1986. Adaptive Management of Renewable Resources. McGraw – Hill New York.

Webb E J, D T Campbell, R D Schwartz, L Sechrest. 1966. Unobtrusive Measures: Nonreactive Research in the Social Sciences. Rand McNally & Co. , Chicago.

Weick K E. 1968. Systematic observational methods. //G Lindzey, E Aronson, eds. The Handbook of Social Psychology. 2nd Ed. Addison – Wesley, Reading, MA: 357 – 451.

Whiting B, J Whiting. 1970. Methods for observing and recording behavior. //R. Naroll and R. Cohen, eds. A Handbook of Method in Cultural Anthropology. Columbia University Press, New York: 282 – 315.

Whitmarsh D. 1997. Cost – benefit analysis of artificial reefs. //A C Jensen, ed. European Artificial Reef Research, Proceedings, First EARRN Conference, Ancona, Italy, March 1996. Southampton Oceanography Centre, Southampton, England: 175 – 193.

Whitmarsh D, H Pickering. 1997. Commercial exploitation of artificial reefs: economic opportunities and management imperatives. Research Paper No. 115, Centre for the Economics and Management of Aquatic Resources, University of Portsmouth, Portsmouth, U. K.

Whitmarsh D, S Pascoe, A C Jensen, R C A. Bannister. 1998. Economic appraisal of lobster stock enhancement using artificial reef technology. Page 69. In: S Pascoe, C Robinson, D Whitmarsh, eds. Proceedings, European Association of Fisheries Economists Bioeconomic Modeling Workshop, December 17 – 18, 1997, Miscellaneous Publication No. 39, Centre for the Economics and Management of Aquatic Resources, University of Portsmouth, Portsmouth, U. K.

Willmann R. 1990. Economic and social aspects of artificial reefs and fish aggregating devices. //IP FC Symposium on Artificial Reefs and Fish Aggregating Devices as Tools for the Management and Enhancement of Marine Fishery Resources. Colombo, Sri Lanka, May 12 – 17, 1990: 384 – 391.

Wright A D. 1998. Speecli given in a debate in the House of Commons. Hansard No. 1788, London, May 11 – 14, 1998.

Wright S R. 1979. Quantitative Methods and Statistics: A Guide to Social Research. Sage Publications, London.

Zerbe R O, D D Dively. 1994. Benefit – Cost Analysis in Theory and Practice. Harper Collins College Publishers, New York.

第 7 章

综合评价

William J. Lindberg, Giulio Relini

7.1 概 述

本章提供了关于将有效评价并入整体人工鱼礁项目规划的指南。7.2 节呈现了本章目的，并描述了在规划过程中会遇到的通用步骤和问题。在 7.3 节，通过一系列的假设性例子说明了这些步骤和注意事项。7.4 节讨论了结果解释中的逻辑问题。本章最后为对可靠人工鱼礁评价的重要性进行评论。

7.2 引 言

为了改述在第 1 章中给出的定义，评价就是回答这样一个问题：一处人工鱼礁或一套人工鱼礁系统是否满足了其建造目的。不幸的是，与世界范围内的鱼礁开发水平相比，人工鱼礁评价的真正优良的实例是极为稀少的。这可能是因为评价活动往往是事后思考，而不是作为鱼礁建造项目的一个不可分割的部分。即使是在典范性评价工作被描述的情况下（如 California State Lands Commission，1999），这些报告只传输了人们已经做了或正在做什么的信息，但不一定会传输出有关评价为什么会采取所描述的特定形式的信息。为了实施在前面诸章里提供的指南，我们需要理解一个良好评价的前期思维过程。在诸多鱼礁项目中存在许多可能的相似性，每个评价工作都是独一无二的，有其自身的情形、背景和限制。本章强调的是我们怎样在整个规划过程中思考，而不是简单评述诸多鱼礁评价和评估的以往实例。

7.2.1 目　的

前面各章已经提供了关于研究设计的指南、有用的数据以及用于人工鱼礁性能的物理、生物和社会经济评价的最适宜方法。本章将在准备评价人工鱼礁时会遇到的诸多一般性问题汇聚到一起。鉴于从第3章到第6章我们可以获得用于数据收集和分析的各种各样的方法和协议，此处我们将聚焦于能导致有效评价的初始理性思考。

本章和第2章提供了关于回答一处人工鱼礁或一套人工鱼礁系统是否满足了其建造目的的指南。给定就鱼礁评价一般可获的有限人员和金融资源，评价项目从回答这个问题开始进行设计是至关重要的。尽管在技术上正确的方法能产生技术上正确的数据，然而它们本身是并不足够的。数据必须是与该问题有关的，并符合合理和适当的取样或研究设计。否则，有关计算可能就是无效的或没用的，而且评价工作就会是一种浪费。我们的挑战就是在时间和金钱的真实世界约束下设计和执行一个能够产生有意义结果的评价策略。

由于每个鱼礁项目都是独特的，不可能作出所有评价需求规定。但是我们可以提供一个逻辑框架和一些实例，作为鱼礁评价项目规划和准备的指南。

7.2.2 评价规划的一般步骤

为了最有效地规划，应在鱼礁开发项目一开始就使评价规划并入总体规划过程。然而，与项目规划大纲的线性思维不同，评价思维必须是非线性的，如图7.1所示。为了帮助读者更好地理解，图7.2提供了一张地图，可用于辨别本章各节在哪里匹配于这种非线性思维。为了介绍诸多规划问题，主要任务被分成五类，分别在7.2.2.1节到7.2.2.5节予以概括。这些问题在7.3节以实例进行阐明。在这些实例中，分节标题和图7.2一并使用将会进一步指导读者的阅读。我们主张在鱼礁建造之前关于评价要求的适度事前思考将会在从评价工作中得出的结果和结论的可信度方面获得重要回报。

7.2.2.1 确定管理目标和成功准则

在大多数情况下，一处人工鱼礁或一套鱼礁系统会有一个主要的管理目标和一个或多个次要管理目标，这些目标表示了建造一处鱼礁的实际原因。数种类型的一般目标是在表7.1当中概括的。这些并非是相互排斥的，这份列表也未必详尽。然而，当多个管理目标应用于某个项目时，确定哪个目标是主要的并可能将其余目标以重要性进行排等级很重要。通过聚焦于最重要的目标，可以更容易作出涉及权衡的规划决策，同时又不会危害到评价项目的相关性。

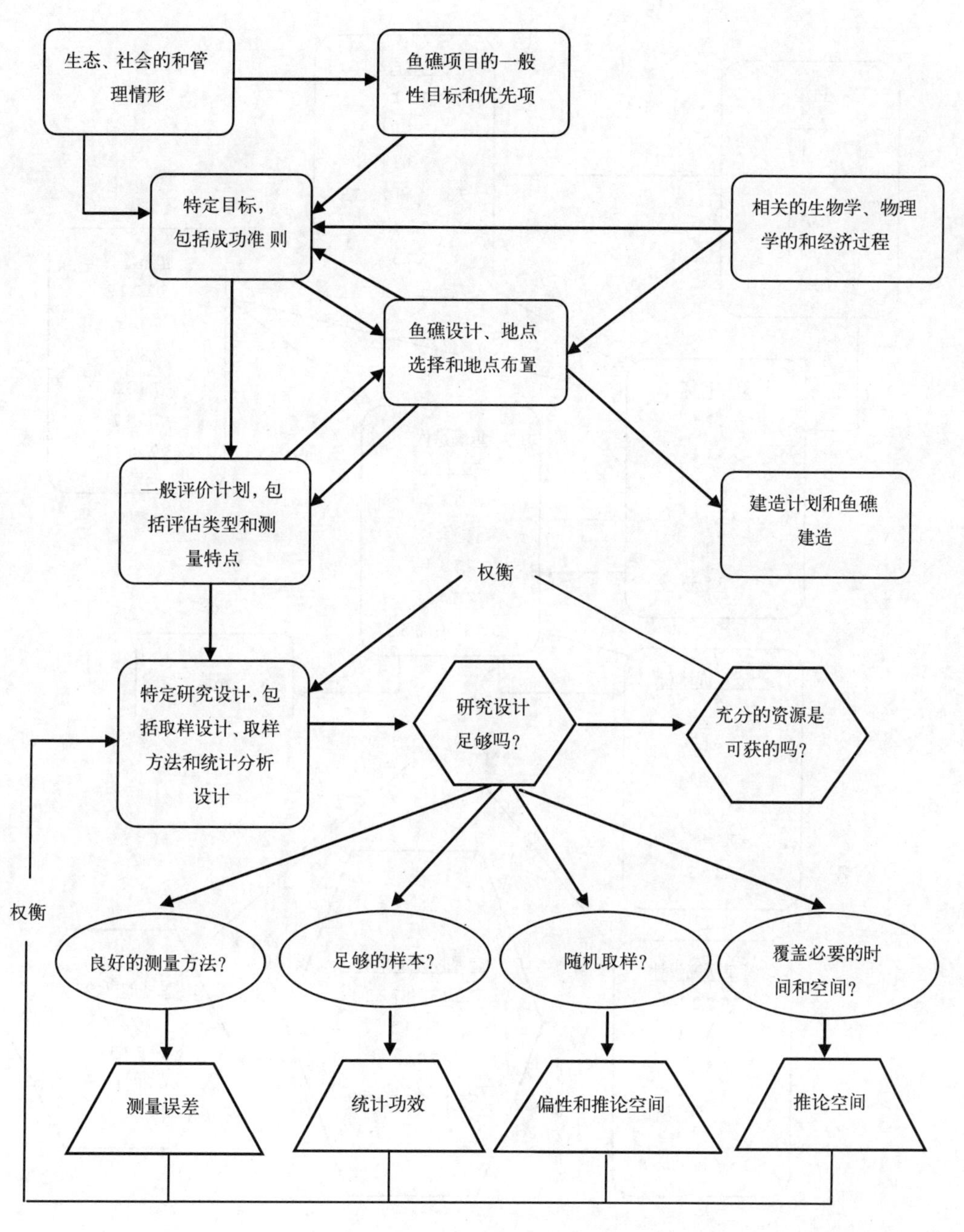

图7.1 将评价规划并入人工鱼礁项目规划的一般流程图

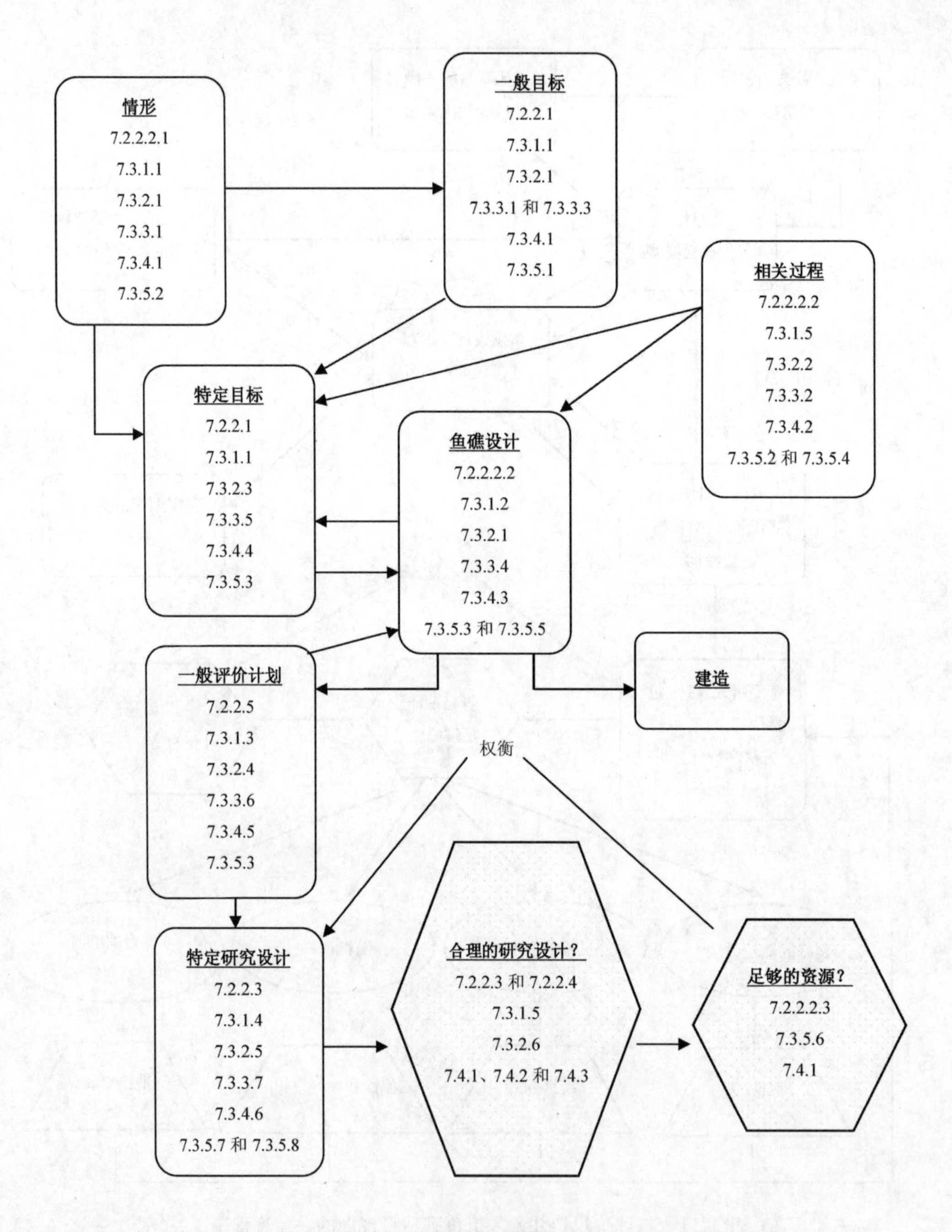

图 7.2　关于各子章节在什么情况下适合评价规划的非线性思维的地图或读者指南。2. X 节有一般性讨论，3. X. Y 节是指特定实例，其中 X 是实例编号，Y 是在该实例中的子节

表7.1 人工鱼礁的目标，以最为一般的目标为群组列于左侧

为了促进经济发展
为了强化海鲜生产：
手工生产
商业性生产
渔场系统(公共财产应用)
水产系统(私人财产应用)
为了强化娱乐性活动：
渔场资源的消费性使用
公共财产系统
公共垂钓
公共鱼叉叉鱼
捕捞特许执照和指导
私人财产系统
捕捞特许执照和指导
个人鱼礁位置
自然或“考古”资源的非消费性使用
公共财产系统
公共进入自携式水下呼吸器
潜水特许执照和指导
私人财产系统
水下潜水器旅游
水肺潜水“公园”
为了强化和管理海洋生物资源
为了配置或保护海洋资源
为了保护邻近有价值的生境
为了强化捕捞冲突中的渔具的隔离
为了强化或保护渔场存量
为了缓和早期生命周期中瓶颈问题
为了强化渔业生境质量(如在海洋储水水库)
为了减轻当地的捕捞死亡率
为了缓解或复原海洋生境
为了缓解生境损失
为了改善水质
为了复原或保护生物多样性

注：这份列表并不详尽，而且特定鱼礁项目可以有不止一个目标。

在第1章中经过简要讨论的列于表7.1当中的目标仅仅是可能用于确定管理目标作业的起始点。一般目标一旦被确定，就必须被雕琢得具有最为可能的特殊性。特定管理目标和一般或模糊的目标相比，为规划过程提供更多的方向指导。特殊性可以帮助识别与鱼礁建造原因有最为密切关系的鱼礁设计或结构的元素，并支持在可获的设计选项中作出合适的选择。特殊性也有助于清晰识别对人工鱼礁是否满足其建造目的有最为密切关系的数据的性质。特定管理目标的一个不可分割的部分就是在第2章2.3.1节介绍的成功准则声明。将一般性目标精细化为特定目标的过程完全类似于Green(1979)概括的一位研究者从一个一般性问题发展到一个可以检验的假设的思考过程。

针对这一点，区分用于人工鱼礁研究的管理目标和研究目标是有用的。管理目标是预期从鱼礁结构上获得的实际结果，而研究目标聚焦于我们对由鱼礁结构改变的自然模式和过程需要了解和学习什么。明显地，这两者是密切相关的，而且都可以是同样项目的一部分。许多已经出版的人工鱼礁研究都曾完全聚焦于研究目标[如《Bulletin of Marine Science》，37卷(1)，44卷(2)和55卷(2、3)]，而不是管理目标，而且可能是与本书中设想的评价含义不一致的。

无可否认的是许多人工鱼礁曾是在并没有特定目标帮助指导其物理设计的情况下被建造起来的。然而，识别和精细化已成事实的人工鱼礁的管理目标仍然能够指导其评价规划。

7.2.2.2 识别情形的关键特性

人工鱼礁不是在真空中开发和评价的。相对于声明的目标，它们的性能取决于它们被安置于其中的具体背景(即生态、社会和管理情形)、自身的物理设计和安置情况。我们评价性能的能力取决于可获的人员和金融资源、所涉及的人员的技术技能或能力以及在我们希望知道或需要知道的事物和我们能够真实预期并实现的事物之间的不可避免的权衡。就我们是否能够测量所希望的任何事物而言，需要识别关键特性，以充分地规划任何鱼礁评价。

7.2.2.2.1 生态、社会和管理背景

实际源于人工鱼礁的实践利弊是这样一个事实的结果：安置在某系统中的结构物会在某种程度上改变该系统的诸多过程。鱼礁的物理结构会改变生物过程和/或物理过程，被假定为能强化我们希望从生态系统获得的“产品和服务”(见Christensen et al，1996)。鱼礁的出现可能也会改变社会过程。从我们的角度来看，人工鱼礁仅仅是工具，而且它们的结果是从这些工具是怎样被适当使用衍生的，这一点又是由在自然和社会系统上叠加的管理结构决定的。我们对这些元素当中的每一个知道得越多，我们就更可能针对设想的目标设计和开发一处有效的人工鱼礁，并更可能评价合适的特点。

人工鱼礁将在其中发挥功能的背景具有诸多层面。自然系统的生态背景由该系统的生

物和非生物组分及将其联系起来的自然过程构成。被视为被控生态系统产物的生物特别重要。在渔业中，这些被称为目标物种。目标鱼和无脊椎动物，或者在一些情况下的植物，有复杂的生命周期，而且有随着生命阶段的不同而变化的生态要求。往往只有一些阶段是与特定鱼礁有关的。正如在第3章和第4章所注明的，物理环境(如水循环、流量、紊流、温度和净度)会影响养分的分布、初级生产和系统的营养状态，而正如在第4章和第5章注明的，此等因素会影响目标物种的行为和生产。动物适应于能获得关键的资源，即食物、遮蔽物和伴侣。大量生态过程和关系决定了它们能有多成功。生境选择、食物网动态、捕食者/猎物关系、竞争等对生物能和种群动态的影响引起了关于空间和时间尺度的复杂问题，而这些问题(如地形、复合种群、来源沉降动态等)正是研究者刚刚开始去试着理解的。明显的是：我们对鱼礁怎样在生态学意义起作用理解得越多，就能更好设计针对特定目标的鱼礁，然后更好地评价其生物有效性。

鱼礁的社会背景是指从人工鱼礁获得收益的或者受鱼礁出现影响的人们的习俗和实践。有关用户主要是娱乐性或商业性渔民或娱乐性潜水者吗？在当地群组中存在冲突吗？或者鱼礁的出现会妨碍其他人的活动吗？如有，人们会使用什么类型的渔船靠近鱼礁呢？船舶是个人私有的，是合作拥有的，是由公司拥有的，还是由旅游者和临时用户包租的？用户是在技术上比较先进的，还是依赖于手工方法的？在当地渔场，什么类型的渔具是传统性使用的？这些类型的渔具与预期的人工鱼礁设计兼容吗？传统捕捞行程的持续期间和频率是怎样的？这些是偶然的还是必然的？对这些问题的回答有助于预测拟建鱼礁可能对人类的影响及人类可能对拟建鱼礁的影响。如果关于鱼礁的目标涉及经济发展(表7.1)，那么社会背景的事先考虑会将我们的关注引向用于社会经济评价的可测量的特点(第6章)。如果有关目标涉及对海洋生物资源的某种强化，那么这些见识能帮助指导鱼礁和研究设计，以此在评价过程中解释捕捞压力(如合适)。

鱼礁的管理背景包括管辖鱼礁之上或附近海洋资源使用的法律、法规、政策和惯例。此处最前面的就是所有权问题。我们处理的是公共财产，私人财产资源，还是某种水平的社区财产权？在渔业管理框架或有关州、省或县的环境规定中我们是怎样处理人工鱼礁的？按照就鱼礁声明的目标有控制进入的特殊许可和报告的要求或规定吗？如果有，强制执行的水平如何？这主要是法律性的还是传统意义上的社会性的？对海床和附近水层的竞争性或不兼容性使用以及由鱼礁结构物产生的航行危险等问题具有可比的重要性。管理背景确保了在目标定义、鱼礁设计和评价规划中的特殊考虑，因为达到预期目标的能力可能由管理约束决定的程度等同于由生态过程决定的程度。在这些情况下，管理实践的客观评价可以是鱼礁评价计划的一个有价值的部分。

7.2.2.2.2　鱼礁设计和地点布置的基本原理

在整体规划过程中，确定针对鱼礁物理设计和鱼礁地点布置的基本原理是一定与特定管理目标的精细化和对生态、社会和管理背景的理解相互交织在一起的。如果有关目标是模糊的或一般性的，有关背景是未被很好知晓的或未被明确考虑到的，结果性的鱼礁设计和地点布置就只能被马虎判断其合理性，也只能为评价规划提供很少的方向指导。相反，我们通过判断可以被控制以获得所希望收益的整个生态和社会过程开发较强的合理性，最终产生有效的评价。这是一种创新性的思考过程，在该过程中关于鱼礁结构物可以怎样改变关键过程的各种选项和替代物可以被探究一番。明显地，这个活动受限于我们对与所声明目标有关的生态和社会过程的科学知识和理解。此时，区分什么是已知的、什么是假设的以及什么是就关键过程和鱼礁结构物的影响而被假定的也很重要。如果我们在鱼礁规划过程中没有进行这些区分，则整个项目可能就是基于总的错误概念，而这些错误概念会在后续的评价中被长久保留着。

为了开展这种活动，我们并不需要成为专业的研究科学家，但是这种思维完全类同于一个操控性现场试验的概念。将人工鱼礁安置到生态系统中毕竟本质上是对该系统的某个部分的操控。结果正如在第 2 章注明的，评价规划在一个建造项目的设计阶段是得到良好对待的，主要通过考虑相关的比较和试验性对比的可能性和(或许的)需要、合适的控制和在鱼礁系统的物理配置中足够的重复来实现。在预先计划好的情况下，人工鱼礁项目能够提供独特的机会，将用于良好试验设计的物理性基础设置安放就位。但是，如果评价是在鱼礁建造之后予以计划的，这些选项一般就不再是可获的。

然而，在为现有鱼礁进行评价规划时，遵照一个类似的创造性思考过程是有用的，即给出一般目标和背景，也给出现存的物理鱼礁配置情况以及有关的生态或社会过程可能会受到怎样的影响。同样地，这能探究各种各样的关于鱼礁结构可能会怎样改变关键过程的选项和替代物，并使原始的一般目标在事后被精细化为在某种程度上更加特定的目标。这样做的优势就是识别可能成为评价计划之焦点的潜在比较和可测量的特点。然后，研究设计可以变得更加具有比较性，而不是只有描述性，这一点又能够反过来大大地影响从有关结果推衍的结论和实际用途。

在结束用于鱼礁设计和地点布置的基本原理之前，我们还需要考虑常规部署前地点调查和部署后文件记录在规划过程中应该扮演的中心角色。如果能很好地完成，关于拟建鱼礁地点的部署前调查能增加关于生态背景或鱼礁将安置于其上的地形的详细又特定的信息。这样的信息明显对能就给定目标实施一个设计策略的最终鱼礁配置很关键。部署前调查往往很少指向处理鱼礁稳定性问题和关于授权许可的要求。我们建议开展这样的调查要能够提供一张生态学地形的地图。同样，部署后文件记录能确定所计划的配置被实际实现的程度，并能为未来鱼礁稳定性评价提供基线。如果特定配置是未被计划的，详尽的部署后文件记录也能给出或许能使一位评价规划者参与到在前段描述的创新性思考当中的细节。没有准确的鱼礁地图，规划实践可能就是在一个相对真空中出现的。在不管哪种情况(两种情况之一)下，在决定取样设计的细节时，鱼礁地图都是有用的。

7.2.2.2.3　权衡、有效支持及投入水平

当预期目标和优选计划不得不与工作开展可供利用的资源相一致时，我们就必须面对

现实。时间、金钱和人才都是有限的，这成为任何规划情形中发人深省的特性。权衡是必要的，而且和精细化目标、认识有关背景和开发适当的基本原理一样具有挑战性和回报性。

对鱼礁设计和评价规划而言，我们应该首先经历事先规划的诸多步骤，无须过多考虑实际的约束，但是又要总是记住约束是会出现的。我们是为了保护创新性而这样建议的。目的就是为了使早期步骤成为有效，但主要是为了确保项目是由其目标驱动的。首先，我们需要规定具体的愿景，然后弄清如何实现目标。然后，我们可以采取以下两种方法中的任何一种：开始创造实施该愿景所需的资源，或者利用手上的资源，并从各种可能的设计选项中作出相应的选择。

在优先项是清晰的情况下，权衡是最容易决定的。首先做最重要的事情。对物理鱼礁设计而言，建立最能确保有关项目主要目标的特点，然后才能修改计划，使之在不会危害主要目标的情况下容纳次要目标。同样地，对评价计划而言，使主要目标成为研究设计的核心，而且在额外资源许可的情况下仅仅增加对次要目标相当重要的元素。数据也存在真实的成本，因此，必须确定你绝对需要什么数据(见第 2 章，2.3.3 节和 2.3.6.1 节)。始终记住最初的问题：一处人工鱼礁或一套人工鱼礁系统是否满足了其建造目的。在多个目标被涉及的情况下，最好是带着信心就一个目标回答这个问题，而不是试图就许多目标予以回答，结果却是没有针对任何目标回答。

可供利用的资源(如时间、金钱和人员，但是在大多数情况下是基金)对任何可信的规划研究目标的评价而言可能并不够，这种可能性也是存在的。例如，成本可能会限制样本或重复物的数量到这样的程度，以致在给定预测变化和较低统计功效的情况下没有任何结论是有效的(见第 2 章，2.3.5.4 节和 2.3.5.5.5 节)。在这样的情况下，研究目标应予以相应缩减，或者应该推延评价，直到可以生成足够的资源。

7.2.2.3 取样设计决定

取样设计跟随关于评估类型(即描述性、比较性或相关性或预测性；见第 1 章)的决定，这些评估类型是在给定有关鱼礁和适合于特定管理目标的可测量特点的情况下才成为可能的。关于取样设计的决定在数个方面确定了结果性数据的充分性，而且这种充分性决定了一项评价工作的成功和有效性。为了判断充分性，我们需要回答几个问题：

- 有足够的样本和/或重复物吗？如果没有，就只有非常强的影响，或者所谓的“大锤”效应才会是可探测的。在较小样本情况下，尽管微妙的结果性影响是存在的，但是却无法被探测到。
- 有关重复物是独立于特定目标并适合于这些目标的吗？如果是不合适的，从取样工作获得数据将不能帮助回答被询问的问题。数据可能在技术上是正确的，但是对所声明的目的却是无用的。

- 测量方法是足够准确和精确的吗？如果不是，我们就需要对付有害的变化或“噪声”。如果是不精确的，探测相同水平的鱼礁效果将需要更多的样本。如果是不准确的，从这些数据推衍的任何预估都只有最小的用处，因为它们的数值是不可信的。
- 样本在时间和空间上是均匀分布的吗？如果不是，那么从结果中合理推导的推论将仅限于一定范围的条件。这就减弱了评价对未来决策的用处。
- 资源(时间、金钱和人员)足以执行计划的取样设计吗？如果不是，评价工作就会失败。我们必须重新考虑权衡和评估策略，正如以上讨论的，并决定怎样才能不浪费评价资源。

7.2.2.4 预测数据会怎样被分析或概括

数据的最后分析将取决于评估的类型(即描述性、比较性或相关性或预测性)、数据特点和数据组(如离散或连续变量和缺失数据)以及由试验性和/或取样设计强加的数据逻辑组织形式。关于可能适合于任何给定研究的各种分析程序，我们应该参考第2章和统计学课本。尤为重要的是需要认识在任何相关分析中存在的假设、确定预计数据是否符合这些假设并检验对违反这些假设而言统计程序有多稳定。当然，在给定促使评价的特定目标的情况下，我们还需要有信心于分析能实际上处理了预期的比较、对比或相关性。如果到目前为止评价规划一直十分周密并顺利完成，我们就可能需要寻求来自一位统计学家或知识丰富的同事的关于合适的统计程序的建议。然而，如果前面规划步骤还没有被很好执行，在处理合适的统计分析之前，你的统计咨询师应该首先帮助你识别和解决不充分性。明显地，在收集数据之前进行修正要比收集之后容易得多。

7.2.2.5 认识研究设计和合理结论之间的联系

如7.2.2.1节所述，特定目标应声明或暗含用于给定鱼礁项目的成功度准则。对合适数据的统计有效分析可以使我们判断这些准则是否已经得到满足。然而，除了这一点之外，从某项特定研究推导出的一般化仅仅在该研究设计的逻辑性和范围上是有效的。研究中情形的各种元素对于鱼礁而言一般具有怎样的代表性？研究可能合理适用于的鱼礁种群有哪些？数据是在一个宽广范围还是一个狭窄空间和时间范围对有关条件而言具有代表性？我们必须小心不要过于一般化。例如，被鱼礁改变的生态过程很大程度上取决于当地条件或不同的时间段，那么推断关键条件不同的地理区域或时间段将是一个错误。我们可以通过澄清研究意图来最小化将结果过于一般化的风险。意图是严格限于某个特定鱼礁的吗？或者，意图是为了了解可能被应用到未来鱼礁项目的更加一般性的某些事物吗？如果是后者，那么需要特别注意可能限制或无意地约束结果性研究的推导空间的权衡。至少，在报告来自一项评价研究的结论时我们应该是客观的，并具有自我批评精神的，同时还要诚实对待与任何被声明的推导有关的经验性支持的水平。

7.3　所选假设性示例

评价规划的一个概念性模型自身(如7.2.2节)并不能充分传输非线性思考，或者不能同时从数个属于规划过程一部分的方面进行思考。我们希望通过从列于表7.1的众多一般目标抽出的假设性示例来传输规划的这个层面。我们并不声明来自这些示例的情形是具有代表性的(尽管其中一些是基于真实世界的例子)。我们也不建议此处呈现的鱼礁设计和评价计划应实际上予以采用，以替代你可能构思的某种选择方案。

我们的目的是说明规划所涉及的思考过程。在这个过程中，我们要求在每个示例中注意什么地方正确的或错误的决定能够在一个有效的鱼礁评价计划和一个无效的鱼礁评价计划之间创造差异。一些示例描述了目前常规的目标和情形，而其他示例是用于说明人工鱼礁技术的更加创新性应用的。同样地，所作的评价是为了回答一处人工鱼礁或一套人工鱼礁系统是否满足了其建造目的。

人工鱼礁已经在世界范围内被用于各种各样的一般目的(表7.1)，尽管每个地区似乎有其独有的“风味”(图7.3)。在北美，人工鱼礁主要被用于强化娱乐性活动，并有一些应用于手工渔场(如龙虾小棚场)和生境损失缓解方面(如海藻恢复)。在亚洲，特别是日本，

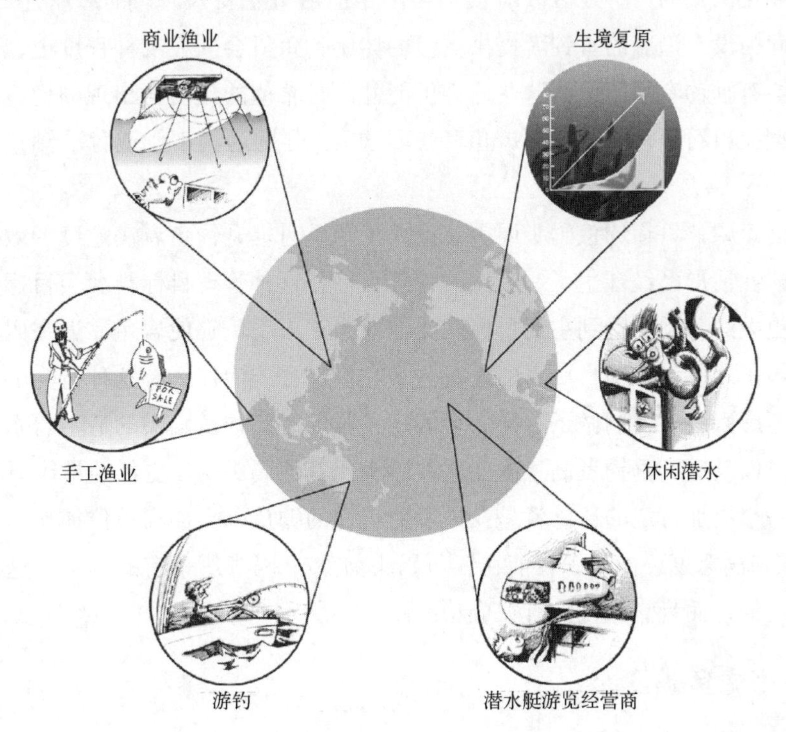

图7.3　不同利益群组都需要为各种经济、社会和生态学目的评价人工鱼礁的性能

鱼礁技术几乎完全服务于商业性海鲜生产；而在印度西太平洋，简单鱼礁是手工渔场的一部分。在欧洲，鱼礁已经被用于保护生境和分配海洋资源，只有适度的渔场和水产使用的开发。然而，任何地方都没有人工鱼礁被明确开发出来，用于强化或保护自然系统背景中的渔业资源存量(尽管与普遍想法相反)。以下假设性示例旨在反映全球兴趣和潜在应用的宽广度。在这些示例的整体过程中，在与各种方法的细节和参考文献方面，我们都遵从第2章到第6章的内容。

示例1和示例2分别处理了娱乐性渔场和手工渔场的强化问题，并描述了有关被操控的生物学过程不是被忽视了(7.3.1节)就是还是未知的(7.3.2节)规划情况。示例3和示例4也是处理比较直接的目标，即保护附近生境和改善水质。示例5假定以渔场保护为主要目标，以经济发展为次要目标，在这一组中是最为复杂的示例。示例5也将研究目标组合进管理目标的评价当中。读者可以使用图7.1和图7.2作为关于在每个示例分节中传输的非线性思考的指南。

7.3.1 示例1：为了强化对公共财产资源的娱乐性使用

7.3.1.1 导致一般和特定目标的情形

一个工业化国家的一个地区政府机构在两年前沿着主要入海口的海岸建造了20个钓鱼码头，以此为没有渔船的垂钓者提供更多的休闲钓鱼机会。在某种程度上，这些码头决定了在哪里会有垂钓者集聚，而这些地方可能并不是希望的鱼类会出现的地方，如鲉科铜石斑鱼、鲤型亚口石斑鱼、黄尾石斑鱼和黑石斑鱼(分别为铜平鲉或背平鲉；黄尾平鲉和黑岩鱼)。

主管部门希望评价在钓鱼码头周围建设人工鱼礁对提升钓鱼者满意度的效用。在这个示例中，一般性情形已经催生了一般性的管理目标，这种管理目标与社会目标和与生态目标相比具有更大的关系。达到主要目标隐式地取决于人工鱼礁使岩鱼靠近在码头上的垂钓者的能力，但是那些对该项目负责的人对关于它们怎样或为什么有这种行为的准确信息并没有直接的考虑兴趣。人们做了这样一个假定：紧邻一些钓鱼码头的适生岩石生境短缺就是岩鱼渔获量以及进而垂钓者满意度在这些码头比其他码头明显更低的具体原因。

因此，一个更加特定的目标就是在最不受欢迎的钓鱼码头提高单位捕捞努力量渔获量(CPUE)和用户满意度，使达到目前在钓鱼码头前20%码头所享有的水平。这个目标不仅仅是更加特定的，而且它能传输有关成功准则。

7.3.1.2 考虑鱼礁设计

就这个示例而言，建造问题和钓鱼码头本身是能严格确定鱼礁设计和地点布置的，这一点与图7.1中的规划协议相反。自然粗石将被用于创建位于所选码头末端周围的马蹄形鱼礁。用于这个项目的花岗岩卵石的直径大约为0.5 m，用前端装载机直接从码头甲板上部署到水体当中。足够的材料将被沉降到水中，以造出10 m宽、2 m高的岩石柱，并使马蹄形大约达到60 m长。鱼礁材料只是在码头末端周围予以部署，主要基于一个常识，即可收获的不产卵的岩鱼一般不会在较浅的水域内被捕捉到。

7.3.1.3 制定一项一般评价计划

一般评价计划是直接跟随一般情形及一般和特定目标的。在这个例子中，评价规划也是直接作用于鱼礁开发的地点选择情况的。特定管理目标建议使用4个最为流行和最具生产性的钓鱼码头（即20个码头当中的20%）和一些以往最不受欢迎和最低生产性的码头（在这些码头被人工鱼礁强化之后）之间的比较。该项目规划者认识到统计分析以平衡化的研究设计形式出现是更加容易的（即等同的样本大小），因此，4个性能不佳的码头将被选为鱼礁部署的地点。为了编制下一财政年度的项目预算，建造和评价都必须在18个月内完成；时间或金钱都不允许进行建设前和建设后的比较。

针对鱼礁地点选择的目的作出了如下假设：即码头使用情况准确地反映了每个码头的CPUE和用户满意度。关于每个码头每月到访垂钓者数量的描述性统计量已经可获。这些数据已经首先警示娱乐性项目管理者注意钓鱼码头当中的差异。然而，一系列未受控制的因素也可以导致码头当中使用情况的变化（如离城市人群的距离、停车的便利性和/或局部性衰竭的渔场），因此，用于鱼礁部署的4个码头将从10个具有最低平均垂钓者使用情况的码头中随机抽取。完成这个步骤之后，就可以立即开始鱼礁建造。

以上问题中，明显的是鱼礁评价旨在服务于关于未来机构项目和预算的决策。因此，特定研究设计应该是一项成本－收益分析（第6章，6.4.3.2节），这种分析在服务于该目的时实现对成功准则的评价。赞助部门知晓或将知晓原始码头的成本和用于人工鱼礁强化的成本。一项特定的研究设计需要包括关于收益的重要数据是怎样被收集的。

测量特点一般用特定目标即岩鱼的CPUE和垂钓者满意度来表征。如果提供了所需信息及少量的不同研究基地（即4个鱼礁强化码头和4个“准则”码头），对要离开的垂钓者进行直接采访将是用于这项研究的最好方法。调查文件和采访程序必须是专业开发和实施的，以此避免偏性。至少，采访者必须生成以下类型的信息：每位垂钓者捕捞的时间长度是多少？他们使用了多少根钓鱼线？捕捞上岸的鱼的数量（如以物种分类的岩鱼）相对于用于衡量被取样垂钓者对到特定码头进行捕捞的行程的满意度的保留数量和度量。为了评价对垂钓者而言的收益的货币价值以及获取关于体验的价值（如他们愿意做出支付的意愿有多大）的信息，有关问题也是应该被包括在内的。当然，同时，在考虑到开展这些采访的固定成本的情况下，更多的渔业和经济数据也是能够而且应该予以收集的。鉴于用于评价的非常有限的机构预算和直接采访的相对较高的成本，我们也必须特别注意到取样设计、其充分性和或许必要的权衡。

7.3.1.4 开发一项特定研究设计

尽管取样位置已经由目标和一般研究设计设定了，但取样时机却没有。垂钓者钓鱼码头的使用可能在时间上并不是随机的，具体原因是与捕捞成功度或满意度不相关的(如垂钓者的日程安排)。因此，现有使用数据需要就日、周和月尺度时间模式进行检查。然后，可以规划一个分层的取样设计，以此确保在时间覆盖上的充分性，其中单位时间段采访数量(时间段 = 层)与码头使用情况内总变化在每个层内的份数成比例。这将会最大化为CPUE和垂钓者满意度的整体预估而获得的精确度。在这个例子中，最大化精确度是重要的，因为每次处理(即鱼礁强化码头相对于“准则”码头)时重复物(即码头)的数量是正态的(即 $n=4$)(精确度越高，对来自有关分析的任何结论就越有信心)。在每个时间层内，将被采访的个体垂钓者是在该时间段从那些离开码头的垂钓者当中系统选择的。第一位被采访者将是从第一批5位垂钓者当中随机选择的，然后每隔4位垂钓者采访一位垂钓者，直到目标样本大小已经获得，或者有关时间段已经到期。尽管并非是严格的随机抽取，这个程序应该是没有明显偏性，而且和试图的完全随机化相比更加实际。

两种类型的分析预测被用于这些数据。首先，关于每个码头的CPUE数据和垂钓者满意度度量可以在用于整个研究期间的时间层上进行平均化处理，而且如果正态性和方差假设是合理的，结果性总平均数值可以通过简单的 t - 检验进行统计学比较。如果不是，则可以使用一个简单的非参数化程序(如一个威尔科克森秩和检验)。

就这个示例而言，认识到如果两类码头之间不存在差异或者鱼礁强化码头的性能优于前20%的“准则”码头，那么可按照在特定目标中确定的准则推断出成功度很重要。鉴于这个原因，应采用单尾统计检验(即假设：“准则”码头优于鱼礁强化码头)，而且应该特别注意类型Ⅱ误差的可能性。如果“准则”码头的性能比鱼礁强化码头显著更好，那么强化可以被判断为是失败的，然而，改造后的码头已经改善了其性能。不幸的是，在这个示例中建造前取样可能阻碍得出这样的一个结论，或者使我们可以预估已经实际达到的收益。

此外，成本 - 收益分析仅在之前分析的结果已经表明了成功的情况下才可能被开展。对这样的分析而言，每个重复码头的收益(货币化和非货币化)相对于成本(码头加鱼礁)的比率是可以被获得的，而且对那些比率可以用类似于以上所述的方式进行统计学意义上的分析，但也有类似的关于单尾检验和类型Ⅱ误差的警告。

7.3.1.5 精密检查项目的限制

关于这个示例的简要评析可能非常具有教育意义。首先，未能将关键的生物和物理过程囊括到将一般性目标精细化为特定目标的过程和鱼礁自身设计(图7.1)过程当中会大大地破坏成功的可能性。它也会限制能从所提议的评价研究中推导出的推论。例如，岩鱼可以是寿命相当长且非常附着于某地点的，这容易导致局部过度捕捞。即使捕捞受到控制，人工鱼礁会怎样被岩鱼定植以及当地种群可以被怎样维持是该管理实践能够长期成功的主要因素。此外，这些过程的时间历程在设置用于评价项目的日程安排表上是未被考虑的。

如果可捕捞鱼对人工鱼礁的定植是在项目的时间范围内发生的，但是这仅仅是附近生境重新分布的结果，那么提议的评价研究可能会指示出成功，但是正面的效应可能是暂时的。在这个方案当中，扩展管理实践的决定可以在技术上由研究结果提供支持，然而仍然是在逻辑上站不住脚的，因为存在未被认可的假定。相反，如果因幼体鱼或小型青年期鱼定居而出现了定植情况，同时这些鱼必须生长到可捕捞的尺寸大小，那么计划的评价研究的结果可以指示出失败，而实际上长期成功的可能性是真实的。不幸的是，在鱼礁设计中未能考虑这样的成功也会破坏第二种方案。

岩鱼也属于高度捕食生物型，而且一些物种会吞噬小型幼体鱼。所有尺寸大小类别的鱼都依赖于遮蔽物空间能有合适的尺度以容纳其身体尺寸而存活下去。以一种尺寸的卵石建造鱼礁，所创造的空腔的尺寸范围可能对鱼类的全尺寸范围而言是过于狭窄的。这可能会无意地在当地岩鱼种群中创建了一个遮蔽物瓶颈，并首先挫败建造这些鱼礁的目的。将目标物种的生物和可能决定其丰度和分布的生态过程综合起来，然后提议作为用于评价研究和鱼礁设计的次要特定目标的可选假设，这样可能会更好。

7.3.2 示例2：提高手工海鲜生产

7.3.2.1 导致一般目标和一般鱼礁设计的情形

在印度洋海岸沿岸，手工渔民习惯将由岩石固定的树枝用作人工鱼礁，或者更确切地说，用作集鱼装置(FAD)，以此强化他们的渔获量。通过世代的经验传递，这种实践已经有所优化，并且发展到这样的程度：特定物种的树木在对鱼类的吸引力方面是人们所偏好的，而这种吸引力可能是化学意义上的一种媒介在起作用(Sanjeeva Raj，1996)。然而，随着机械化捕捞技术的出现和扩张，特别是拖网捕捞技术(这种技术开始是在远洋捕捞中应用的，后来逐渐进入近岸水域当中)，总计渔业捕捞上岸量有了很大的增加(d'Cruz et al，1994)。手工渔民在单位努力渔获量方面的有关下降是一个日益受到关注的问题，特别是对那些在近岸水域内以鱼钩和鱼线从小船上进行捕捞作业并以此为生的渔民来说更是如此。与当地捕捞团体一起工作的非政府组织(NGO)正在试图通过人工鱼礁的开发来确保手工渔民的生计问题。

若干问题是传统手工鱼礁实践固有的。树枝是临时的鱼礁结构物，代表了渔民用于部署的经常性开支。对合适的和人们偏好的树木的持续需求正在导致陆地植物的损耗，而这些陆地植物具有其他经济和生态价值。就树枝作为引诱物而不是生产性鱼类生境而言，传统的手工实践可能实际上会加剧渔业损耗。因此，非政府组织鱼礁项目的一般目标就是强化手工海鲜生产和强化或管理当地海洋资源，其经济目标则成为主要优先项目(表7.1)。

换而言之，人们希望获得的是可持续的手工渔业。

在这个假设性示例中，一个非政府组织是和数个手工捕捞村庄和一个地区的机械化渔民合作，以此将一般目标精细化为一项鱼礁计划。一般策略就是平行于海岸线部署一个鱼礁带，使该鱼礁带刚刚超出手工渔民的范围，然后在距离鱼礁带一定距离的地方部署大量的点礁，并使之在手工渔民容易接触的范围内。鱼礁带的目的是为了将拖网渔船从强化的手工捕捞基础分割开来，并对鱼类和贝壳类动物定植于更加容易接近的近岸点礁起到一种保护作用。当然，这种策略的实用性取决于机械化渔船队的合作和(或许)政府规程，正如人们在马来西亚的类似情形下所作的情况(Polovina，1991)。

7.3.2.2 考虑有关的生物、物理和社会经济过程

一般策略中蕴含的是特定目标和关于情形的假定(图7.1)。假定了以下情况：以非政府组织和渔业管理系统为中介，社会系统可以有效地使人工鱼礁带接近机械化商业捕鱼(仅有稍微的改述，这个假定可以作为需要评估的一个特定项目目标予以声明)。关于社会和监管系统能够在什么程度上将机械化捕捞从离岸鱼礁带和近岸手工捕捞基础排除出去的不确定性进一步建议在这种应用中的鱼礁设计需要包括针对机械化捕捞的被动型阻碍层，如阻碍拖网的突出物和长线等。从社会和法律的约束以及物理阻碍的组合来看，我们可以预期在禁止商业性捕捞活动中一定时间跨度上的可测量的趋势。初始，对封闭的遵守度可能是较高的，尽管不是完全的。然后，遵守度可能会下降一段时间，并导致渔具在物理突出物上的损失。但是，随着不遵守规定的成本在商业性船队方面累积越来越高，我们可以预期会有朝向更加全面自愿遵守度发展的一个长期趋势。

上述一般策略中蕴含的还有关于相关生物过程的假定(图7.1)。离岸人工鱼礁带旨在成为一种来源，使鱼和无脊椎动物定植于近岸点礁。但这是在缺乏关于所收获物种的足够生命周期和生态学知识的情况下被假定的。近岸点礁是由浮游生物的繁殖主导定植的，还是由移动的青年期鱼和成年鱼主导定植的？幼体鱼输送方向或之后生命阶段的移动模式是从离岸向近岸方向的，还是相反方向，或沿着海岸？渔业种群在空间上是以任何一种可能影响手工捕捞基础的重新供应的方式被结构化的吗？繁殖是在何时何地出现的？存在不同的养护型生境或在生境要求方面存在个体发育上的变化吗？所收获的物种是高度定栖的还是路过的？定栖密度是依赖性的吗？定植比率是怎样的？在手工鱼礁上开发可捕捞的存量所需的时间历程是什么？预测的重新供应比率足以抵消来自手工捕捞的收获比率吗？许多这样的问题都与有效的鱼礁设计和评价规划有关，但是在这样的例子中，我们不以这些回答为起点。因此，假设这样的鱼礁系统可能在生态学意义上起作用的方式(即替代模式)在规划过程中是有帮助的，然后设计一项评价研究就能使我们可以判断哪种选项方案是明显真实的。

至少有三个简单化的生态模型蕴含在以上问题中。第一个模型假定鱼礁鱼类种群没有

显著的空间结构分布。浮游幼体的散布在离岸鱼礁带和近岸手工点礁之内和之间是非定向的，只有微乎其微的青年期鱼和成年鱼(即一种简单的双边鱼礁鱼生命周期)在定居后移动。第二个模型假定存在空间结构化的种群，在这个种群中繁殖性成年鱼会居留在受保护的离岸鱼礁带上，并在上面产卵，浮游幼体定居于近岸的结构化生境，而定居后的青年期鱼会在近岸手工点礁上居留并生长，直到它们走向成熟期，并迁移到离岸鱼礁带。第三个模型假定了繁殖群体实际上存在于离岸鱼礁带包围的区域外，并且鱼礁带和近岸点礁一定是由被海流从超过建造的(和受保护的)鱼礁带的区域运输来的幼体鱼定植的。

非政府组织的鱼礁开发战略的效率取决于哪个生态模型是最接近于真实情况的。如果是第一个模型，那么我们可以预期可持续的近岸手工收获情况，因为存在受保护的繁殖群体和离岸鱼礁带的生命周期封闭。如果是第二个模型，那么仅在捕捞强度允许足够数量的青年期鱼避开被捕获并加入离岸鱼礁上受保护的繁殖群体当中的情况下，我们可以预期可持续的近岸手工收获情况。如果是第三个模型，那么在其他地方的机械化捕捞可能会继续损耗繁殖性存量，尽管在离岸鱼礁带上受到保护的青年期鱼在某种程度上可以抵消那种损失。明显地，为了判断该鱼礁系统是否能贡献于可持续的手工渔业，需要一项生物和社会经济评价。

7.3.2.3　将一般目标精细化为特定目标

这里重申此处一般目标就是强化手工海鲜生产和强化或管理局部海洋生物资源。为了帮助实现这些目标，两部分战略就是：①在近岸区域创建大量的手工捕捞可接触的小型捕捞鱼礁；②通过创建一个不兼容于机械化捕捞的离岸鱼礁带在机械化捕捞和手工捕捞之间建立一个强化的受保护的海洋区域和边界。以上一般目标和考虑会导致包括成功准则的特定目标(图7.1)：

目标1——将在参与性沿海团体内手工渔民的单位捕捞努力量渔获量稳定在他们当前单位捕捞努力量渔获量水平或之上。

目标2——将机械化捕捞从由离岸人工鱼礁带和近岸鱼礁强化手工捕捞基础勾勒的区域清除出去。

目标3——将重要渔业物种的生命周期完全包括在离岸鱼礁带和近岸手工捕捞鱼礁组成的地区系统当中。

7.3.2.4　制定一项一般评价计划

给定特定目标和所提议鱼礁系统的尺度后，一般评价计划必须是用于一项描述性研究的，而不是用于一项比较性或预测性研究(第2章)。所有这些目标将需要在时间跨度上的监控，但是只有第一批次的监控才真正保证了一个持续的监控项目能探测到手工渔业趋势当中的变化。明显地，为了评价目标1，我们需要测量手工渔获量和捕捞努力情况。为了评价目标2，因人工鱼礁缠绕而损失的捕捞渔具是可以被定量化的，以此评价机械化渔民的遵守度情况。为了评价目标3，所收获物种的每个生命阶段的出现情况可以通过在近岸人工鱼礁和离岸人工鱼礁上取样来进行评价。

7.3.2.5 开发一项特定研究设计

关于特定取样设计、取样方法和统计分析的细节(图7.1)必须通过回答针对每个目标的谁(whe)、什么(what)、何处(where)、怎样(how)和何时(when)的问题来确定。一位经过培训的非政府组织的职员至少在前5年的监控中必须投入部分时间到目标1。在给定目前文盲率的情况下，手工渔民给出自愿报告是不现实的，但是目的就是在这个起始时间段在每个村庄开发出基本的记录保存能力，以此培育客户群体并且可能将非政府组织自愿解放出来以作他用。简单渔获量和捕捞努力数据可以通过在每个参与村庄观察和采访从捕捞作业归来的手工渔民来收集(即鱼笼调查)。捕捞数据的最简单测量将被记录下来，正如在采访中报告的，在每个村庄的上岸地点观察到的归来渔船数量、每条归来渔船上的渔民数量和每条渔船的捕捞行程的持续时间。

同样地，渔获量的简单测量也将被记录下来，即每条渔船的鱼数量、每条渔船的总重量和一份物种列表。对渔民的直接观察和有礼貌的询问应该提供除了重量之外的所有数据。因为磅秤或天平在这些村庄并不是普遍的或者并不总是可靠的，所以非政府组织必须为其职员提供合适的便携式天平。就这个目标而言，在规划特定研究设计中需要更多地思考关于何时取样以及对多少渔民进行取样的问题。

为了确定手工CPUE当中的趋势，针对目标1的取样应在鱼礁建造之前立即开始，然后无间断地继续未来工作。时间序列的CPUE数据是连续的，随着我们对这些数据中的趋势和变化性了解增多，我们能够预测在取样工作中的调整(如取样频率和渔民的数量)。我们可以在渔民当中，在捕捞天、月、季节和年份当中，在捕捞村庄当中，预测到变化，因此这些信息必须被包括在这些数据记录中。然而，在时间跨度上CPUE当中的趋势就是具有结果性事物的。监控开始和鱼礁建造之间的时间段可用于建立关于成功准则的基线和检查CPUE中的变化性，以此确定关于合适建造鱼礁的取样设计。在起始，非政府组织职员，如果需要，在被提供附加帮助的情况下，会每个星期在每个捕捞村庄花费1 d，所有归来的渔船都会以到达顺序进行采访。在这些初始渔获量和捕捞努力数据中的变化来源将被分析并用于确定后续持续监控的样本大小(即每个村庄的渔民数量)和取样频率(如每星期、每个月或每个季节)。在头5年监控期间统计趋势分析可以由非政府组织的中心职员以季度性基础进行常规更新，之后如果手工渔场是稳定的话可以每年进行一次统计趋势分析。

针对目标1的成功可以用手工渔民保持在鱼礁建造近前确定的CPUE水平或以上来表征。然而，继续的监控应该是可取的，以此探测系统中以下作为破坏自然系统的因素强加的变化？在研究区域之外繁殖群体的损耗或者(可能)手工渔民数量的增加。

针对目标2，拖吊着一个水下视频相机的一艘非政府组织租赁的舰船将半年一次横跨离岸鱼礁带，以调查损失的渔网和长线。需要记录的数据只是在每次取样工作(如以恒定速度进行的每小时截线录影作业)遇到的被缠绕的渔网或长线的数量。如果在视频监控器上观察到可疑的丢失渔具，舰船就会停下，记录有关位置，并让戴水肺的潜水者确认该场景，并复原渔具或对之进行标记用于未来调查期间的识别工作。潜水者可以是非政府组织的职员，也可以是有资格的志愿者。调查主要是沿着鱼礁带的长度方向的三个横截面开展，一个是沿着大海方向的边缘，一个是沿着中间线，还有一个是沿着鱼礁带的海岸方向的边缘。直接在近岸手工捕捞基础上出现的机械化捕捞可以在针对目标1开展的手工渔民常规采访期间予以记录。类似地，在近岸手工捕捞鱼礁上被缠绕的渔网和长线的任何出现情况都是可以在针对目标3的非渔场依赖型取样过程中予以记录的。随着来自截线录影作业的数据不断累积，这些数据可以作为关于丢失的捕捞渔具的单位鱼礁带面积上总计新场景或平均新场景相对于取样时间段描绘出来(即 x 轴为时间)。对来自手工捕捞基础的数据，也可以如此操作。针对目标2的成功可以用在时间跨度上丢失捕捞渔具的下降来表征，直到渐近接近零。

目标3是为了将重要渔业物种的生命周期完全包括在有关的地区系统当中，它需要由合适技能的生物学家开展的渔场依赖型和非渔场依赖型取样。两类取样将在2年内每月进行一次，自人工鱼礁部署满3年之时开始。延迟启动情况下，应为新鱼礁定植和常栖鱼成熟留出时间。渔场依赖型取样限于检查手工渔民的渔获情况和记录主要鱼类物种的尺寸大小及繁殖条件(如活动的成熟鱼卵和鱼精液、性腺发育的阶段、性腺－身体指数等)。这可以和针对目标1的观察和采访一起来完成。

非渔场依赖型取样涉及潜水者叉取鱼礁上的青年期和成年尺寸的鱼、鱼类浮游生物调查和潜水者就近期定居的鱼对鱼礁进行的检查。将以与渔场依赖型取样同样的方式就繁殖条件测量和检查被叉取的鱼。在任何给定的取样时间段，每个物种最多只能叉取15条鱼。一旦数据已经被收集完毕，这些鱼将作为施舍之物服务于手工捕捞村庄。鱼类浮游生物调查会涉及具有合适尺寸且被拉过离岸鱼礁带的浮游生物渔网、近岸手工捕捞基础和这两个区域之间的中间位置。每个月会在每个取样区域重复拖拉3次。来自每次拖吊横跨作业的浮游生物样本将集中起来并被保存在非政府组织租赁的舰船上，然后在试验室内进行分类，以识别主要鱼类物种的幼体并清点其数量。为了记载近期定居的鱼类物种的出现情况，已经过培训能认识重要鱼礁鱼类的早期阶段的潜水者将系统搜索离岸鱼礁带和近岸手工点礁的表面和空腔。证据标本将以手持渔网予以收集，以确认物种的身份，但是无需努力定量化早期定居鱼的丰度。

针对目标3的成功将以(但未被确认)目标物种的所有生命周期各个阶段在整个鱼礁系统内的普遍出现为表征。

7.3.2.6 考虑计划研究的限制

承认即使发现所有生长阶段，目标3中拟定的取样和分析水平也不足以得出存在自立的局部岩礁鱼类种群这一结论很重要。然而，在地区鱼礁系统内主要生长阶段的持续缺失将严重对那种可能性提出质疑。在鱼礁系统内生长阶段的空间和时间模式最多给出了关于以上所概括的三个生态模型中哪个最有可能是真实的而且能得出判断可持续性的潜力的具体结果的指示。

7.3.3 示例3：保护邻近有价值的生境[①]

7.3.3.1 确定一般管理目标和情形

在地中海海岸上一个中等大小的传统渔村社区内，政府官员和保护部门领导正在提议建造一系列人工鱼礁。其中一个主要目标就是阻止非法的网板拖网捕捞作业，以此保护较浅沿海水域内的生物资源、自然群落和保育生境。在这个地区内，大多数非手工捕捞渔船整年内都在使用网板拖网，其捕捞深度可达800 m。网板拖网造成的损害要归因于网眼尺寸(渔网的选择性，特别是网囊)和渔具自身的结构。特别地，踏脚索会刮擦海底，而两块网板(其功能就是将网口拉开)会犁开海底，将远远分离的两条平行的犁沟留在海底。不难想象重复拖网作业所带来的巨大损害，特别是在海草和生物发生的硬质基础的情况下。各种国家和欧盟法律禁止网囊网目尺寸小于40 mm(开口)，也禁止在50 m深的曲面内进行底拖作业。因为这种活动仍然是相当普遍的，通过各种障碍物干涉非法拖网捕捞作业已经成为一种必需。人工鱼礁就是可选的工具，因为它们能提供额外的潜在收益。

7.3.3.2 识别地方生态背景和有关过程

在这个特定沿海渔村社区25 km范围内的海床是一个具有各种各样基底和生境类型的地形，如嗜光海藻集聚物、珊瑚性底部、小型海床岩石、丝粉藻科海草草地(可以深达15 m)和地中海海草草地(可以深达35～40 m)。

地中海海草基床，主要位于从2～40 m深度的近岸水体内，特别是从8～30 m深度的区域，是需要特别关注的。海草生境主要起到以下作用：产卵场、保育生境、保护海岸线免受较高波浪能量影响的自然阻碍体、服务于大量海藻和动物的生境、氧气生产、生产输

① 在某些地方，人工鱼礁已经被特别地建造起来，以保护邻近的生境或敏感的群落生境(Lefevre et al，1983；Relini，Moretti，1986；Monégasque pour la Protéction de la Nature，1995；Sanchez，Ramos－Esplà，1995；Badalamenti，D'Anna，1997；Bombace，1997；Charbonnel et al，1997；Harmelin et al，1997；Harmelin，Bellan－Santini，1997；Moreno，1997)。这个假设性示例，像其他示例一样，从这些经验中抽取而来，旨在说明在项目规划过程中需要的思考。

出等。这些海草基床的重要性源于它们的生态角色和非常高的初级生产。

固着于根茎的该植物有80~90 cm高，每株有5~6片叶子(每片叶子大约1 cm宽)，能有效吸收涌浪和水流的能量，贮留沉积物，因此也能保护海岸线。生命态的叶子能吸收水流；朽败的叶子能累积在海滩上并改变或减少波浪的影响。根茎(“粗糙层”)能保持沉积物。它们的交错垫子形成一个有弹性的和刚性的结构物，能降低波浪涌动的影响。

4 000~8 000片/m^2叶子的密度表明沉积物捕集和沉积材料保护效果均较好。如果沉降量是在每年5~70 mm之间，根茎(“粗糙层”)综合体就能生长。相反，在泥沙淤积不足的情况下，一片草地可能会由于过量沉降或波浪产生的侵蚀而消失。“粗糙层”的生长可以持续数千年。枯叶为沉积物提供了有机物含量，并被部分输往海滩或其他生态系统。在很深的深度之处，叶子碎屑是一种重要的食物来源，如在500~800 m深的海底，可以捕捉到红虾。

有关数字能给出关于每平方米和每年生产量的概念——根：80 g(干重)；根茎：20~40 g(干重)；叶子：700~2 000 g(干重)；叶子上的附生植物：500~1 500 g(干重)。叶面积指数(LAI)是10~20 m^2/ m^2；叶子的生物量是400~1 200 g(干重)/m^2；叶子上的附生植物的生物量是10~320 g(干重)/m^2；根茎上的附生植物的生物量是1~10 g(干重)/m^2；根茎的生物量是1 500~4 000 g(干重)/m^2；动物区系生物量(鱼和头足类动物除外)是500 g(干重)/m^2；总植物区系生物量是3 500~6 000 g(干重)/m^2。如上所述，其中相当一部分被输出。

在卡尔维湾(Calvi，法国科西嘉岛)，海底表面有一半(大约20 km^2)被地中海海草覆盖，在5月，海草基床的活动几乎是所有溶解氧和无机碳昼夜变化的原因。其影响地带覆盖了整个海湾。净光合作用的平衡是：在根据pH值和碱度测量估计时，每克干燥脱钙叶片含有 $-61\ \mu M$ 无机碳，在根据溶解氧分析估计时，每克干燥脱钙叶片含有 $+79\ \mu M$ 氧气。光合作用商是1.09(Frankignoulle et al，1984)。

在地中海海草当中的鱼类动物区系是非常重要的。例如，Harmelin-Vivien(1982)已经研究了在15~40 m深度之间的科西嘉地区公园内的鱼类。这个群落包括41种鱼类物种，属于19个科类，被分为以下几类：定栖鱼(56%)、路过鱼(22%)和偶发鱼(22%)。最重要的科类为：隆头鱼科、鲉科、鲐科和中棘鲷科，总共代表了41%的物种总数和87%的总生物量。重要的物种还包括糯鳗科、鼬鱼科、鳕科、海龙科、鲷科、虎鱼科和鲆科。

地中海海草基床的夜晚活跃型鱼和白昼活跃型鱼相比是更加丰富和更加多样的。在夜晚，物种数量会增加，个体的数量和生物量也是如此。若干物种只有在夜晚才能被捕获到，包括一些夜晚活跃型食肉动物(糯鳗科、鳕科和鼬鱼科)，它们会在夜晚从它们的遮蔽物中游出来，还有一些白昼活跃型的浮游动物食者(中棘鲷科和雀鲷科)会在夜晚游入海草棚体休憩。地中海海草鱼类动物区系呈现了较高的多样性价值($3.11 < H' < 4.09$)。在科西嘉岛研究的地中海海草鱼类动物区系的物种成分和量化结构非常类似于在马赛海湾

(Marseilles Gulf)或者宝特克劳斯岛(Port - Cros Island)周围的海草基床上观察到的情况。在地中海西北部的地中海海草基床上的鱼类动物区系中出现了很大的同质性，尽管存在局部的变化。

Ardizzone 和 Pelusi(1984)记载了在地中海海草基床内非法拖网捕捞作业的损害，并确认了保护这种生境的重要性。经过拖网捕捞作业的低密度地中海海草草地会有比较单调的渔获成分，其中以章鱼为主导。其他物种往往也会被捕获到，但是只有较低的经济价值，主要属于隆头鱼科和鲉科。有限数量的有价值的固定鱼类物种是与地中海海草的密度降低及有关的动物区系和对缓慢生长鱼类物种的过度捕捞有关的。实际上，对一处地中海海草基床进行持续的拖网捕捞作业，在数年获得极度丰富的有价值物种(诸如舌齿鲈、*Lithognathus mormyrus*、鲱海鲷、重牙鲷、普通脱硫弧菌、尖吻重牙鲷、*Sparus pagrus*、纵带羊鱼)的收获量之后，会导致这些鱼类存量的逐渐下降。因为通过无选择性拖网捕捞作业会出现很高的开采情况(网眼尺寸在网囊处为 16 mm)，这种捕捞活动往往也会损害这些物种中的青年期鱼。

7.3.3.3 细化一般目标

在给予保护地中海海草生境以优先权的情况下，这个项目的主要目标就是消除任何拖网捕捞作业和锚固于草地的固锚作业。娱乐性渔船或捕捞渔船的持续锚固会对草地有危害作用，因为船锚和部分锚链会破坏植物和拔起根茎(有时)。避免这种损坏的最佳方法就是准备附着于人工鱼礁块体的小型系泊浮筒，以为渔船提供一种锚固选项。在这样做的过程中，也必须小心不要让鱼礁本身造成生境损坏。为了准备安置鱼礁块体，关于草地的一张精确地图是必要的。就这个示例的目的而言，次要目标包括强化生物多样性和手工捕捞，但是关于这些，不会制定完整的评价计划。

7.3.3.4 开发鱼礁设计和场地布置

模块化鱼礁单元设计及其在海床上的物理布局可能会决定它们能怎样称职地阻止非法的拖网捕捞作业和锚固操作。为了使次要目标有效，如强化水下生物体和鱼类，这些模块也必须具有一些在示例 4 和示例 5 以及第 4 章和第 5 章详细说明的特点。基于到目前为止的经验，防拖网捕捞作业的鱼礁应有以下特点：

(1)是持续存在的，但不能有污染性；

(2)是沉重和强壮的，使之不容易开裂，或不容易被很大的浮钩拖网渔船移动；

(3)在维持结构同一性的同时，有尽可能多的不同尺寸的孔洞；

(4)有一些表面受到保护，免受淤积或沉积影响；

(5)有诸多连接点位，可以用于对更多海洋生物养殖操作有用的绳索或链条(如贻贝或牡蛎悬挂于特殊笼体)或者用于系泊浮筒的绳索或链条。

在一些地方，每个用5～9个方块布置成为金字塔时，混凝土透空块体(2 m×2 m×2 m方块，带有直径为20～40 cm的孔洞)特别合适(Bombace，1981；Relini，Relini Orsi，1989)。在其他地方，防拖网捕捞作业的装置是用带有突出的铁棒或铁钩的混凝土块体做成的。这些对大型商业性拖网渔船是有效的，但同时对手工渔具如刺网、三层刺网和手钓鱼线有害。假定该社区的基本小型渔场是要求生境保护的，这种装置将是不合适的。对这个项目而言，简单的混凝土透空块体以5方块金字塔形式布置将作为防拖网捕捞作业的鱼礁进行建造。

需要考虑的第二点就是怎样以最少数量的模块分布这些鱼礁以保护最大可能的区域。这是建造成本和防拖网捕捞作业效率之间的一个平衡。在鱼礁之间小于50 m×250 m的走廊一般应该能够将商业性浮钩拖网渔船排除在外。对这个示例中地形而言，格子图案类的鱼礁将在地中海海草基床周围和未曾有植物覆盖的区域内进行部署。在一些较小的区域，单个块体对保护基床和作为遮蔽所也是有用的。关于在各个建造地点上及其周围的生物群落的一张地图将有助于避免对需要人工鱼礁保护的生境的损坏。必须特别注意海草(如地中海海草)和珊瑚性集聚物。这样的地图也有助于规划自然生境和人工生境更好同一的准确安置点(如附近岩石性基底或残骸可能是新沉浸块体定植的来源)。实际上，底栖生物(成年的或幼体的)和鱼将受到在混凝土块体上可获的新表面和遮蔽所的吸引。

块体和系泊系统的出现，在避免消除地中海海草的同时，被预测为对海草有正面影响，不仅仅是通过阻止草地区域的降低，而且是通过实现复原使之发生。复原可能是缓慢的，但却是重要的，而且在数年之后，发现植物的生长、株数的增加以及更大的海草覆盖的海床的面积应该是可能的。

需要考虑的第三点就是模块的稳定性和防止沉降。这个非常重要的一点有时是被低估的，而一旦被低估就会带来有害的结果。有时，作为人工鱼礁部署的卵石几年后会彻底消失在松软沉积物中。关于底部类型的知识对项目设计至关重要的。对这个示例而言，沉积物被假定为既柔软又低沉，底部的水流偶尔情况下是强大的。因此，需要准备一个用小石头或卵石做成的“基床”，然后在这个“基床”上可以布置块体金字塔，以此更好地确保结构物的稳定性。从生态学视角来看，随着结构复杂性的增加和小生境的增加，鱼礁相关的物种多样性也应增加。就小石头能防止大块体周围侵蚀的程度而言，对周围自然生境的潜在物理影响可以被预期为是最小的。

这些小石头的另外一个重要作用就是促进被水流和波浪运输的破裂地中海海草草体的自然移植。在一些地方，由戴水肺的潜水者完成的人工移植是能够被测试的。

7.3.3.5　将特定目标细化成包括成功准则

作为考虑在鱼礁设计中哪些物理和生物过程是重要的结果，一般目标可以被精细化为5个在某种程度上更加特定的目标：

目标1——从被保护的区域消除所有与锚固和(主要)其他浮钩拖网捕捞作业有关的对地中海海草生境的物理扰动，特别是在海床上的来自拖网渔船门的疤痕、被踏脚索和拖网袋割开裂的或割过的海草和有关生物体。

目标2——提供稳定的防拖网捕捞作业的鱼礁，而且不会改变这些鱼礁被计划需要保护的邻近生境的物理结构或生物成分。

目标3——提供稳定的不能被拖网渔船或风暴移动的防拖网捕捞作业的鱼礁，而且这些鱼礁不会以快于确保至少为期25年的有效生命期的速率被冲刷或沉降到沙质基底当中。

目标4——在鱼礁上或在地中海海草基床上提供服务于渔船的稳定的系泊系统。

目标5——通过增加与硬质基底有关的处于不同生长阶段的类群(如鱼卵、幼体鱼、青年期鱼或成年鱼)，增加水底无脊椎动物和底栖鱼的地区多样性。

7.3.3.6 关于一般评价计划的决定

考虑到所需的建设投入尺度及地理视距，必需全面复制受保护和不受保护的海浪蛤基床的实验研究法可能不切实际。然而，在防拖网捕捞作业的鱼礁建造之前和之后收集的数据比较可用于评价两个主要目标，即以上目标1和目标2。关于来自拖网捕捞作业的宽广尺度上的物理生境损坏的时间序列的监控数据，不管是建造之前，还是建造之后，将会实现关于目标1的定量比较。同样地，紧邻人工鱼礁地点的受保护生境内更加精确的物理和生物取样当中的时间序列需要用于评价目标2。为了评价目标3、目标4和目标5，需要在鱼礁建造已经完成后立即开始进行监控。对目标3和目标4而言，数据必须能代表鱼礁自身的物理条件，包括对冲刷、沉降和/或掩埋情况的测量，而且必须足以评价鱼礁的基于工程计算的寿命预期。对目标5而言，数据必须能代表直接与人工鱼礁有关的生物群落，而且应该包括当地渔村社区最为感兴趣的类群。因为时间和金钱会限制具体取样情况，和次要目标3、目标4和目标5相比，更多的监控努力应该指向主要目标1和目标2。

7.3.3.7 开发特定研究设计

为了预估在需要被保护的区域内拖网捕捞作业的损坏程度和探测防拖网捕捞作业鱼礁的建造后的变化(即评估目标1)，一个系统的横跨取样计划将覆盖被保护地中海海草的整个区域。这些将是采用遥控潜水器(ROV)或拖曳式下视照相机上的广角镜的截线录影或者戴水肺的潜水者的直接检查，具体取决于成本和可供利用的资金。这些观察的目的就是确定是否仍然有犁沟、孔洞和破坏的植物等表征的拖网捕捞作业或固锚的痕迹。用ROV或拖曳式照相机开展的调查将沿着由间隔100 m或200 m的平行和垂直的截面组成的一个栅格以季节为基础进行，具体取决于需要被调查的区域面积。将由潜水者在特定兴趣地点所作的一些目标调查与ROV或拖曳式照相机一起使用将是有用的。

为了探测在被保护生境内可能由鱼礁本身引起的变化(即评价目标2)，将沿着离受保护的海浪蛤基床最近处防拖网捕捞作业的鱼礁地点100～200 m而且也在被保护区域之内的横截面建立永久的监控站点。经过培训的戴水肺的潜水者在每个取样时间段将游过每个横截面，并在每个监控站点沿着其长度采用同样的方法。明显地，这些横截面与那些用于目标1相比要少很多，但是数据的分辨率将是更大的。沿着每个横截面，数平方米的样方将被随机选择，或者以50 m的间隔进行选择。在每个样方内，每年一次地对株数和叶子的长度进行测量，以评价生长当中和地中海海草覆盖表面当中的增量。这个工作并不难，但是需要花费大量时间，因此所选站点(样方)的数量将会是与可获的人力或金钱有关的。至少每年需要调查20个站点。在一片浓密的草地上，有可能出现超过700株/m^2的情况，而在一片欠佳的稀疏草地上，株数可以少于50株/m^2。一项更加复杂的评价可以遵照在第4章描述的经典方法考虑初级生产。鱼类的任何定性和定量变化也很重要。

为了评价防拖网捕捞作业的鱼礁和系泊系统的稳定性(即评价目标3和目标4)，必须收集如第3章所述的物理数据，但是就金字塔的结构完整性而言，由戴水肺的潜水者、ROV或照相机进行的视觉检查已足够。如果方块未曾被合适定位，则意味着人类产生的水动力学或机械的作用已经影响了金字塔。边角的腐蚀表明混凝土的质量不好。

为了评价与防拖网捕捞作业有关的生物区系(即目标5)，特别是有关渔业的动物区系，关于硬质底部的海底动植物群和鱼类的有限调查将每年被开展一次。如前所述，本例中不会制定关于这些次要目标的完整评价计划，但考虑怎么实现这些次要目标应该是具有指导性的。

三种基本的方法可用于描述和定量化与人工鱼礁表面密切相关的植物区系和动物区系：①非破坏性方法(由戴水肺的潜水者以样方或横截面开展的视觉普查，包括照片或视频记录)；②破坏性方法(通过在照片或视频记录之后刮擦位于样方内的生物体)；③面板或其他临时基底的沉降和移除。这些方法都有一定的限制和偏性，但是最后一种已经获得了良好的结果(Relini，1976；Relini et al，1994)，因为将一块带有所有原封不动的生物体的基底带进试验室是可能的。因此，诸多个体的位置是得到保持的，使得每个类群的密度、尺寸、成熟程度和覆盖情况可以被准确地评估。如果基底被沉降在鱼礁上的时间段有所增加(如1个月、3个月、6个月、9个月和12个月)，那么跟踪主要生物体的沉降阶段和淤积集聚物的生成就是可能的。

可以采用不同的取样方法对鱼类进行评估，包括破坏性方法(如渔网、罗网、鱼钩、长线和鱼叉)或者保守方法(如由戴水肺的潜水者开展、以音频和视频记录以及ROV开展的视觉普查)(见第5章；Charbonnel et al，1997；Harmelin，Bellan－Santini，1997)。关于个体数量、物种、生物量和各种群落指标的鱼类群落的描述是可以被生成的。然而，采用这些方法的取样设计应该足以探测在各种时间尺度(如季节性)上的节奏或模式以及描述与海底动植物区系一致的鱼类集聚物的生成。如果可能，取样设计应该也能实现与该地区自然硬质底部生境的比较。

就这个示例而言，自然生境和人工鱼礁的生物或生态方面对有能力评价这些层面的专家来说可能是最受关注的。然而，在评价规划和执行期间将注意力集中于前两个或三个目标是重要的。这些主要涉及物理干扰和干扰的生态后果，并且与判断是否防拖网捕捞作业鱼礁满足其建造目的有最大的关系。

7.3.4 示例4：改善水质

7.3.4.1 识别情形和确定一般管理目标

一处风景如画的小型沿海海湾(9 km^2，海岸线约为 11 km)周围的一片水域已经被水产养殖和城市径流改变到这样的程度：该海湾的水质已经变质了。

农业污染物通过非常细小的水流到达该水域，而城市污水主要是以一条伸到该海湾中部达 2 km 的管道在 12 m 水深处排放的。有关当局认为人类活动引起的非点污染源性富营养化已经大大地增加了该海湾内的浮游植物生产和悬浮颗粒。水净度和颜色的变化已经被记载下来，并且对从该海湾的美景中获得审美享受的当地居民和商人们来说这是需要考虑的事情。娱乐性航海、游泳、汽艇运动和一般性旅游对当地经济很重要，而该海湾内的捕捞活动只产生了最少的利润，因为有价值的鱼越来越少了。在很多时候，低价值的小型浮游鱼类的可观增量却会出现。

位于该海湾入口的岬角支撑了稠密的贻贝垫，潮间带的特点和上部远岸海岸线，然而，该海湾的内部只有非常少的硬质基底。周围大多是沙质海滩，只有少数暴露的地质特性。该海湾底部几乎完全是沙子和淤泥叠合的基岩。在历史上，海草基床占据了这个相对较浅的海湾的中心部位(沿一定坡度直到 25 m 水深的位置)，但是目前海草稀疏，并且只存在于海湾的外部，大概是因为没有足够的光线穿透和/或存在太多的带有较高有机含量的材料的淤积。

人们提议人工鱼礁作为一种能充分增加贻贝种群以过滤海湾水体并复原水净度和颜色的一种方法。现在，该海湾有一个平均 2 m 的透明度和一个不同的褐色－绿色投射(消光系数超过 1.0；超过 80% 的总辐射是在最上部 1 m 之内吸收的)。在历史上，可见性往往是从顶部到底部的，高达 15～18 m 的水深，清澈的水可以反射天空蓝色调。尽管居民和商人们希望复原那样的条件，具体负责的当局对他们的期望却不那么乐观。

7.3.4.2 识别有关生物和物理过程

用于强化滤食动物定栖的人工鱼礁建造有可能会改善具有较高富营养化作用(悬浮养分、盐分和有机材料)和较高浓度悬浮颗粒(生命态的，如浮游植物和浮游动物，或者非生命态的，如非生物性浮游物)水域的水质。滤食性生物体对周围水体的影响会随着种群密度的上升而增加。贻贝基床(如在大西洋内的贻贝，在地中海内的紫贻贝)到目前为止代表了任何滤食性生物体所能达到的最高种群密度。大约每平方米1 kg干重的密度是各类生境贻贝基床的典型密度，不管是潮汐带生境，还是亚滨海带生境（Barker Jorgensen，1990）。牡蛎（食用牡蛎、巨牡蛎）在过滤水中也是能够成功的。

在亚得里亚海，从人工鱼礁或天然气开采平台上每年可以收获80～120 kg/m^{2}的贻贝（5～6 cm贝壳）（Bombace，1981；Relini et al，1998）。在这种情形下，干体重可以达到25 kg/m^2，而贻贝的个体密度可以高达834个/dm^{2}和1 117 g/dm^2，或者438个/dm^{2}和1 553 g/dm^{2}湿重（Relini et al，1998）。

贻贝处理周围水体的速率可以从贻贝在基床上的尺寸频率分布和尺寸与空隙之间的关系进行预估。根据Barker Jørgensen（1990）的援引，相当于10 m^3/（m^2·h）左右的水处理速度似乎为典型速度。如果贻贝贮留各种悬浮或溶解成分的效率是已知的，这种速率的影响是可以进行评估的。除了浮游植物、碎屑和淤泥之外，这些成分还包括浮游细菌和小型有机分子，特别是氨基酸以及氧气。

滤食性双贝壳动物的稠密种群可以以这么高的速率处理周围水体，以致浮游生物生产会受到双贝壳类动物的影响，甚至是控制。Cloern（1982）提供了在南圣弗朗西斯科海湾内出现的这种控制情况。这个较浅的水域接收了大量的养分输入，然而尽管存在富营养化情况，浮游植物的现有生物量仍然保持较低。由浮游动物啃食的浮游植物只能解释浮游植物净生长率的微小减少。但是，基于水底滤食性双贝壳类动物的生物量和尺寸分布以及水体过滤的真实速率的计算表明：双贝壳类动物每天过滤的水体积超过了较浅水体的总体积。

关于这种影响的另外一个例子报道来自马里兰州波托马克河，在这个例子中Cohen等（1994）发现：浮游植物浓度的减少是与蛤蜊河蚬的密度成负相关的。过滤速度的确定表明：最稠密的蚬属种群在3～4 d时间内可以处理等同于整个水层的水体积。这种对水体的较高过滤可以降低水自身的浑浊度。然而，会存在和生物沉积有关的问题，因为由双贝壳类动物产生的排泄物和假排泄物会改变沉积物的流变学特性。数量增加的沉积物和生物沉积也可以因存在水体紊流以及周期性潮流和波浪作用而成为悬浮状态的材料，特别是在风暴期间。在带有沉积物的再悬浮或来自污水排放的颗粒状材料的较高浓度的较浅水体内，悬浮物的浓度可以达到100 mg/L或更高。

在这些地方，滤食性双贝壳类动物和可以被吸收的量相比是暴露于更高颗粒物负载的，而且剩余的材料将被作为假排泄物排放出去。可以栖居于高度浑浊的水体中的贻贝和牡蛎开始以只有数毫克/升的悬浮物浓度产生假排泄物。此外，在这些生境上的悬浮物大多是由微少或几乎没有任何营养价值的淤泥和碎屑构成的，而且大多数被吸收的材料是作为真实排泄物被排泄出来的。排泄物和假排泄物作为沉积物和它们由此而生的悬浮材料相比能够更快地沉积下来。因此滤食性双贝壳类动物的水处理活动能够强化悬浮物的沉降速率。

在一些双贝壳类动物当中，生物沉积的速率已经被测量或计算出来。对暴露于一个大约为 9 mg/L 的平均悬浮物浓度的美洲巨蛎而言，每月每克干体重的沉积量为 4 ~ 9 g。对长牡蛎而言，当7 月和9 月的悬浮物分别为42 mg/L 和21 mg/L 时，每克干体重的生物沉积量为 9 ~ 10 g。

在波罗的海，人们预估：贻贝种群（贻贝）增加了 10% 的碳、氮和磷的年度总沉积，而且该种群循环和再生了用于浮游初级生产的年度氮和磷需求的 12% 和 22%（分别对应于氮和磷）。因此，双贝壳类动物在生态系统的大洋性和底栖性区划链接中起着重要的作用。

7.3.4.3 关于鱼礁设计和场地选择的决定

硬质基底的可获性能够限制固着滤食动物的丰度，而且人工鱼礁可以缓和这种限制。在波美拉尼亚湾（波兰）内，混凝土管道曾被用于人工鱼礁试验来移除养分。优势物种，主要是贻贝（*Mytilus edulis*）和藤壶（致密藤壶）的年过滤潜能估计超过 5 500 m^3（水）/m^2（表面面积）（Chojnacki et al，1993；Chojnacki，1994）。一些初步的结果表明：鱼礁对水质有一种影响，如硝酸盐呈现下降趋势和可见性呈现上升趋势（Laihonen et al，1997）。

考虑到需要复原的海湾的尺寸和关于过滤和同化率的现有估计，我们就能预估使水质和颜色有可观改善所需的贻贝的额外覆盖和生物量。有关当局和当地管理者在征得渔民和非政府组织环境保护论者的同意情况下决定在该海湾建造人工鱼礁，主要目标就是增加贻贝的过滤生物量，也包括增加服务于鱼类的遮蔽物。为了这些目的，人们选择了由 5 个方块（边长为 2 m）组成的金字塔。4 个块体被放在小石头或卵石制成的基床上，每个相距 80 cm，而第 5 个块体被放在 4 个块体之上。顶部的块体固定着一个铁棒，用于系固两根尼龙绳，绳索悬浮在两个相邻金字塔之间。这些绳索对悬浮用于被从自然硬质基底移除的贻贝的圆柱体尼龙渔网是非常有用的。这种操作能促进幼体的释放和之后的基底定植。金字塔定位于相互之间相距 20 m 的位置，而且离污水排放地点有 30 m 的距离，并围绕在管道周围。为了实现贻贝的重度定栖，最好使基底深度少于 18 m。主要定栖出现在 5 月，而且在一年之后，就可以达到 50 ~ 100 kg/m^2 的生物量以及超过 10 000 个个体/m^2 的密度。该海湾的水体积为 6.6×10^7 m^3，但是受污染影响的部分为 $3.3\times10^7 m^3$。为了每天（24 h）贻贝以 10 m^3/（m^2 · h）的速率过滤这样大体积的水（Barker Jorgensen，1990），需要以贻贝覆盖大约 137 500 m^2 的表面，或者至少需要两倍的这样的表面积，才能每天两次过滤这样体积的水。在贻贝密度为 10 000 个/m^2 的情况下过滤率可能更高。一个金字塔大约有供贻贝定栖的 90 m^2 的面积，如果包括贻贝悬挂着的绳索和卵石基床表面贻贝的情况，这个面积会增加到 150 m^2。因此，至少需要 916 个这样的金字塔。为了减少金字塔的数量，可以通过在金字塔之间添加混凝土管道来增加每个金字塔的表面积。还有一种选择就是每隔 2 ~ 3 d 过滤一次水，此时需要 1/3 ~ 1/2 的金字塔数量。这些可能性需要联系来自污水排放和小型水流的负载和在该海湾处于主导地位的季节性浮游植物的周转率进行检验。更加稠密的贻贝种群能增加每平方米面积的过滤率。

在任何情况下，实际参数数值是必须根据现场数据进行确定的，而且我们在预测水质变化时必须非常谨慎，因为这样的系统是非常复杂的。例如，来自陆地去向该海湾的养分负载可能会发生变化，或者可能会根据其他控制有所变化。

7.3.4.4　将一般目标精细化为特定目标，包括成功准则

一般目标就是增加贻贝种群，使之足以过滤该海湾的水体，并将水净度和颜色复原到历史水平。然而，考虑到单位贻贝过滤能力的预估和实际的鱼礁建造水平，特定目标就是以下内容：

(1)在未来5年内将在该海湾内贻贝的整体现存量增加到平均80 kg/m^2；

(2)将该海湾的平均透明度从2 m增加到8～10 m，并将平均叶绿素a浓度降低70%。

7.3.4.5　制定一项一般评价计划

在这个示例中，人工鱼礁在改善水质方面的效率可以通过监控我们预期能看见改善的参数来进行评价。这些包括水净度(如透明度)、叶绿素a浓度等。评价成功的准则是作为特定目标的一部分予以声明的(见7.3.4.4节)。

然而，凭借这个简单的监控方法，我们不能在技术上得出这样的结论：鱼礁导致了有利的变化。在将水质变化归因于贻贝鱼礁方面的信心也可以通过预估滤食动物及其生物沉积的生物量和确定是否这些测量足以解释所观察到的该海湾水质的变化而得到提高。当然，针对所有这些变量的取样设计必须在该海湾内空间和时间变化方面是充分的。

在一项评价计划中，成本－收益分析也很重要。在这个案例中，额外的收益是与可能的贻贝和鱼类收获有关的。特别地，贻贝的较高生物量生产在合适的卫生控制措施之后可以实现其收获和销售(有时双贝壳软体动物需要在特殊的提纯植物当中进行处理)。

7.3.4.6　开发一项特定研究设计

为了确定贻贝过滤的正面影响，需要在人工鱼礁建造之前获得一些数据，并在部署后进行特定研究设计。以下数据是需要的：不同排放物的有机物和养分(氮和磷化合物)负荷、在海湾内不同地点和深度的养分浓度、透明度、叶绿素a浓度、在不同季节优势浮游植物物种(特别是硅藻和腰鞭毛虫的比率)以及一些关于底部的信息(粒度测量、有机物材料含量和氧化还原反应)。对渔网内鱼的视觉普查和/或取样就像关于该海湾内贻贝和其他滤食性生物体的一张地图一样也是有用的。所有这些信息必须在鱼礁建造之前和之后在不同站点和不同深度(水层)进行收集，至少每个季节收集一次。取样站点必须被安置在离排放位置不同距离的地方。在鱼礁建造之前和之后的数据比较可以给出关于启动项目的成功情况以及怎样改进对水质的正面影响方面的信息。

7.3.5 示例5：缓和生命周期瓶颈问题

7.3.5.1 确定一般管理目标

在一个小型农村沿海社区内的商业领导想通过生态旅游(有时被称为基于自然的旅游)来刺激一般经济发展。他们将游钓和潜水视为吸引游客的重要原因。然而，鉴于已经看到在其他地方因开放而产生的环境问题，这些领导想以一种保护而不是威胁到当地经济的生态基础的方式来刺激商业活动。人工鱼礁被假定为与他们的兴趣是兼容的，因此，根据对其他地方的参考，他们聘请了一位有经验的高效科研人员来帮助他们。在经过就关于人工鱼礁什么是已知的和什么是未知的、当地有关渔业物种、自然生态过程的数次讨论之后，他们决定渔业保护应该是鱼礁项目的主要一般目标，而经济发展应该是次要一般目标。

相对于直接经济回报强调保护的决定是从这样的假定推衍的：可持续的渔场会支持长期的经济增长和稳定性，而损耗渔业资源只会获得短期的利润。这些一般目标厘清了那些希望鱼礁得以建造的人的价值和优先性概念。但是一般目标缺乏特定性，而所谓特定性只有通过考虑有关情形的关键特性和开发关于鱼礁设计和地点布置的科学的基本原理才能获得。

7.3.5.2 确定生态情形的关键特性

该地区最有价值的鱼礁渔业物种就是花石斑鱼，即小鳞喙鲈(鮨科)，一种雌性先熟的雌雄同体鱼(即雌性优先性反转)，具有一种空间结构化的复杂的生命周期。对花石斑鱼而言，晚冬至早春之间的产卵正好发生在深海中许多生育期雌性和一些巨型雄性动物聚集的近海面。浮游的幼体会被季节性水流运输到近岸水域，在那里它们定栖在结构化的较浅水体生境上，以海草基床为主。在这个区域，对花石斑鱼而言，广阔的海草基床就其整个范围被认为是最为原始和具有生产性的养护型生境之一。然而，在这个地区，在花石斑鱼在每年秋季向海草生境迁徙的时候，在遇上具有足够复杂性以提供它们偏好的遮蔽物的补丁状岩石露头部分之前，它们必须跨越广阔的(> 30 km)较浅大陆架沙质海底和沙质外表生境。即使在那一点上，合适的自然鱼礁生境据说也是稀疏的。

在同样通用地区内开展的近期研究，将人工鱼礁用于试验性目的，已经确认青年期到成年花石斑鱼是季节性群居的，而且在小型补丁礁上保持定栖平均达10个月，还有一些可以停留达2年之久。它们是高度附着一定地点的，其活动范围不超过直径500 m的范围。花石斑鱼也展示了在被移位到3 km距离的地方开始活动的能力。研究表明幼鱼至成鱼之间阶段的石斑鱼主要根据可供利用的庇护所(其次仅依据食物资源)来选择生境，并且它们似乎是以密度依赖的方式来选择的。然而，其生长率和在小型的广泛分布的人工鱼礁上和在大型的或间隙紧密的人工鱼礁或该地区的自然岩石露头部分上的情况相比是显著更大的。这些发现与密度依赖性生境选择过程、耦合于远离鱼礁猎物来源以及遮蔽物和食物使用之间的相互作用一致。然而，当试验性鱼礁对公共休闲渔业开放时，有关损失也远远超过即使来自最佳类型的鱼礁上的花石斑鱼生物量的生产。

数条证据表明人口统计瓶颈对青年期花石斑鱼转变为繁殖性存量作出了规定。在尺寸和年龄上的可观变化已经针对作为整体的花石斑鱼种群予以文件记载(如4年鱼龄的雌鱼的总长可以变化的范围为25 cm)，而且实验表明生长和条件会随着补丁礁尺寸和间距的变化而变化。偏好的和最具有生产性的鱼礁生境类型就是在青年期到成年花石斑鱼转变所经历的地区范围上明显稀疏分布的类型，尽管存在优质的养护型近岸生境。就其存在的程度，人口统计瓶颈可能源于与不足的遮蔽物有关的直接死亡率和减退的生长和条件。在鱼类中，尺寸和条件，往往作为相对体质量(W_t)予以测量，是与繁殖力和存活率高度相关的。

在这种生态情形下，渔业保护的一般基本目标可以进行优化，即缓和在青年期到成年花石斑鱼的生命周期转变方面的人口统计瓶颈。然而，这个瓶颈在科学意义上还不知道是否存在，因此很值得怀疑。因此，一个从属的目标出现了，即检验被怀疑额瓶颈是否实际上存在。这个从属目标只是确认了了解更多关于自然生态过程和人工鱼礁怎样可以作为渔业管理工具予以使用的信息这一机会。它还澄清了一个愿望，即以具有超出仅仅当地沿海群落和当即的鱼礁项目之相关性的方式开展一项评价。尽管现在进行了精细化，主要目标仍然不是那么特定，不足以传输一个关于成功的准则，在这个例子中成功准则是从属目标蕴含的。为了变得更加特定，我们必须考虑什么可测量的特点是相关的，什么鱼礁设计和地点布置具有缓和该瓶颈(如果存在)的最大潜力。

有关的可测量特点是关于对死亡率、生长和死亡率的人口统计参数的。死亡率是不可能直接测量的，但是在合适比较中，常栖花石斑鱼的丰度可以作为存活率(即死亡率的倒数)的一种代理物予以抽取。生长或生长率可以作为在标记和重新获取的鱼之间的长度(总长、尾叉长度和标准长度)变化直接进行测量，但是在开放种群如花石斑鱼种群当中，这需要大量后勤上的努力。替代性方法就是根据耳石分析预估生长情况，尽管这需要在鱼礁地点上进行一些不放回取样。繁殖力或者雌鱼产生的鱼卵的数量不是直接相关的，因为在瓶颈被怀疑会出现的较浅大陆架区域内的雌鱼是不成熟或者处于发育期前状态的。在它们前往离岸的产卵场之前明显不会发生性腺发育。然而，考虑到鱼类条件因子与后续繁殖力之间的强关系，用相对重量(W_t)(派生变量)代表潜在繁殖力是合理的(石斑鱼的特殊经验关系将在其他研究中确定)。

我们将会预期：如果此处假设的该类型的瓶颈是需要缓和的，那么青年期到成年花石斑鱼丰度将会增加，其生长率和相对重量亦是如此。然而，一项关于鱼礁或鱼礁系统的描述性研究，不管是如何的定量化，不会使我们确定被怀疑的瓶颈是存在的，还是由人工鱼礁进行缓和的，即有关鱼礁是否满足了为其建造设定的目的。至少，定量比较是需要的。

人口统计瓶颈的准确性质就是：它限制了从一个生命阶段向下一个或后续生命阶段的流动。因为在花石斑鱼种群内存在空间结构，即从近岸到远岸的生命周期转变，被怀疑的瓶颈可以通过在较浅大陆架上可测量特点的比较进行评价。在考虑需要作出什么比较以及怎么做之前，我们需要考虑可能缓和这样的花石斑鱼瓶颈的人工鱼礁的物理设计和布置。

7.3.5.3 设计和布置鱼礁并精细化为特定主要目标

关于鱼礁设计的一般策略直接产生于以上概括的近期花石斑鱼和鱼礁研究。地址选择和地点布置是在以下进行处理的。应使用比较小的补丁礁(如1 m高、2 m×2 m方印的)，带有空腔空间尺度适合于集聚的青年期到成年鱼的躯体尺寸(如50 cm的直径)。空腔应能提供一种封闭环境，类似于小型悬空岩石性壁架或小型较浅洞穴，在这样的环境中花石斑鱼可以自然躲藏。这些补丁礁应该是在一个广泛区域上具有较宽间距的(即相隔不小于225 m)，而且应该如此定位，以使可以补充在邻近区域内的任何自然岩石露头部分。基于当前的知识，这些设计元素为强化在此处有关生命周期阶段上花石斑鱼生长提供最大的潜力。

然而，合法尺寸的处于发育期前状态的雌鱼由于捕捞死亡率而出现的大量损失是一个主要问题，而且是与主要目标相悖的。因此，补丁礁结构也应该包括针对渔具的障碍物，这些障碍物能被动地减少娱乐性垂钓者的单位捕捞努力量渔获量(CPUE)。下文针对社会和管理状况的关键特性讨论了用于减少潜在捕捞死亡率的补加策略，当然包括刺激娱乐活动以促进经济发展这一次要目标。

在传统上，相对于鱼类种群的地理尺度而言，人工鱼礁和鱼礁系统曾经是相当局域的结构物。为了完成本项目的目标和预测对人口统计参数的可测量影响，大量小型并宽广散布的补丁礁，如上所述，必须分布在广阔的大陆架(在广阔的近岸海草基床和自然出现的远岸壁架系统)上。此外，因为从该地域的保育生境出发的迁徙路线仍然是未知的，鱼礁系统的一个边缘应该平行于海草基床，而且应该足够长，使花石斑鱼有遇上鱼礁的较高可能性，而不考虑它们的特定迁徙路线。鉴于这些原因，又因为只有这么多的区域是部署前地点调查所能足够覆盖的，计划开发一个256 km^2 的区域。图7.4描述了数个地理问题，这些问题我们将在下面讨论。

关于在6 m深水体中的人工鱼礁的描述性和轶事文件记录表明青年期到成年的花石斑鱼不会像它们在稍许较深的(即13 m)鱼礁上表现得那样容易地占据最浅的鱼礁。因此，鱼礁系统或鱼礁地点的近岸边缘会是沿着9 m深的轮廓线，该轮廓线离海岸16～24 km，离海草基床向海边缘大约8～10 km(除了所有人工鱼礁都需要的联邦许可证之外，这个结论也阐明了对州级人工鱼礁许可证的要求)。鱼礁系统的近岸边缘长度为33 km，以该地区主要河流的河口为中心，其南北紧挨着环绕状原始海草基床。

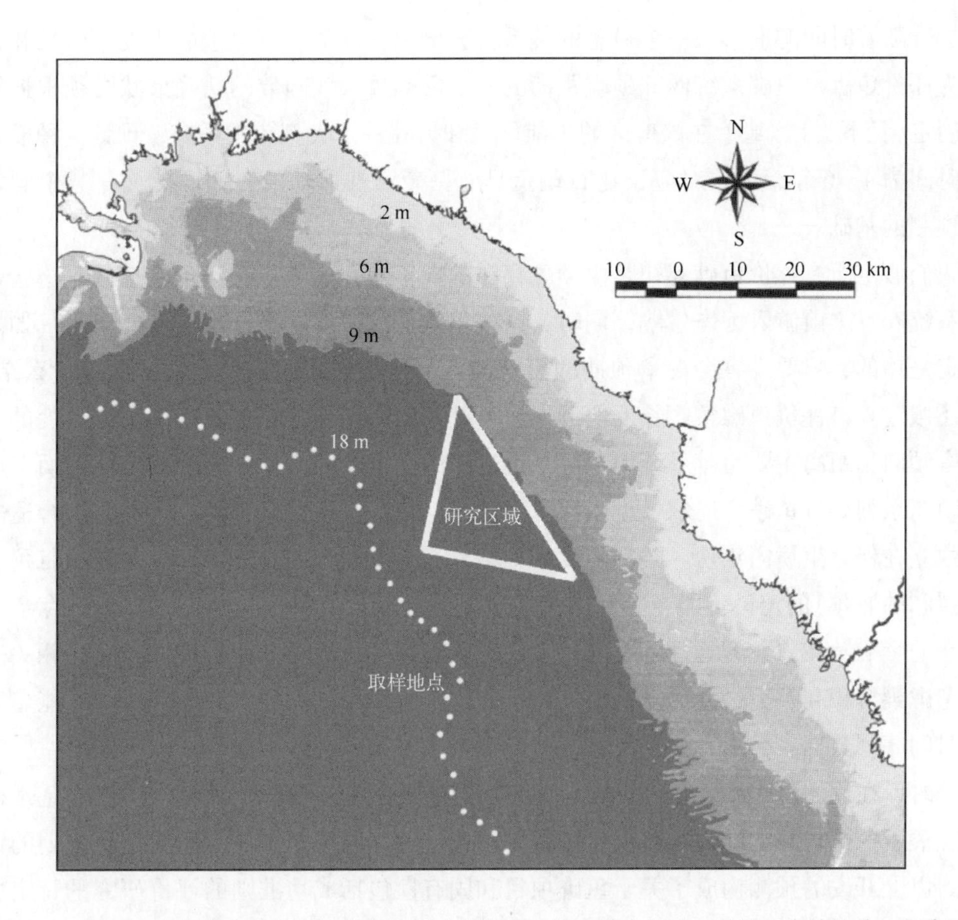

图 7.4　关于渔业保护鱼礁带的邻近度地图及其评价鱼礁，其中注明了关键生态特性的地理位置

根据渔民的单例报道，自然岩石露头部分和壁架在 15 m 深轮廓上是最为普遍朝向大海的。考虑到这个区域底部的边坡较浅，一个有 33 km 基础并覆盖了 256 km^2 的三角形地区在大约 15 m 深的距离海岸又更多 16 km 的轮廓上也将有其顶端。尽管明显是任意的，三角形形状会实际上帮助评价这个鱼礁系统的主要目标和从属目标。

被怀疑的瓶颈最好是通过将鱼礁系统产生的结果和对该系统的输入进行比较来评价。因此，一系列 40 个小型单独的评价鱼礁也将沿着远岸的 18 m 深轮廓予以建造，在鱼礁系统的西部顶端的南面和北面延伸 60 km(图 7.4)。这些评价鱼礁将会有与在鱼礁系统内的基本单元同样的结构，但是会以 3 ~4 km 的间隔隔开。评价鱼礁将会在鱼礁系统自身之前进行建造，以此获得开发前基线。凭借这种安排，数个预测和关系可以被检验并被定量化描述。

最初，在不考虑其与鱼礁系统相邻性的情况下，评价鱼礁之间花石斑鱼的丰度、生长(或年龄化尺寸)和条件(W_t)不应该有所差异。然而，如果被怀疑的瓶颈实际上是存在的而且如果鱼礁系统缓和了该瓶颈，那么随着鱼礁系统完全被定植，成熟花石斑鱼经过鱼礁系统游向远岸产卵地，这些测量特点中的每一个在最靠近人工鱼礁系统的评价鱼礁上应该会增加。随着时间的推移，一个显著的关系将会出现，以至花石斑鱼的丰度、生长和条件将成为评价鱼礁离鱼礁系统西部顶端距离的一个反函数。该函数的精确形状必须根据经验进行确定(见下文)。基于在该地区的先前研究和另外一个大型鱼礁系统，预计这种模式出现的时间为4~6年，大致对应于花石斑鱼具有繁殖活性所需的时间。然而，数个假定是这些预测的基础。

我们假定所有评价鱼礁起初是由预先存在的青年期到成年花石斑鱼定植的，这些鱼在鱼礁系统安置之前游入远岸生境，同时，这些鱼从该区域近岸保育生境生发出来。如果这个假定是错的，只要没有会混淆预期的模式的任何地理模式或偏性，就不会有什么结果。我们还假定来自评价鱼礁整个长度上近岸海草基床的当年花石斑鱼在空间上是可变的，但不会有倾向于距离主要鱼礁系统到刚好接近近岸的保育场的偏性。这个假定能够而且应该通过距离系列评价鱼礁合适取样近岸保育生境进行检验。通过在鱼礁系统内添加合适的取样，建立在保育生境内年份-类别强度和对成年鱼存量的补充之间(有被缓和的瓶颈和没有被缓和的瓶颈)的定量化的经验性的关系也是可能的。这种信息与瓶颈对地区存量中种群动态的影响及在更大的地理范围内壮大此类鱼礁开发的潜在渔业管理效益直接相关。然而，考虑到沉积和补充过程的随机性，评价的这个阶段可能需要5~10年时间才能建立充分的时间序列数据。

此时，在规划过程中，鱼礁设计、地点布置和关于主要目标的评估类型已经基本被设定了。关于鱼礁自身的结构细节仍然是需要被规定的，但是大多与我们对评价规划的讨论无关。以上开发的预测构成了关于鱼礁项目和固有性包括成功准则的评价研究的特定主要目标。通过检验以上提及的明确假定并建立与这些假定有关的经验关系，评价研究将与比局部鱼礁项目的具体性能更广泛的问题有关。规定取样设计(见第2章)和取样方法(见第5章)的详细内容之前，关于主要目标及其从属目标的评价计划是不可能完整的。然而，在这么做之前，我们需要更加仔细考虑社会和管理情形的关键特性和怎样完成和评价经济发展的次要目标。

7.3.5.4 识别社会经济和管理情形的关键特性

该社区与水相关的活动联系密切。当地居民都参与各种各样的服务行业业务，包括一些小型旅馆和度假村，一些饭店和鱼庄，数个小型游船码头和鱼钩鱼线店铺以及一些个人导游服务机构。商品渔业仍然存在，主要是近岸石蟹(*Menippe Mercenaria*)和蓝蟹以及远岸的石斑鱼(鮨科)。蟹是使用罗网捕捉的，石斑鱼是用鱼钩和鱼线捕获的。少数商品鱼诱捕者以在远离计划鱼礁地点的联邦水体内的黑石斑鱼(*Centropristis striata*)为目标。近岸渔网渔业已经最终被渔业管理固定和一份禁止大多数渔网的州级法律修订的组合消除了。因此，胭脂鱼(*Mugil cephalus*)和云斑海鲑(*Cynoscion nebulosus*)和红鱼在商业上已经不再像以前那么重要。在其他地方居住的人越来越多地在这里购买或开放周末和假期居所。休闲渔业主要由海湾扇贝(*Argopectin irradians*)、云斑海鲑和红鱼(*Sciaenops ocellatus*)占季节性主导地位。在更小的范围内，在自然和人工鱼礁上进行的离岸捕捞和潜水都是周末来访者和旅游者用他们自己的渔船来完成的。与这些离岸活动有关的服务行业的一部分很可能为直接响应鱼礁开发而扩展，尽管总的来说，预计可供参与的水相关活动的多样化可以刺激地方经济。不幸的是，大量的娱乐性捕捞努力指向了计划的鱼礁系统，不管是通过垂钓方式，还是叉鱼方式，这可能会阻碍这些鱼礁完成它们的主要目标。

在针对这个地区的典型渔业管理情形中，每个人工鱼礁的位置都是予以公布的，而且唯一的限制就是那些适用于任何给定渔业的限制，如季节性关闭、尺寸限制和鱼袋限制。此外，尽管每个补丁礁上针对渔具的障碍物可以在某种程度上减少垂钓死亡率，但它们不会影响死亡率，因为存在鱼栅或鱼叉捕鱼，这两者分别属于商业性活动和娱乐性活动。

为了保卫渔业保护的主要目标，对典型管理框架需要作两个调整。首先，补丁礁的实际位置不应该予以广告或公开。在这些鱼礁上的公共垂钓并不会被禁止，仅仅是不促进这样的活动(实际上，应该设立当地的公共教育计划，以培育实际的渔业保护实践，诸如捕捞-释放、分配捕捞努力避免鱼类耗尽地点的出现、促进不泄露所发现鱼礁地点的收益)。其次，对有关鱼礁地点有权威的主体机构应该将整个鱼礁地点指定为一个特殊管理区域(SMZ)，以此排除鱼栅和鱼叉捕鱼。为了遵守和强制执行，可能需要使用鱼礁地点周围的纬度线和经度线将特殊管理区域(SMZ)配置成一个矩形区域。关于获得特殊管理区域(SMZ)状态的机制和先例是存在的，而且同时最好能获取关于鱼礁建造的联邦许可证。

在管理情形的关键特性当中，保留特定鱼礁位置使不为公众知晓的要求可能是最有问题的，因为这与公共政策是冲突的。特别地，就将人工鱼礁绘在航海图上而言，有关联邦政策和程序目前并未容纳此处所预测的鱼礁技术直接应用于渔业管理的情况。尽管这些问题与评价规划没有直接关系，它们却是整体项目规划和需要以一项评价予以记录的项目的最后成功的中心。在一些情况下，政策阻碍可能足以决定反对继续某个已经计划的项目，此时进一步的评价规划就变得不相关了。

7.3.5.5 设计鱼礁修改和细化次要目标

如果以上管理规定能够被实施，那么为了更好地容纳关于经济发展的次要目标，就可以修改基本鱼礁设计和地点计划。例如，隐匿的补丁礁的一小部分，即不超过10%，可以以没有垂钓者阻碍物的形式进行建造，因此为那些发现这些鱼礁的垂钓者提供了稍许更大的垂钓者满意度。鉴于这些已经是捕捞向导所知晓的，向导在其成功特许的战略中可能将来访者引向这些鱼礁。此外，在距离避难所鱼礁一定距离的地方，可以在系统内建造2~4个指定的鱼礁。鱼礁的位置可以用浮标进行标记，并在码头上张贴出来，主要为了指导旅游者租赁的渔船。当然，从渔业生态学和源库动力学角度看，这些少数鱼礁最好被视为“库”生境，用于从许多周围未曾被推广于公共捕捞的“源”生境吸引可收获的鱼。以类似的方式，在整体地点内的一个或两个特定鱼礁位置可以为潜水者独立开发，而且这些鱼礁可以放在特殊管理区域(SMZ)之外，以排除垂钓和鱼叉捕鱼及鱼栅。指定的潜水鱼礁可以设计为具有人类美学的形式，主要通过形状和布置实现，而结构物的复杂性和成分通过设计可以有益于当地海洋生命的多样性和丰度，包括以其他方式会被开采的鱼类。潜水鱼礁的位置可以用系泊浮筒进行标记，并在当地潜水店铺张贴出来。在整体鱼礁项目计划中容纳消费性和非消费性活动的关键就是在主要目标和次要目标之间维持一个保护性平衡。

上述关于社会和管理情形及鱼礁计划调整的考虑表明若干可计量特性与第6章所述的经济影响分析有关。预计若干类型服务行业业务(如游船码头、捕捞向导、旅馆和饭店和潜水店铺)的经济活动增加直接源于与人工鱼礁有关的娱乐性活动的增加。经济活动水平可以在鱼礁开发之前和之后不时进行评价。同时，如果研究资源允许，可以针对位于北方和南方的其他小型乡村沿海社区开展同样的评价，这些可以作为控制社区。通过参考图6.2(第6章)，我们可以容易地辨识在前面段落当中的特定社会目标、政策目标、行为目标和行动目标。考虑到这种研究的复杂性和偏性可能性，就整体经济影响分析，聘请一位经验丰富的专业人员将是明智的。然而，考虑这样的研究可以怎样开展、在首先考虑用于特定主要目标(即缓和花石斑鱼可疑的生命周期瓶颈)评价所需的取样设计之后我们将做什么，将是具有指导性的。

7.3.5.6 考虑有效的支持

在进一步投入到评价规划之前，一位实用主义者会判断获得一个如此量级的项目所需的资源的可能性。在这个示例中，私人支持、大学和资源机构专业技能和当地政府参与针对鱼礁规划和评价规划以及为了获得关键的鱼礁建造联邦许可证已经组合起来。预计鱼礁系统自身的建设基金有若干来源。私人部门在公共监督下致力于建造指定的捕捞鱼礁和潜水鱼礁。一项鱼礁建造基金的申请将被提交给该州的人工鱼礁项目组，以将40个小型评价鱼礁在离岸区域安置就位，但是针对大量小型的广泛散布的补丁礁，需要一个关于州建造基金、私人基础基金和公共作业项目的组合。资金的可获性将明显确定建造的时间表和评价的启动。除此之外，为了实际开展建造后生态和经济评价，参与的大学团体和人员将以与当地政府合作的形式寻求一些组合州级鱼礁监控合同和联邦研究基金。预计3~4个联邦基金计划对这样的提议而言是能够接受的。生态和经济提议可以单独提交和提供资金，但是是以一种补充的方式。这些提议的准确成本将取决于特定研究设计的细节。当然，由赞助机构强加的基金约束可能在一些细节上需要权衡，即使是在有关提议已经被批准之后。

7.3.5.7 关于取样设计和取样方法的决定

以上详述的一般评价计划是为主要目标和次要目标而制定的。针对这个示例所有余下的部分就是研究设计的细节。正如常言所说："细节决定成败。"我们将首先处理生态评价，然后再处理经济评价。回顾在7.3.5.3节给出的预测、经验关系和可检验的假定。这些传输了特定目标、成功准则、评估类型和关于主要一般目标的测量特点(图7.1)，在规划取样设计和取样方法时，都需要牢记在心。

正如在一般评价计划当中认识到的，主要目标将会需要这样的数据：从这些数据中我们才能获得对占据评价鱼礁、近岸海草基床和鱼礁系统自身的花石斑鱼的丰度、生长和条件的预估。评价鱼礁应该主要由年轻或成年雌性花石斑鱼在全年里占据，也可能一些鱼在秋、冬季会向着产卵场游到远岸区域。鉴于这个原因以及考虑到远岸当时的工作条件，关于花石斑鱼的评价鱼礁的取样应该在夏季完成。在有关地区，幼体花石斑鱼会在春末定栖于海草基床，并在那里快速生长，直到初秋迁徙出去。因此，对所有测量特点而言，保育生境取样也是必须在夏季完成的。当年花石斑鱼首先会在秋季占据补丁礁生境，而且青年期到成年花石斑鱼会常年占据这样的生境。考虑到已规定在夏季进行的取样及在当年之前记录定植的好处，鱼礁系统自身的取样最好是在秋季完成。在这个时候，与区域鱼礁上花石斑鱼的丰度、生长和条件有关的数据可以同时被收集。青年期到成年花石斑鱼的能量平衡展示了一个年度循环(即夏季长度的增长变为秋季的重量增加)，因此，秋季是捕捉近期生长和最大条件的最佳时间。鉴于这个原因，针对花石斑鱼生长和特别是最大条件的评价鱼礁取样也必须在同样时间框架期间完成。这回答了何时全面取样的问题。

关于何处和怎样取样的决定需要同时做出。对人工鱼礁而言，个体补丁礁将会是取样单元。考虑到需要建造的补丁礁的尺寸较小、目标物种的尺寸较大和关于花石斑鱼在没有叉鱼情况下不会害怕潜水者的观察结果，获取准确的丰度数据的最佳办法就是由戴水肺的潜水者进行总视觉计数。然而，由潜水者所作的鱼尺寸视觉预估缺乏精确度和准确度，花石斑鱼的视觉普查应仅仅使用宽广尺寸类别对鱼进行计数(如在总长度内的20 cm的间隔)，而且潜水者应以"T"形米尺为辅助工具(第5章)。对所有被取样的补丁礁，应使用一个标准化的计数协议，通过这个协议，在潜水者首先接近补丁礁时，一个宽广周围计数已经完成，之后就是一个近距离空腔检查。在整个计数过程中，应尽量避免对个体的重复计数以及将可能在首次被扰动时就已经游出视觉范围边缘的花石斑鱼包括在内。考虑到石斑鱼与鱼礁结构物之间关系方面日活动模式的可能性，视觉鱼计数应该被标准化处于白天的同样时间(如09：30—15：30)，以此最小化来自该来源的方差。

一个替代性取样方法就是利用先进的水声学(Mason et al，1999)预估花石斑鱼的数量、尺寸和生物量。与其他鱼礁鱼类和居于水底的物种相比，花石斑鱼可能更加服从于水声取样，但石斑鱼的生境聚集在定向于水流的鱼礁结构物上方，然后当小船在水上慢慢航行时在水层中向上移动(L. Kellogg，个人通信)。然而，水生技术也需要贵得多的设备和技术能力，但是其优势可能就是所需更少的现场天数。当然，鉴于这个原因，就这个方法而言，取样可能需要被限于白天洪流或退潮时期，而不是平潮时期。在选择水声技术优于视觉普查之前，应该进行取样效率的直接比较，特别针对在这样人工鱼礁的背景中的花石斑鱼。

为了获得关于生长和条件的数据，标本是必须进行物理性捕捉的，然后进行测量(即总长、尾叉长度和标准长度)，称重，并将耳石提取出来用于后续分析。同样，补丁礁为取样单元，而且来自数条鱼的测量数值必须进行组合(如平均化)，以此代表每个取样单元。为了现场的效率，在有州级和联邦科学收集许可证的情况下，浸泡 24 h 后的带饵鱼栅将被用作主要的捕鱼方法。如果需要，鱼钩鱼线捕鱼可以补充渔获量。这些仅仅是这个示例中的收集程序，并非设想成为定量化取样方法。

每处补丁礁至少有 10 条(但最好 15 条)石斑鱼组成任何规定取样周期内的样本，而且取样将有部分放回取样的情况。来自每个样本的 5 条随机选择的鱼的子集将被牺牲掉用于耳石分析。在测量完成之后，其余的鱼将会在捕捉地点放生。鱼长度将使用一个标准鱼形板进行测量。鱼将用一个电子秤现场测量，并伴有一台笔记本电脑用于在短时间内平均化许多数值。相对体质量 W_r 将作为一个关于条件的派生变量基于为鱼长度调整的鱼体质量稍后进行计算。耳石将在试验室里处理，可以在一个计算机化视频影像分析系统上读出有关读数，由两个工作人员独立读出关于每个耳石的读数，以此避免偏性和最小化误差。在整个渔船和试验室处理过程中，仔细的数据记录和标本标牌将被用于跟踪标本和耳石，以使来自个体鱼的所有数据可以进行组合，这正是年龄化尺寸和增量生长预估所必需的。

评价鱼礁的取样设计是直接的。每个评价鱼礁(即 40 个独立的补丁礁)会以上面取样方法就花石斑鱼丰度每个夏季进行一次取样，就条件和生长情况每个秋季进行取样一次。对主要鱼礁系统而言，40 个补丁礁的一个具有代表性的样本将每年通过分层随机选择程序被选择一次。组织层为等面积且地理位置与平行和垂直于海岸的轴线相对的鱼礁地点。这是为了解释来自邻近保育生境潜在花石斑鱼模式和深度。一个 5 ~ 10 年的时间序列将被生成，用于检验有关预测和经验性描述空间和时间关系。

对在近岸海草生境上的当年花石斑鱼的取样设计是最容易受物流和有效支持约束的。因此，高预算和低预算选项都是被计划好的。在低预算选项中，我们将仅仅检验这样的假定：当年花石斑鱼的生产是沿着海岸线变化的，但是不会有倾向于主要鱼礁系统的那些近岸保育场的偏性。这会涉及对在整个地区范围内适度数量站点的一次性取样。在高预算选项中，许多系统选择和固定站点将会在 5 ~ 10 年的跨度上被重复取样，以此对应于鱼礁数据组。系统选择将确保评价鱼礁能在其全面范围内直接进行近岸安置。在任何情况下，取样站点的数量和位置将通过与参与非渔场依赖性监控的渔业生物学家和高效科研人员合作的方式进行确定。不考虑所选的选项，在每个站点，取样程序将是相同的。青年期花石斑鱼的绝对密度将通过使用标准化的拖网取样、乔利 - 塞贝尔标记和用于开放种群的重新捕获方法为每个站点进行预估(Koenig，Coleman，1998)。同样，取样协议的细节将通过与在该地区已经参与非渔场依赖性监控项目的其他人员合作的方式予以确定。

现在，我们的注意力转向了关于次要目标的经济评价，即通过增加娱乐性活动刺激经济发展。请回顾并记住在 7.3.5.5 节说明的有关战略，即增加娱乐性使用和用户满意度以及在第 6 章的图 6.2 参考的特定目标类型的战略。

次要目标要求评估类型应该是一项经济影响分析（见第 6 章），而且数据收集源应有两个，即资源的娱乐性用户（即渔民和潜水者）和服务这些用户的商业部门。为了确保数据质量，对用户的直接采访应该在小船斜面和游船码头上进行，而服务提供者将在他们的商业地点被直接采访（如鱼饵和渔具店铺、游船码头、移动旅馆、饭店、潜水店铺和包船）。

在这个示例中，直接采访是实际的，因为只有少量可进入点位和聚集在该地区分开的乡下小镇的商业部门。考虑到相对于地理上分散的旅游人口，地域人口稀少及通常与调查相关的回报率较低，邮寄和电话调查就不那么实际了。直接采访将必须在鱼礁系统建造之前和之后不时开展，因为次要目标和经济影响分析聚焦于来自鱼礁项目的销售、收入和就业的变化。

通过将控制社区包括进来，在当地经济中的归因于人工鱼礁的变化可以以更大的信心与归因于其他因素的背景经济变化区分出来。同样地，整体项目评价的经济部分最好是承包给一位经验丰富的专业人员。

对用户的直接采访将采用一种分层选择过程，通过该过程样本会在诸多季节和预计在休闲渔业和潜水水平上出现不同的诸多星期的数量上得以分布。此外，在进入点如小船斜面和游船码头的截断将就交通繁忙的白天的时间段予以时间表，如安排在清晨和午后。在取样时间段内，从那些归来的人当中选择谁开展采访需要尽量予以指导，以避免来自采访者的偏性。因此，在这个例子中，系统选择过程将随机确认需要被采访的第一组人群，然后每隔 k 个组进行采访（即随机在 1～10 之间抽取一个数字，如 7，采访第 7 个到达的渔船上的潜水者，然后每隔 5 个船工进行采访）。为了确定 k 数值，需要考虑一次普通采访预计需要花费多久时间、船工典型的达到该地区坡道和游船码头的比率以及在这些研究中准确预估所需的样本大小。

除了关于人们是捕捞还是潜水、有关活动发生于何处、捕捞到什么鱼和用户满意度的问题之外，为了发现以下内容的问题也应被包括在内：这些人是从哪里来的（即当地的、地区的或州以外的）、所用花费以及体验的货币化价值。对这个项目而言，考虑到吸引区外的游客和参观者之意图，第 6 章所述的海洋休闲渔业统计调查可能过于偏向当地居民，因此必须由经过培训的评价项目人员进行采访。

对提供服务的商业部门的直接采访将每年在他们的财会年度刚刚结束之后开展一次。以这样的方式，关于全年的准确经济信息应该是最容易获得的。在鱼礁项目刚开始之时，关于第一次采访的约定就要作出，在这个时候必须和每位经营者建立一种融洽的信任关系，而且确保保密性。例如，在报告数据时，汇总统计将被用于描述每种商业类型（如游船码头或鱼饵和渔具店铺），而且至少对三个商业部分进行取样。否则，必须进行更广泛的汇总，以确保个体的隐私。同样，采访的细节需要由一位专业人员进行确定，但至少需要以下信息：收入总额、净利润和按照收入档次分类的雇员数量。

7.3.5.8 预测怎样分析数据

此时，在规划诸如此类的复杂项目时，必须咨询专业的统计人员，以确定最适于特定目标、研究设计和预计数据的分析程序。所偏好的统计程序可能会保证对研究设计的进一步修改。

对来自评价鱼礁的数据，预计将在一段时间内开发石斑鱼测量值(即丰度、生长和条件)之间及这些测量值与到主要鱼礁系统的距离之间的生态模式。这些关系可以用重复的测量数值协方差分析(ANCOVA)进行检验，以距离为协变量。一个替代性方法可以是混合模型方差分析(ANOVA)，其中距离是一个固定的因子，而时间方差(即多年以来的变化)是作为一个线性或非线性趋势被模型化的。然而，可能的情况是这样：在每个距离内只有两个鱼礁($n=2$)，这是深度的一个物理控制性约束，可能对任一程序(两者之一)而言都是不充分的。一个不那么复杂的方法首先就是每年开展一次回归分析(即花石斑鱼测量相对于距离)，然后根据年度回归线相对于取样年份开展一次坡度回归分析。

在低预算选项下，对在该地区的海草基床范围的当年花石斑鱼当中的无偏性模式的假定可以通过描绘和分析来自取样站点的简单描述性统计量进行预估。在较高预算选项下，多变量回归程序可用于将在评价鱼礁上的花石斑鱼的测量数值关联于来自主要鱼礁的同样测量数值和来自人工鱼礁近岸海草基床的当年花石斑鱼的丰度。对应于生命周期转变的合适的时间滞后需要被包括进来。这样的统计建模需要充分的时间序列数据，可能是10年或更多年。

针对经济评价的低成本选项可以使用多变量回归程序将以商业类型分类的商业活动中的增加关联于与人工鱼礁有关的娱乐性活动和用户满意度水平的变化。在对一段时间内的商业活动趋势进行建模时，较高成本选择可能需要使用混合模型ANOVA来检验目标社区与对照社区(固定因素)。

对生态和经济评价而言，一位从事咨询的统计学家可能常常会建议开展试点研究，或者从有关文献收集数据，以运行试验分析和确定探测不同量级变化所需的样本大小。当然，一项规划良好的评价研究能够预测统计程序，但是最终分析是不能被决定的，除非数据已经收集在手而且统计程序能够被评价。

7.4 有效的推论和结论

在7.2.1节，我们发现技术上正确的方法会产生技术上正确的数据，这一点本身是不充分的。数据也必须是与被询问的问题有关的，并符合一项充分的取样设计。在7.2.2.1节，我们解释了从任何特定研究推出的一般化仅在其研究设计的逻辑性和范围内是有效的。此处，我们以对以上示例的参考对该点进行扩展。

7.4.1 关于目标的限制性研究设计

我们已经强调了将“成功准则”包括在特定目标当中对一个项目的用处，这一点在确定一般评价计划和后续的一项研究设计的细节方面非常有帮助(图7.1)。但是，相对于目标的范围而言，一项研究计划可能会受到时间和金钱的很大约束。在关于为了一个可持续手工渔场而部署的鱼礁的示例7.3.2节中，我们看到了这一点。该鱼礁系统的尺度必须是很大的，以与生态和社会经济情形保持一致。但是，那样会妨碍将重复鱼礁系统用于比较，或者妨碍对简单鱼礁系统进行取样以彻底描述目标鱼类的生命周期模式或机械化捕捞被从离岸鱼礁带上排除出去的具体程度。对渔获量和捕捞努力的渔场依赖性取样足以描述时间跨度上的趋势(即如果手工收获是稳定的或者继续下降)，但是如果有关变化是被记载的，那么研究的其余部分就只能给出关于为什么鱼礁未能如计划的那样工作的表征。这种失效的原因可能源于预测的数据中，但是坚持将合理的推论作为不可违逆的结论可能是错误的。正如在该示例中注明的，研究设计只是不足以提供那种水平的置信度。

对比而言，单一大型鱼礁系统也是示例7.3.5节的焦点。但是在这个实例中，我们假设了就某个特定物种存在着特定的生命周期瓶颈。正如所计划的，人工鱼礁和评价研究构成了对一个事先假设的会受适当安置的鱼礁结构物影响的生态过程的直接检验，这不仅仅是对模式的一个定量化描述。对什么是预计的清楚预测是特定目标的一部分，而且研究设计足以确定那些预测是否已经物质化。这样的研究能得出需要以更大信心声明的关于因果关系的结论。

7.4.2 显式假定与隐式假定

假定是朝向结论推理的不可避免的一部分，而且能够从合适的数据和分析中得出有关知识和理解。相对于隐式假定，显式假定是人们偏好的，因为假定的有效性只有在该假定是首先被认识的情况下才能被判断或检验。在示例7.3.1节中，有关人员无意中作出关于可能会使目标鱼类更容易被垂钓者接触的生态过程的隐式假定。鱼礁和评价是这样被规划的：仿佛岩鱼种群是绝对受在建生境限制的。对这个示例而言，因疏忽而作出一个隐式假定的结果在7.3.1.5节详细讨论过。对比而言，生态学知识的类似缺乏也是示例7.3.2节的一部分，但是在这里关于目标鱼礁鱼类的替代性生命周期和习惯的诸多假定就是明确作出的。因此，作为评价研究一部分的用于有限取样的计划可以被制定，以帮助判断哪个假定是最合理的。正如在7.4.1节指出的，关于示例7.3.2节的计划研究的那个部分不足以声明有区别的结论，但是关于鱼礁系统的功能性的任何结果性推论至少都是可以接受为合理的。在许多管理情形下，那将是我们所能期望的最好结果，因为考虑到不可避免的权衡和约束，更高水平的确定性是不能获得的。

7.4.3 替代解释

如果某人是特定位置或行动过程的倡议者，那么该人士可以组织信息(如一项研究设计和结果性数据)，以此创造那种例子，加固偏好的位置，并减少相互矛盾的观点。然而，如果有人对知晓人工鱼礁能够或不能够完成什么感兴趣，那么该人士就可以客观地衡量这些替代性选项。例如，在示例5中，我们提出与可获的遮蔽物有关的一个瓶颈可能在花石斑鱼的生命周期中是存在的；然后它可能是不存在的。如果存在，那么计划的鱼礁应该能减缓瓶颈，并产生沿着系列评价鱼礁的石斑鱼丰度的预测模式。然而，远岸的同样模式可能仅仅反映了沿着近岸保育生境的定栖模式，而与人工鱼礁毫无关系。那可以是关于预期结果的一种替代解释。因此，作为评价规划的一部分，一项取样设计是针对那些近岸保育生境而提议的，以评价被识别的替代性选项。对比而言，在示例4中，用于支持稠密贻贝基床的人工鱼礁是被提议的，以改善一个富营养化海湾内的水质。在鱼礁建造和定植之后，对水质特点的计划的监控可以记载在海湾内出现的改善，但是改善的具体其他原因可能是存在的。或许，先进的污水处理和对非点污染源更好的控制是在鱼礁被建造的同时被实施的。我们怎么知道被改善水质的哪个部分是归因于哪个管理实践的呢?

在此处吸取的教训就是：人工鱼礁评价，尽管聚焦于建造鱼礁的目的，不可能在真空中进行规划。只要有可能，关于预期结果的替代解释应该被视为规划过程的一部分，并作为竞争性假设或显式假定予以处理，这两者都需要更多的客观性，而不是简单地忽视这些替代解释。

7.5 结束语

本章乃至本书都是以这样一个关于鱼礁评价的指导性问题进行介绍的：一处人工鱼礁或一套人工鱼礁系统是否满足了其建造目的。我们已经强调了这样一种需要：明确确定那些目的，以将一般或模糊的目标精细化为特定可检验的目标。我们已经说明了特定目标会怎样引致能够回答那个问题的研究设计，但是在狭窄意义上回答那个问题是不够的。

人工鱼礁只是工具，人们用这些工具改变自然发生的过程，以产生一些预期结果。使用合适的任何工具能会有效果，但是有可能会被滥用，或者用于设想的目的，却仍然会产生无意的危害。危害的可能性会因无知而增加，也会因知识而降低。我们需要拥抱鱼礁开发的合法挑战，将之视为有价值的学习机会(如吸引或生产问题，见 Grossman et al，1997；Lindberg，1997)。通过科学地评价人工鱼礁项目和报告有关结果，我们都应该学习为了特定收益更好地使用这些工具，同时避免其潜在的危害。

最后，人工鱼礁的公共和私人赞助者有权知道他们的投资回报，而且他们需要知道附属性风险。参与鱼礁开发的人员必须对我们赞助者负责，并同时对自然资源负责。因此，负责任的鱼礁规划会特定地考虑任何预期收益，正如我们在整本书所推广的，也会更加广泛地考虑潜在的成本。成本要超出鱼礁建造的直接花费，还须包括经济学家所谓的机会成本，或者以另外一个群体的价值替换某个群体的价值。负责任的有效的人工鱼礁项目规划不会在真空中出现，或者不会是盲目的。智慧从问合适的问题开始，然后留意于有关答案。客观、有效和全面的人工鱼礁评价的确保性收益就存在于那样的过程当中。

7.6　鸣　谢

作者感谢 William Seaman, Jr. 组织本书、为我们提供参与的机会和耐心鼓励本章的编写。本章从第2章到第6章摘取了诸多要点，我们感谢所有同伴作者的贡献。我们特别感谢 Kenneth Portier 在过去数年里给出许多关于研究设计和怎样传递基础性思考和原则的启发性讨论。

参考文献

Ardizzone G D, P Pelusi. 1984. Yield and damage evaluation of bottom trawling on Posidonia meadow. //C F Bourdouresque, A. Jeudy de Grissac, and J. Olivier, eds. International Workshop on Posidonia oceanica Beds, GIS Posidonie Publication, France: 63 – 72.

Assoc. Monégasque pour la Protection de la Nature. 1995. XX Am ait Service de la Nature. Published by EGG, Monaco: 190 pp.

Badalamenti F, G D'Anna. 1997. Monitoring techniques for/. oobenthic communities: influence of the artificial reef on the surrounding in failnal community. //A C Jensen, ed. European Artificial Reef Research, Proceedings, First EARRN Conference, Ancona, Italy, March 1996. Southampton Oceanography Centre, Southampton, England: 347 – 358.

Barker Jorgenson C. 1990. Bivalve Filter Feeding: Hydrodynamics, Bioenergetics, Physiology and Ecology. Olsen & Oisen Ed., Denmark, 140 pp.

Rombace G. 1981. Note on experiments in artificial reefs inItaly. Studies and Reviews (GFCM – FAO) 58: 309 – 324.

Bombace G. 1997. Protection of biological habitats by artificial reefs. //A C Jensen, ed. European Artificial Reef Research, Proceedings, First EARRN Conference, Ancona, Italy, March 1996. Southampton Oceanography Centre, Southampton, England: 1 – 15.

Bulletin of Marine Science. 1985. Third International Artificial Reef Conference. Vol. 37, No. 1: 1 – 402. University of Miami, Miami.

Bulletin of Marine Science. 1989. Fourth International Conference on Artificial Habitats for Fisheries. Vol. 44, No. 2: 527 – 1081. University of Miami, Miami.

Bulletin of Marine Science. 1994. Fifth International Conference on Aquatic Habitat Enhancement. Vol. 55, No.

2 and 3: 265 – 1360. University of Miami, Miami.

California State Lands Commission. 1999. Final Program Environmental Impact Report for the Construction and Management of an Artificial Reef in the Pacific Ocean Near San Clemente, California. State Clearing House No. 9803127. Prepared by Resource Insights, Sacramento, CA.

Charbonnel E, P Francour, J G Harmelin. 1997. Finfish population assessment techniques on artificial reefs: a review in the European Union. //A C Jensen, ed. European Artificial Reef Research, Proceedings, First EARRN Conference, Ancona, Italy, March 1996. Southampton Oceanography Centre, Southampton, England: 261 – 277.

Chojnacki J C. 1994. Artificial reefs in the estuary river Odra as medium of revitalisation of marine environment. // Proceedings, Third International Scientific Conference – Problems of Hydrodynamics and Water Management of River Outlets with a Special Regard to Odra River Outlet, Szczecin, Poland. 1: 40 – 48.

Chojnacki J C, E Ceronik, T Perkowki. 1993. Artificial reefs – an environmental experiment. Baltic Bulletin, 1: 19 – 20.

Christensen N L, A M Bartuska, J H Brown, S Carpenter, C D' Antonio, R Francis, J F Franklin, J A McMahon, R F Noss, D J Parsons, C H Peterson, M G Turner, R G Woodmansee. 1996. The report of the Ecological Society of America Committee on the Scientific Basis for Ecosystem Management. Ecological Applications, 6(3): 665 – 691.

Cloern J E. 1982, Does the benthos control phytoplankton biomass inSouth San Francisco Bay? Marine Ecology Progress Series, 9: 191 – 202.

Cohen R R H, P V Dresler, E J P Phillips, R L Cory. 1984. The effect of the Asiatic clam, Corbicula fulmínea, on phytoplankton of the Potomac River, Maryland. Limnology and Oceanography. 26: 170 – 180.

d' Cruz T , S Creech, J Fernandez. 1994. Comparison of catch rates and species composition from artificial and natural reefs in Kerala, India. Bulletin of Marine Science, 55(2): 1029 – 1037.

Frankignoulle M, J M, Bouquegneau, E Ernst, R Biondo, M Rigo, D Bay. 1984. Contribution de l' activite de l' herbicr de Posidonies au metabolisme global de la Baie de Calvi Premiers resulters. //C F Bourdouresque, A Jeudy de Grissac, and J. Olivier, eds. International Workshop on Posidonia oceanica Beds. GIS Posidonie Publication, France: 277 – 282.

Green R H. 1979. Sampling Design and Statistical Methods for Environmental Biologists. Wiley, New York.

Grossman G D, G P Jones, W Seaman, Jr. 1997. Do artificial reefs increase regional fish production? A review of existing data. Fisheries, 22: 17 – 23.

Harmelin J G, D Bellan – Santini. 1997. Assessment of biomass and production of artificial reef communities. //A C Jensen, ed. European Artificial Reef Research, Proceedings, First EARRN Conference, Ancona, Italy, March 1996. Southampton Oceanography Centre, Southampton, England: 305 – 322.

Harmelin – Vivien M L. 1982. Ichtyofaune desherbières de Posidonies du pare national de Port – Cros. I: composition et variation spatio – temporelles. Travaux Scientifiques du Pare National de Port – Cros. 8: 69 – 92.

Koenig C C, F C Coleman. 1998. Absolute abundance and survival of juvenile gags in sea grass beds of the northeastern Gulf of Mexico. Transactions of the American Fisheries Society, 127: 44 – 55.

Laihonen P, J Hanninen, J Chojnacki, 1 Vourinen. 1997. Some prospects of nutrient removal with artificial reefs. Pages 85 – 96. In: A. C. Jensen, ed. European Artificial Reef Research, Proceedings, First EARRN Conference, Ancona, Italy, March 1996. Southampton Oceanography Centre, Southampton, England.

Lefevre J R, J Duclerc, A Meinesz, M Ragazzi. 1983. Les récifs artificiels des établissenientes de pèche de Golfe Juan ed de Beaulieu – Sur – Mer, Alpes Maritimes, France. //Journée Etudes Récifs Artificiels et Mariculture Suspendue. Cannes, Commission Internationale pour l'Explorati on Scienti fique de la Mer Mediterranée: 109 – 111.

Lindberg W J. 1997. Can science resolve the attraction-production issue? Fisheries, 22: 10 – 13.

Mason D M, A P Goyke, S B Brandt, J M Jech. In press. Acoustic fish stock assessment in the Laurentian Great Lakes. //M. Munawar, ed. Great Lakes of the World. Ecovision World Monograph Series. Backhuys, Leiden, The Netherlands.

Moreno I. 1997. Monitoring epifaunal colonization. //A C Jensen, ed. European Artificial Reef Research, Proceedings, First EARRN Conference, Ancona, Italy, March 1996. Southampton Oceanography Centre, Southampton, England: 279 – 291.

Polovina J J. 1991. Fisheries applications and biological impacts of artificial reefs. //W Seaman, Jr. and L M Spiagge, eds. Artificial Habitats for Marine and Freshwater Fisheries. Academic Press, San Diego: 153 – 176.

Relini G. 1977. Le metodiche per lo studio del fouling nell'indagine di alcuni ecosistemi marini. Boìletino di Zoologia, 44: 97 – 112.

Relini G, E Moretti. 1986. Artificial reef and posidonia bed protection off Loano (West Liguri an Riviera). FAO Fisheries Report. 357: 104 – 108.

Relini G, L Relini Orsi. 1989. The artificial reefs in the Ligurian Sea (N – W Mediterranean): aims and results. Bulletin of Marine Science, 44(2): 743 – 751.

Relini G, N Zamboni, F Tixi, G Torchia. 1994. Patterns of sessile macrobenthos community development in an artificial reef in the Gulf of Genoa (NW – Mediterranean). Bulletin of Marine Science, 55(2): 747 – 773.

Relini G, F Tixi, M Relini, G Torchia. 1998. The macrofouling on offshore platforms at Ravenna. International Biodeteriorati on and Biodegradation, 41: 41 – 55.

Relini M, G Relini, G Torchia. 1994. Seasonal variation of fish assemblages in the Loano artificial reef (Ligurian Sea NW – Mediterranean). Bulletin of Marine Science, 55(2): 401 – 417.

Sanchez – Jerez P, A Ramos – Esplà. 1995. Influence of spatial arrangement of artificial reefs on Posidonia oceanica fish assemblages in the West Mediterranean Sea: importance of distance among blocks. //Proceedings, International Conference on Ecological System Enhancement Technology for Aquatic Environments, Tokyo, Japan International Marine Science and Technology Federation: 646 – 651.

Sanjeeva Raj P J. 1996. Artificial reefs for a sustainable coastal ecosystem in India, involving fisherfolk participation. Bulletin of the Central Marine Fisheries Institute, 48: 1 – 3.